교양, 교양인 7

거의 모든 사람들을 위한 과학

Almost Everyone's Guide to Science

거의 모든 사람들을 위한 과학

존 그리빈 지음 ❘ 김동광 · 강윤재 옮김

한길사

거의 모든 사람들을 위한 과학

지은이 ▪ 존 그리빈
옮긴이 ▪ 김동광 · 강윤재
펴낸이 ▪ 김언호
펴낸곳 ▪ (주)도서출판 한길사

등록 ▪ 1976년 12월 24일 제74호
주소 ▪ 413-830 경기도 파주시 교하읍 문발리 520-11
　　　www.hangilsa.co.kr
　　　E-mail: hangilsa@hangilsa.co.kr
전화 ▪ 031-955-2000~3
팩스 ▪ 031-955-2005

상무이사 · 박관순 | 영업이사 · 곽명호 | 편집주간 · 강옥순
편집 · 박희진 정희경 신현경 | 전산 · 김현정
제작 및 마케팅 · 이경호 | 관리 · 이중환 문주상 양미숙 장비연

출력 · DiCS | 인쇄 · 현문인쇄 | 제본 · 민중제본

제1판 제1쇄 2004년 4월 10일

값 15,000원
ISBN 89-356-5539-2　03400

우리 정신의 창조물들이 인간에 대한 저주가 아니라
축복이 되기 위해서는 항상 인간 자신과 그 운명에 대한
우려가 모든 기술적 노력에서 가장 주된 관심사가 되어야 한다.
당신이 그리는 도표, 당신이 세우는 방정식들 속에서
결코 이 점을 잊지 말아야 한다.

아인슈타인
캘리포니아 공과대학, 1931

이 책에 사용된 표기법

아주 크거나 작은 숫자를 다룰 때 0을 나열하는 번거로움을 피하기 위해서 과학적 속기법을 사용하면 편리하다. 이 책에서도 그런 방법을 사용할 것이다. 표준 표기법으로 10^2은 100이며, 10^3은 1000을 뜻한다. 그리고 10^{-1}은 0.1, 10^{-2}은 0.01이다. 이러한 표기법은 아보가드로수 같은 큰 수를 표시할 때(제1장을 참조하라) 진가를 발휘한다. 아보가드로수는 6×10^{23}으로 나타낸다. 이것은 600,000,000,000,000,000,000,000을 줄여서 나타낸 것이다.

그런데 한 가지 조심해야 할 점은, 이 표기법을 사용했을 때 얼핏 보기에는 차이가 그리 크지 않아 보이지만, 실제로는 차이가 크다는 사실이다. 예를 들어 10^{24}은 10^{23}보다 10배나 크며, 10^6은 10^{12}의 2분의 1이 아니라 실제로는 100만 분의 1(10^{-6})이다. 또한 통상적인 사용법에 따라 10억(billion)은 10^9을 뜻한다.

거의 모든 사람들을 위한 과학 안내서

• 옮긴이의 말

이 책은 "과학, 듣기만 해도 괴로운 이름이여!"를 외치는 사람들을 포함해 거의 모든 이들을 위한 것이다. 고도 정보화 시대를 살아가는 오늘날 과학을 알아야 한다는 것은 새삼 말이 필요없는 시대적 명령이다. 하지만 대다수의 사람들에게 과학은 여전히 고통스런 명령이며 그다지 큰 관심이 없는 분야일 뿐이다. 이런 현실에 주목한 지은이 존 그리빈은 이렇게 묻고 있다.

"과학의 핵심만을 추려서 거의 모든 이들이 쉽게 이해할 수 있도록 간단명료하게 전달해줄 수는 없을까?"

그러나 어떤 주제를 간단명료하게 정리하고 전달하는 것은 결코 쉬운 일이 아니다. 주변에서 흔히 접하는 문제라 하더라도 그렇지만, 어렵거나 낯선 주제의 경우는 훨씬 더할 것이다. 과학은 우리가 일상생활에서 수시로 접하는 현상과 사물을 그 대상으로 삼고 있으면서도 전문용어와 어렵게만 느껴지는 수식, 상식을 넘어서는 인식체계 등으로 인해 여전히 어렵고 낯선 주제로 여겨진다. 더욱이 매우 짧은 기간 동안 눈부신 발전을 이룬 방대하고 전문화된 과학지식의 양은 설령 과학자라고 해도 감당하기 힘들 것이다.

이런 상황에서 과학의 어느 한 분야를 대중에 맞는 용어와 말로 번

역해 전달하는 것이 결코 쉬운 일이 아니라는 것을 잘 아는 옮긴이로서도, 방대한 내용으로 과학의 전 분야를 담아내고 있는 이 책이 과학 저술가로서 지은이의 뛰어난 역량과 풍부한 경험을 보여주는 것이라고 생각한다. 지은이 자신의 이런 풍부한 지식과 경험의 역량이 뒷받침되지 않았다면 이 책은 거의 모든 사람들을 위한 훌륭한 과학 안내서라는 지위를 얻지 못했을 것이다.

먼저 이 책은 '작은 것에서 큰 것으로 나아가기'라는 다소 환원론적이지만 독특한 관점을 취하고 있다. 과학지식의 탐구를 크기의 척도에서 보면, 가장 큰 우주의 비밀과 가장 작은 소립자의 비밀을 알아내고자 하는 것이라고 할 수 있다. 이런 점에서 인간은 우주와 소립자의 중간에 위치하고 있으며, 가장 큰 우주를 알기 위해서는 가장 작은 소립자의 비밀을 밝혀내야 한다는 이 책의 시선은 흥미롭다. 지은이는 미시세계에서 출발하여 거시세계로 나아가는 방식을 통해 과학적 대상들의 크기에 대한 감각을 일깨워주고 있으며, 소립자나 우주가 모두 같은 과학적 원리로 연결되어 있다는 사실을 강조 한다.

둘째, 이 책은 '핵심들에 집중하고 그 사이에 다리 놓기'로 요약될 수 있는 대단히 효율적인 설명방식을 취하고 있다. 이것은 이 책이 과학의 조감도를 그 목표로 삼고 있지만 '상세도'보다는 '약도'를 제시하고자 하는 점과 밀접한 관련이 있다. 예를 들어 여러분의 집을 처음 방문하는 사람에게 집의 위치를 알려준다고 해보자. 만약 여러분이 의욕이 넘친 나머지 많은 정보를 한꺼번에 말해준다면 그 방문자는 한참을 헤맨 후에 전화를 다시 하거나 간신히 찾고는 툴툴거리기 십상일 것이다. 핵심지점과 그 지점들과의 관계만 정확하게 전달해주는 것이 처음 집을 찾는 이에게는 매우 요긴한 것이다. 이런 상식을 과학에 적용해보자. 과학에 문외한인 거의 모든 이들이 과학이라는 미답지를 탐험하는 데는 복잡한 상세도보다는 간단명료한 약도가 효과면에서 훨씬 낫다. 이런 약도에는 핵심거점들과 그 사이를 연결하는 길이 선명하게 표시되어 있고, 나머지는 생략되거나 희미하게 처리되어 있다.

하지만 과학이 보물지도와 같은 것은 아니다. 과학여행이란 보물섬을 찾아 떠나는 여행과 같은 목표지점이 따로 없기 때문이다. 여기서 핵심거점이란 과학의 역사에서 중요한 역할을 했고, 현재에도 중요한 역할을 담당하고 있는 핵심적인 과학지식을 말한다. 어느 사회학자는 지식의 범주를 핵심과 주변(변경)으로 나누고, 주변영역에서는 새로운 지식들이 치열한 각축전을 벌이는 결과 지식들이 수없이 명멸하지만, 핵심영역에 있는 지식들은 폭넓게 받아들여지면서 안정화될 뿐만 아니라 새로 탄생하는 지식의 옳고 그름을 가르는 기준으로 작용한다고 주장했다. 이런 생각에 따르면 핵심거점이란 주변영역보다는 핵심영역에 속하는 지식이라고 할 수 있다. 핵심거점들을 선별하고 나서 그 사이에 다리를 놓는 것이 당연한 수순이다. 네트워크를 생각해보자. 철도, 도로, 전화, 뉴런 등의 네트워크는 매우 복잡한 형태를 띠고 있지만, 조금만 주의를 기울이면 핵심거점들을 연결하고 있는 주선(主線)들이 있고, 핵심거점들을 중심으로 지선(支線)들이 나 있음을 알 수 있다.

이 책은 소립자에서 우주까지, 물리학에서 화학, 생물학, 지구과학을 거쳐 천문학에 이르기까지 일관된 방식으로 현대과학의 핵심지식들과 관점을 한눈에 파악할 수 있게 해준다. 그러면 이 책의 내용을 간략하게 살펴보자.

제1장에서는 우주를 이루는 삼라만상의 기본적인 구성단위인 원자와 원소에 대한 이야기를 다루고 있다. 원자의 구조를 이해하기 위해 과학자들이 벌인 노력과 그들이 수립한 모형들에 대한 이야기는 그 자체가 근대과학의 역사이며, 또한 당대 사람들이 이 세계에 대해 가지고 있던 상(像)을 들여다볼 수 있는 좋은 창이다. 제2장은 원자의 안쪽

을 들여다보면서 현대물리학의 성공을 가져온 핵심영역을 살펴본다. 전자를 비롯해서 원자보다 작은 소립자들의 세계는 뉴턴 역학으로는 설명할 수 없는 새로운 세계와 그 법칙들을 요구하고 있다. 제3장은 한층 더 작고 깊은 세계로 내려가 입자와 장(場)을 주제로 삼는다. 여기에서는 자연의 기본력이라고 불리는 강한 핵력, 약한 핵력, 중력, 전자기력의 네 가지 힘을 다룬다.

제4장은 화학에 해당하는 분야로, 주로 분자의 세계를 그 대상으로 삼고 있다. 원소 주기율표에서 시작해 원자들이 모여서 이루는 분자, 특히 물분자와 생체분자, 벤젠의 고리구조 등의 다양한 이야기가 펼쳐지고 있다. 원소 주기율표와 분자의 형성방식은 밀접한 관련이 있다. 모두 전자의 배열방식과 밀접한 관련이 있기 때문이다. 모든 화학은 전자의 배열을 이해하면 그만이라는 주장은 지나치게 화학을 단순화하는 측면이 있지만 지은이의 과학에 대한 접근방식을 보여주는 예라고 할 수 있다. 이렇듯 다소 환원적이지만 핵심을 제시하고, 그를 바탕으로 분자의 세계를 그려나가고 있다.

제5장은 화학과 생물학 모두와 관련이 있는 분야로, 주로 생체분자의 세계를 대상으로 삼고 있다. 기다란 연쇄를 이룰 수 있는 탄소원자의 놀라운 능력에 기초한 중합체 이야기에서, 우리 몸에서 가장 중요한 역할을 하는 분자인 단백질, 그런 단백질의 청사진을 담고 있다고 알려진 DNA, 그리고 DNA와 RNA의 단백질 제조에 이르기까지 우리 몸 속의 세포에서 일어나고 있는 생명활동을 미시적 수준에서 다루고 있다.

제6장은 생물학에 해당하는 분야로, 주로 유전과 진화의 세계를 대상으로 하고 있다. 이것은 생명현상에 대한 거시적 해석으로 제5장과는 정반대 방향의 접근방식이라고 할 수 있다. 멘델의 유전 연구, 다윈의 진화, 사회진화론 등 진화론의 현대적 해석에 대한 이야기가 폭넓게 다루어지고 있다. 분자와 생체분자를 거쳐 세포, 나아가 인간 개체

까지 지은이는 과학적 차원에서 인간의 존재의미를 새롭게 해석한다. 소립자와 우주공간의 중간자에 해당하는 인간은 그 시스템 면에서는 가장 복잡하다. 시스템은 소립자에서 인간으로 갈수록 점차 복잡해지다가 우주로 확장해나갈수록 다시 점점 단순해지는 것이다. 이런 점에서도 생물, 특히 인간의 고유성을 찾아볼 수 있지 않을까.

제7장은 지질학과 관련이 깊은 분야로, 주로 판구조론에 관한 이야기이다. 지구는 우리들의 삶의 터전인 행성이다. 사실 우리는 고향별 지구에 대해 모르는 것이 너무도 많다. 이런 사실은 우주탐험을 꿈꾸고 있는 위대한 인간이 자신의 고향별 지구의 땅 밑 20킬로미터 이상을 직접 뚫고 들어갈 수 없다는 점에서도 다시 한 번 확인할 수 있다. 이 장에서는 지진파를 이용해서 지구의 내부를 조사하는 이야기, 대륙이동설에서 시작하여 판구조론으로 정립된 지구의 이론, 판구조론으로 다시 보는 지구의 역사와 생명의 진화 등의 이야기가 흥미진진하게 펼쳐지고 있다.

제8장은 대기(大氣)의 과학과 관련이 깊은 분야로, 주로 지구의 대기에 관한 이야기이다. 지구를 농구공이라고 한다면 그 위에 바른 유약 정도의 두께밖에는 되지 않는 지구 대기의 소중함은 아무리 강조해도 지나치지 않다. 만약 대기가 없다면, 우리도 없다. 이 장에서는 금성과 화성의 대기와는 다른 지구의 '온실효과', 산소혁명으로 불릴 정도로 생태계에 극적인 변화를 불러일으켰던 광합성 효과와 오존층 형성, 빙하기-간빙기의 자연적 기후반복으로 인한 인간의 진화, 이산화탄소의 증가에 따른 환경위기 등 생태계와 인류의 과거·현재·미래와 밀접하게 관련되어 있는 지구의 대기를 심도 있게 다룬다.

제9장과 제10장은 천문학과 관련이 깊은 분야로, 지구와 인간의 세계를 벗어나 태양계를 비롯한 별들의 세계를 그 대상으로 삼고 있다. 제9장은 태양계의 마지막 행성 명왕성을 과연 행성의 반열에 놓을 수

있느냐에 대한 논쟁에서 시작해서, 태양계의 식구를 소개하고, 각 행성들의 형성과정 특히 지구-달 체계의 형성과정, 소행성과 혜성에 대한 이야기 등 태양계의 이모저모를 다룬다. 제10장은 과학적인 모형을 통해 별들의 구조와 진화를 이해하기 위한 노력들을 풍부하게 보여주고 있다. 이는 곧 별들의 일생을 이해하기 위한 과정이 천문학과 물리학이 결합하는 과정이었음을 뜻한다. 이로서 천체물리학은 증거를 지닌 훌륭한 과학으로 성장할 수 있었다.

마지막 제11장은 제목처럼 '큰 것' 과 '작은 것' 의 만남이 왜 우주의 비밀을 밝히고자 하는 과학에서 중요한지를 잘 보여주고 있다. 1920년대에 본격적으로 시작된 우주 지도의 작성을 위한 노력은 우리은하 너머에도 수없이 많은 은하들이 있다는 사실을 넘어 그 은하들이 팽창하고 있다는 놀라운 사실로 이어졌다. '빅뱅' 은 우리의 궁금증을 해결해 준 것 이상으로 우리에게 많은 문제를 던져주었다. 우주는 무엇이며, 그 시작과 끝은 어디인가? 이런 질문들에 대한 대답은 우주 그 자체에 대한 연구뿐만 아니라 소립자에 대한 연구를 필요로 하고 있다.

이 책을 통해서 우리는 인류가 자신을 둘러싼 세계를 이해하기 위해 벌인 노력의 결실들을 두루 훑어볼 수 있을 것이다. 그리고 과학이라는 이름으로 이루어진 그 노력이 어느 한 분야에 국한되지 않는 포괄적인 활동이라는 사실을 깨닫게 된다. 결국 그것은 우리 자신을 이해하기 위한 "나는 누구인가"라는 물음의 해답을 얻으려는 부단한 시도인 셈이다. 따라서 이 작업은 결코 완성될 수 없는 무엇이며, 인류가 사라지지 않는 한 지속되는 우리의 존재양식의 일부인 셈이다.

2004년 3월
김동광 · 강윤재

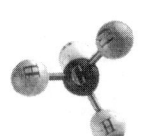

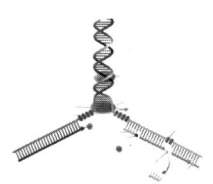

실험결과와 어긋나는 것은 틀린 것이다

• 서문

   분야를 막론하고 모든 과학영역에서 전문가들은 점점 자신들의 전문주제에 집중하고, 점점 더 좁은 영역에 대해 더 많은 내용을 알아낸다. 결국은 지극히 협소한 주제에 대한 모든 것을 밝혀내는 일에 치중하게 된다.

   상당히 오래 전에 내가 과학 연구자가 아니라 과학 저술가가 되기로 결심한 것은 이런 운명을 피하기 위해서였다. 덕분에 나는 진짜 과학자들에게 그들의 연구에 대해 질문을 던지고, 내가 알아낸 사실들을 책과 논문으로 발표할 기회를 얻게 되었다. 그리고 나는 점점 더 많은 것들에 대해 점점 덜 학습할 수 있었다. 그러나 아직도 모든 것에 대해 지식을 얻는 단계에는 도달하지 못했다. 이런 활동을 한 지 30년이 흐르고, 과학의 구체적인 측면에 초점을 맞춘 여러 권의 저서를 집필하게 되자, 비록 내가 아직까지 과학과 연관된 대부분의 사항들에 대해 지극히 작은 지식밖에 얻지 못했지만, 과학을 두루 개관할 수 있는 포괄적인 책을 쓰는 것이 필요하다는 생각이 들었다.

   내가 책을 쓸 때, 대개의 경우 그 대상 독자는 나 자신이다. 예를 들어, 내가 양자물리학이나 진화에 대해 책을 쓸 때 나는 누군가 다른 사람이 나를 위해 그런 주제의 책을 쓴다는 생각으로 책을 집필한다. 내가 힘들여 그런 주제들을 이해하기 위해 애쓸 필요가 없도록 말이다. 이번에는 내가 다른 모든 사람들을 위해서 책을 썼다. 그리고 내 바람은 거의 모든 사람들이 이 책에서 무언가 흥미로운 내용을 찾는 것이다. 만약 여러분이 양자물리학에 대해 약간의 지식을 가지고 있더라도(아니, 많은 지식을 가지고 있어도), 여러분은 진화에 대해 알지 못했던 사실을 읽을 수 있을 것이다. 그리고 진화에 대해 알고 있는 독자는 빅뱅에 대해 무언가 새로운 지식을 얻을 수 있을 것이다.

따라서 뉴턴(I. Newton)의 유령이 내 어깨 너머에서 이 방대한 계획을 세우고 있다는 것을 안다고 해도(나는 그가 이 계획을 승인해주기를 바란다), 이 책은 '존 그리빈의 과학 가이드'가 아니라 나를 제외한 거의 모든 사람들을 위한 가이드이다. 그러므로 이 책은 열성적인 과학 독자나 호사가들을 위한 가이드가 아니라 과학 이야기만 들어도 골치가 아파오는 사람들, 막연하게 과학이 중요하다는 사실을 알고 있고, 과학에 관심을 가지고 싶지만 그 전문적이고 구체적인 내용 때문에 겁을 집어먹고 감히 접근하지 않으려는 사람들을 위한 가이드이다. 여러분은 이 책에서 어려운 전문용어와 마주칠 일이 없다(그런 용어들은 내 공저자가 남김없이 빼버렸다. 그는 내가 지나치게 전문적인 설명을 늘어놓지 못하게 막아주는 역할을 충실히 수행해서 일반인들도 충분히 이해할 수 있는 내용만 남겨두었다). 여러분은 이 책에서 새로운 세기의 과학이 어떤 모습인지, 마치 여러 조각들과도 같은 과학의 여러 분야들이 어떻게 한데 맞추어져서 우주와 그 속에 들어 있는 모든 것들의 일관되고 포괄적인 상(像)을 구성해내는지 발견하게 될 것이다.

그 조각들이 이런 방식으로 맞추어진다는 사실은 여러분들이 빅뱅이나 진화와 같은 과학의 한 측면에만 초점을 맞출 때 흔히 간과하기 쉬운 것이다. 그러나 그것은 과학의 매우 중요한 특성이다. 진화와 빅뱅 모두 (그리고 그 이외의 영역들도) 동일한 원리를 기반으로 삼고 있기 때문에, 여러분은 이제 곧 읽게 될 과학 이야기들 중에서 어느 한 부분만을 취사선택할 수 없다.

나는 종종 한두 가지 이유 때문에, 특수상대성이론——움직이는 시계를 느리게 만들고, 움직이는 자[尺]를 줄어들게 한다는——을 받아들일 수 없다는 사람들의 편지를 받곤 한다. 이런 사람들은 종종 특수상대성이론을 비켜갈 방법을 찾으려고 안간힘을 기울이지만, 다른 한편 과학의 그 이외의 내용들은 받아들인다. 그러나 여러분들은 그럴 수 없다. 특수상대성이론은 움직이는 시계와 자에 대한 이론으로 따로따로 고립되어 있는 것이 아니다. 예를 들어 태양이 계속 빛을 내기 위해서 질량이 에너지로 변환되는 방식이나 원자 속에서 전자가 움직이는 방식에 대한 우리의 이해 속에도 이미 들어와 있는 것이다. 그 이론 중에서 상식에 어긋나는 것처럼 보이는 부분을 던져버린다면, 우리는 더 이상 태양이 빛을 내는 이유나 원소 주기율표에 대해 설명할 수 없게 된다. 그리고 이것은 작은 예에 불과하다.

내가 이 책에서 분명하게 밝히고 싶은 것은 오늘날의 과학적 세계관 속에 '모든 것이 한데 결합되어' 있다는 사실이다. 과학적 세계관은 인간 지성의 위대한 업적이며, 그 업적의 힘은 그 세부를 들여다보기보다는 전체의 포괄적인 상을 바라볼 때 더욱 분명하게 드러난다.

흔히 간과되지만 과학적 세계관에는 두 가지 두드러진, 상호연관된 특성들이 있다. 이 세계관이 모습을 나타낸 것은 고작 400년밖에 되지 않았다(그 출발은 갈릴레이의 시대이며, 이 시기를 근대적 과학탐구가 시작된 출발점으로 삼을 수 있을 것이다). 그리고 그것은 한 사람의 개인에게도 이해될 수 있다. 어쩌면 모든 사람들이 과학적 세계관의 모든 부분들을 남김없이 이해할 수는 없을지도 모른다. 그러나 인간의 수명이 짧기는 하지만, 극소수의 개인들은 가능하다. 자연선택에 의한 진화

이론과 같은 사상을 수립하는 데에는 천재가 필요할지 모르지만, 일단 그 사상이 수립되면 보통 수준의 지능을 가진 사람들에게도 설명될 수 있다. 그 이론을 이해했을 때 사람들은 대개 "정말 당연한 이야기로군, 왜 이런 이론을 내가 진작에 주장하지 못했을까"(예를 들면 토머스 헨리 헉슬리가 처음 다윈(Ch. R. Darwin)의 『종의 기원』(*Origin of Species*)을 읽었을 때 나타낸 반응이 바로 그런 것이었다) 하는 식의 반응을 보인다. 아인슈타인(A. Einstein)이 1936년에 "이 세계의 영원한 수수께끼는 그것을 이해할 수 있다는 점이다"라고 말했듯이 말이다.

인간이 우주를 이해할 수 있는 것은 우주가 몇 가지 안 되는 지극히 단순한 법칙들에 의해 지배되기 때문이다. 20세기 초에 원자핵 모형을 제시한 물리학자인 러더퍼드(E. Rutherford)는 이렇게 말한 적이 있다. "과학은 두 범주로 나뉜다. 한쪽은 물리학이고, 다른 쪽은 우표 수집이다." 그의 말이 전혀 터무니없는 소리는 아니었다. 물리학 이외의 과학분야들을 철저히 경멸했던 그가 얄궂게도 노벨 화학상을 받았지만 말이다(그는 1908년에 방사능에 대한 연구 업적을 인정받아 노벨 화학상을 받았다). 두 가지 이유에서 물리학은 과학의 가장 근본적인 토대이다. 우선 물리학은 우주를 지배하는 단순한 법칙들과 우주 속의 삼라만상을 이루는 단순한 소립자들을 가장 직접적으로 다루기 때문이다. 또 하나의 이유는 물리학의 방법이 다른 과학들이 제각기 세계상의 여러 부분들을 발전시키는 데 사용되는 전형을 제공하기 때문이다.

이 방법들 중에서 가장 중요한 것은 물리학자들이 모형(model)이라고 부르는 것의 사용법이다. 그러나 물리학자들 중에는 자신들이 사용한 모형이 진정으로 의미하는 것에 대해 다른 평가를 내리기도 하기 때문에 이 기법의 적용에 대해 생각하기 앞서 그 문제를 다룰 필요가 있을 것이다.

물리학자에게 모형이란 어떤 근본적인 실체에 대한 정신적인 상과 그 거동을 기술하는 수학 방정식 집합의 조합이다. 예를 들어 내가 이 글을 쓰고 있는 방을 가득 채우고 있는 공기에 대한 한 모형은 공기 속의 모든 기체분자들을 작고 단단한 공으로 간주한다. 이 모형은 그에 걸맞은 방정식을 가지고 있다. 그 방정식은 한 수준에서 이 작은 공들이 서로 어떻게 충돌하고 서로 방의 벽에 대해 반사하는지 기술하고, 다른 수준에서는 이 작고 단단한 공들이 내 방에 기압을 생성해주는지 기술한다.

그렇지만 방정식들 때문에 걱정하지 않아도 좋다. 이 책에서는 거의 방정식들을 다루지 않을 작정이니 말이다. 그렇지만 좋은 모형들은 항상 방정식을 포함하며, 사람들이 어떤 대상이 어떻게 움직이는지 예상하기 위해서는——예를 들어 내 방의 공기압이 어떻게 변화할지 계산하거나 다른 조건은 동일하고 온도가 섭씨 10도 상승할 때 기압이 어떻게 바뀔지 계산하는 경우——바로 그 방정식들을 사용해야 한다는 점을 기억해두라. 좋은 모형과 나쁜 모형을 구분하는 방법은 실험을 통한 검증이다. 앞의 예에서 방의 온도를 10도 높인 다음 모형을 사용해서 계산한 압력과 실제 측정한 압력이 일치하는지 살펴보면 된다. 만약 결과가 맞지 않으면, 그 모형은 수정하거나 완전히 폐기해야 할 것이다.

20세기의 가장 위대한 물리학자 중 한 사람인 파인먼(R. Feynman)은 1964년의 한 강연에서 과학적 과정을 다음과 같이 요약했다. 그는 '법칙'이라는 말을 사용했지만 그 대신 모형이라는 말을 써도 무방하다.

일반적으로 우리는 다음과 같은 과정을 통해 새로운 법칙을 찾는다. 첫째, 우리는 그 법칙을 추측한다. 그런 다음 우리가 추측한 법칙이 옳다면 어떤 결과를 함축하는지 살펴보기 위해 그 결과를 계산한다. 그리고 그 결과가 제대로 작동하는지 알기 위해 실험이나 경험을 통해 계산결과를 자연과 비교하고, 관찰과 직접 비교한다. 만약 실험결과와 일치하지 않으면, 그것은 잘못된 것이다. 이 간단한 말 속에 과학의 핵심이 들어 있다. 당신이 얼마나 훌륭한 추측을 하는지는 중요하지 않다. 당신이 얼마나 영리한지, 누가 그 추측을 하는지, 또는 그 사람의 이름이 무엇인지는 전혀 중요하지 않다. 실험결과와 맞지 않으면 그 추측은 틀린 것이다.

파인먼의 이 말은 과학이 무엇인지, 그리고 과학적 모형이 무엇인지를 훌륭하게 이야기해주고 있다. **실험결과와 일치하지 않으면, 그 모형은 잘못된 것이다.** 그러나 그 외에 미묘한 점들이 몇 가지 더 있다. 어떤 모형이 실험결과와 일치한다 해도, 그 모형이 연구대상인 사물의 본성에 대해 영원하고 보편적인 깊은 진리(Deep Truth)라는 뜻은 아니다. 분자는 방 안의 기체들의 압력을 계산하기 위한 목적에서는 작고 단단한 공으로 다룰 수 있다. 그렇지만 그 분자들이 작고 단단한 공이라는 뜻은 아니다. 그것은 특정한 조건에서는 마치 작고 단단한 공처럼 움직인다는 의미일 뿐이다. 대개 모형은 명백한 한계 내에서만 작동하며, 이러한 한계를 벗어나면 다른 모형으로 대체되어야 하는 경우도 있다.

이 점을 분명히 하기 위해서 내 방 안에 있는 공기 속의 기체분자들의 이미지를 다른 관점으로 살펴보자. 그 분자들 중 일부는 수증기일 것이다. 수증기는 물의 분자이다. 초등학교 학생도 아는 사실이지만, 물분자는 세 개의 원자, 즉 두 개의 수소와 하나의 산소로 이루어져 있고, H_2O라고 쓴다. 일부 목적의 경우, 물분자의 편리한 모형은 커다란 단단한 공(산소원자)에 그보다 작은 단단한 두 개의 공(수소원자)이 결합된 V자 형태로 묘사된다. 이때 산소가 V자의 꼭지점을 이룬다.

이러한 목적에서 원자들 사이의 연결은 작고 튼튼한 용수철로 간주될 수 있다. 따라서 분자 속에서 원자들은 이리저리 흔들릴 수 있고 앞뒤로 진동할 수 있다. 이러한 종류의 진동은 복사의 특징적인 파장과 연관된다. 왜냐하면 원자들이 전하를 가지고 있기 때문이다(이 점에 대해서는 나중에 좀더 자세하게 설명하겠다). 만약 원자들을 이런 식으로 진동하게 만들면 원자들은 극초단파를 방출할 것이고, 역으로 정확한 종류의 극초단파 복사를 분자에 가하면 공명을 일으켜서 진동하게 될 것이다.

우리가 집에서 사용하는 전자레인지 속에서 바로 이런 일이 벌어진다. 극초단파는 물분자가 진동해서 오븐을 가득 채우게 하는 파장에 동조(同調)되어 있기 때문에 음식 속에 들어 있는 물분자를 진동시키고, 이 물분자들이 에너지를 흡수해서 음식을 가열하게 된다. 이러한 움직임은 부엌뿐만 아니라 실험실에서도 관찰할 수 있다. 천문학자들은 우주공간에 있는 가스성운에서 나오는 극초단파 복사를 연구하여 우주에 물분자를 비롯해서 그 밖의 다른 분자들이 존재하는지 알아낼 수 있다.

따라서 만약 여러분이 우주공간에서 분자를 찾는 전파천문학자이거나 전자레인지를 설계하는 전기공학자라면 물분자를 막대와 공으로 나타내는 모형은 적절할 것이다. 만약 원자들을 결합시키는 막대가 약간의 탄력을 가진다면 말이다. 여러분은 더 이상 전체 분자를 산소원자처럼 단단한 구(球)로 간주할 필요가 없다.

물질의 조성(組成)을 연구하는 화학자라면 다른 관점을 가질 것이다. 만약 여러분이 어떤 물질 속에 어떤 종류의 원자들이 있는지 알고 싶다면, 그것을 발견하는 한 가지 방법은 그 물질이 가열되었을 때 방출하는 빛을 연구하는 것이다. 다른 종류의 원자들은 다른 색깔의 빛을 방출한다. 무지개의 스펙트럼선은 명확하게 구분되는 선들을 나타낸다. 우리에게 가장 친숙한 사례 중 하나는 나트륨의 화합물을 포함하는 가로등 불빛의 밝은 오렌지빛 황색이다. 이 색깔의 빛을 내는 것이 바로 나트륨 원자이다(가로등의 경우에는 열이 아니라 전류가 그 원자들을 여기(勵起)시킨다).

이 빛이 생성되는 방식을 기술하는 데 사용되는 모형에서는, 원자를 단단한 구가 아니라 전자라 불리는 전하(電荷)를 띤 작은 입자들의 구름으로 둘러싸인 작은 중심핵(이 핵은 그 자체로 작고 단단한 구로 생각될 수 있다)으로 간주할 수 있다. 이 중심핵은 양전하를 띠며, 전자들은 음전하를 갖기 때문에 원자 전체는 전하를 띠지 않는다. 특정 종류의 원자와 결합된 밝은 스펙트럼선은 전자들이 원자의 외각에서 움직이는 방식으로 설명된다. 화학적으로 볼 때 원자의 종류를 구분짓는 것은 전자의 숫자이다(예를 들어 전자가 여덟 개면 산소이고, 하나이면 수소, 그리고 열한 개면 나트륨이다). 서로 다른 종류의 원자들은 제각기 고유한 전자 배열을 가지고 있기 때문에 저마다 독특한 스펙트럼선의 색깔 패턴을 생성한다.

이런 식으로 설명을 계속할 수 있지만, 이미 내가 이야기하려는 요점은 분명해졌다. 공기분자를 작고 단단한 공으로 다루는 모형은 훌륭한 모형이다. 왜냐하면 여러분이 온도변화에 따른 기압의 변화를 계산할 때 그 모형은 훌륭하게 작동하기 때문이다. 분자를 작고 단단한 구(원자)들이 마치 포도송이처럼 달라붙어 있는 모습으로 다루는 모형도 마찬가지로 좋은 모형이다. 그 모형은 진동하는 분자들이 전파를 생성하는 방식으로 계산할 때 적절하게 사용되기 때문이다. 그리고 원자를 더 나누어지지 않는 단단한 구가 아니라 전자구름에 둘러싸인 작은 원자핵으로 간주하는 모형도 좋은 모형이다. 그것은 특정 종류의 원자와 결합된 빛의 색을 계산할 때 제대로 작동하기 때문이다.

이 중에서 어떤 모형도 궁극적인 진리는 아니다. 모형들은 제각기 맡은 역할이 있을 뿐이다. 이 모형들은 우리가 상상력을 발휘해서 분자라는 세계에서 어떤 일이 일어나는지 이해할 수 있도록 어떤 상(像)을 제공한다. 또한 뜨거운 물체가 방출하는 빛의 색이나 방 안의 기압처럼 측정을 통해 직접적으로 검증 가능한 사실을 계산하는 데 유용하다.

목수가 나무메를 써야 할 곳에 끌을 사용하지 않듯이 과학자도 자신이 하는 연구에 필요한 적절한 모형을 선택해야 한다. 파인먼이 "실험 결과와 일치하지 않는 것은 잘못된 것이다"라고 말했을 때 실험이란 '적절한' 실험을 뜻하는 것이다. 수증기 분자를 단단한 구로 간주하는 모형은 전자레인지와 연관된 종류의 진동 가능성을 허용하지 않는다. 따라서 그 모형은 수증기가 극초단파를 방출하지 않을 것이라고 '예측한다'. 그리고 우리가 극초단파에 관심을 가진다면 그것은 사용하기에 부적절한 모형인 셈이다. 그렇다고 해서 그 모형이 우리가 온도상승으로 인한 방 안의 기압변화를 알기 위해 사용할 때에도 잘못된 모형이라는 뜻은 아니다.

과학의 모든 것은 모형과 예측, 그리고 우주가 어떻게 작동하는지 머릿속에서 상을 얻기 위한 방법과 특정 조건에서 무슨 일이 일어나는지 예측하기 위한 방법을 찾는 일이다. 우리가 일상적인 세계에서 멀리 벗어나서 아주 작은 척도나 큰 척도의 세계로 들어갈수록, 우리는 더욱더 유추에 의존하지 않을 수 없다. 그래서 우리는 이런 식으로 말한다. 특정 상황에서 원자는 당구공과 '같다'. 어떤 의미에서 블랙홀은 트램폴린[1]의 옴폭 들어간 곳과 '같다'.

이런 식으로 여러 가지 모형들이 어떤 경우에 사용 가능하고 어떤 경우에 적절치 않은지 열거하는 것은 지루한 일이다. 그리고 여러분들이 가장 훌륭한 모형도 그 자체의 맥락 속에서만 좋은 모형일 뿐이며

---

1) 스프링이 달린 캔버스로 된 도약용 운동기구─옮긴이.

나무메를 써야 할 곳에 끌을 사용해서는 안 된다는 사실을 충분히 기억하리라고 믿는다. 우리가 어떤 것을 '실재'라고 기술할 때, 그 의미는 그것이 연관된 상황 속에서 사용되는 최상의 모형이라는 뜻이다.

이러한 사실을 염두에 두고 원자의 척도에서 이야기를 시작해보자. 나는 여러분들을 극히 작은 세계로 안내한 다음, 다시 가장 큰 우주로 데려갈 것이다. 그리고 각각의 척도에서 사물의 본성에 대한 가장 훌륭한 현대적인 이해(즉 가장 훌륭한 모형)가 어떤 것인지 설명할 것이다. 그것은 실험결과와 일치한다는 점에서 모두 사실이다. 그 설명들은 마치 조각그림 맞추기처럼 결합해서 우주, 그리고 그 속에 들어 있는 삼라만상이 어떻게 작동하는지에 대한 일관된 상을 제공해준다. 그리고 그것은 평균적인 사람의 마음에 의해, 최소한 개괄적으로 이해될 수 있다.

또 하나의 과학의 특성이 있다. 그것은 내가 강력하게 주장하는 관점이며, 이 책의 뼈대를(그리고 지금까지 나의 경력을) 이루는 것이다. 그러나 모든 과학자들이 그 관점을 공유할 필요는 없다. 내게 과학은 일차적으로 우주 속에서 우리가 차지하는 자리—가장 작은 아원자 입자에서 시간과 공간의 훨씬 큰 범주에까지 뻗어 있는 세계 속에서 사람들이 점하고 있는 장소—에 대한 탐구이다. 우리는 따로따로 고립되어 존재하지 않는다. 그리고 과학은 무미건조하고 냉정한 진리추구가 아니라, 아무리 그렇게 노력하려 해도, 인간이 하는 문화적 활동이다. 그것은 우리가 어디에서 왔는지, 어디로 가고 있는지에 대한 탐구이다. 그리고 그것은 지금까지 어떤 사람이 한 이야기보다도 흥미로운 이야기이다.

존 그리빈

1997년 12월

원자의 발견

만약 어떤 대격변이 일어나서 모든 과학지식이 파괴되고, 단 한 문장만이 다음 세대의 사람들에게 전달될 수 있다면 가장 적은 숫자의 단어로 가장 많은 정보를 담은 문장은 어떤 것이겠는가? 나는 그것이 원자가설, 즉 모든 것이 원자로 이루어지며 이 작은 입자들은 영구운동을 하면서 이리저리 돌아다니고 짧은 거리에서는 서로를 끌어당기고 서로 압착되면 반발한다는 문장이라고 생각한다.

• 리처드 파인먼

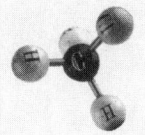

작고 단단한 공

1962년에 캘리포니아 공과대학의 학부생들을 대상으로 열린 강연에서 파인먼은 원자모형을 세계를 과학적으로 이해하는 핵심으로 간주했다. 그는 이렇게 말했다.

만약 어떤 대격변이 일어나서 모든 과학지식이 파괴되고, 단 한 문장만이 다음 세대의 사람들에게 전달될 수 있다면 가장 적은 숫자의 단어로 가장 많은 정보를 담은 문장은 어떤 것이겠는가? 나는 그것이 원자가설(또는 여러분이 원한다면 원자적 **사실**이라고 불러도 무방하다), 즉 모든 것이 원자로 이루어지며 이 작은 입자들은 영구운동을 하면서 이리저리 돌아다니고 **짧은 거리에서는 서로를 끌어당기고 서로 압착되면 반발한다**는 문장이라고 생각한다. 이 한 문장 속에 세계에 대한 엄청나게 많은 정보가 들어 있다. 약간의 상상력을 발휘하고 사고를 적용하기만 하면 말이다.

이 인용문에서 굵은 글씨로 표시된 부분은 원래 파인먼이 강조했던 것이다. 이 강연의 전문은 그의 저서 『여섯 편의 쉬운 이야기』(*Six Easy Pieces*)[1]에서 볼 수 있다. 파인먼의 방식을 따라 우리도 원자에서 과학에 대한 안내를 시작하기로 하자. 흔히 원자의 개념은 물질이 구성되는 더 이상 나누어지지 않는 궁극적인 조각으로 언급되곤 한다. 그리고 이러한 원자의 개념은 기원전 5세기 고대 그리스에까지 거슬러 올라간다. 당시 밀레투스의 레우키포스(Leucippus of Miletus)와 그의 제자인 아브데라의 데모크리토스(Democritus of Abdera)는 이

---

1) 이 책에 대한 자세한 내용은 참고문헌에 소개되어 있다.

것을 궁극적인 실체로 주장했다. 데모크리토스가 원자(atom, 이 말은 "더 이상 나누어질 수 없다"는 의미를 가졌다)라는 이름을 지어낸 장본인이었지만, 당시에는 큰 관심을 끌지 못했다. 동시대인들은 물론이고 그후 2000년이 지나도록 이 개념을 진지하게 받아들인 사람은 아무도 없었다. 진정한 의미에서의 원자모형은 18세기 말엽에야 개발되었다. 당시 화학자들은 비로소 원소의 특성에 대한 현대적인 탐구를 시작했다.

또한 원소라는 개념—일상세계의 모든 복잡성이 그것을 통해 형성되는—의 유래는 그리스 초기 철학자들의 사상에까지 거슬러 올라갈수 있다. 그들은 만물이 물, 흙, 불, 바람이라는 네 가지 원소의 여러가지 혼합으로 이루어진다는 개념에 도달했다. '원소'라는 명칭을 제외한다면, 그리고 원소가 더 단순한 화학적 형태로 분리될 수 있다는 생각을 제외한다면, 그리스의 개념은 17세기 중엽에 보일(R. Boyle)의 연구를 통해 형성된 현대 화학의 원소 개념과 크게 다르지 않다.

보일은 원소를, 다른 원소와 결합해서 화합물을 형성할 수 있지만그 자체가 더 단순한 물질로 분리될 수 없는 물질이라고 정의한 최초의 인물이었다. 예를 들어 물은 화학적으로 그 구성요소인 산소와 수소로 분리될 수 있는 화합물이다. 그러나 산소와 수소는 화학적 방법으로 더 이상 나누어질 수 없기 때문에 원소이다. 그리고 이 원소들은다른 원소로 만들어지지 않는다. 알려진 원소의 숫자는 화학자들이 화합물을 분리시키는 새로운 기법을 고안하면서 점차 늘어났다. 그러나19세기에 들어서서 어떤 물질이 실제로 더 이상 나누어질 수 없는지점차 확실해졌다.

원소들이 결합해서 화합물을 구성하는 방식에 대한 이해에 돌파구가 마련된 것은 19세기 초엽에 돌턴(J. Dalton)이 원자의 개념을 부활시킨 덕분이었다. 그는 모든 화합물에서—그 화합물이 어떻게 준비되었든 간에——서로 다른 원소의 무게비율은 항상 동일하다는 발견을 기반으로 자신의 모형을 세웠다. 예를 들어 물의 경우 산소와 수소의 무게 비율은 8:1이다. 탄산칼슘(분필이 가장 흔한 예이다)에서는 칼슘과 탄소와 산소의 무게 비율이 항상 10:3:12이다.

돌턴의 설명에 따르면 각각의 종류의 원소들이 한 종류의 동일한 원자들로 이루어져 있으며, 원소의 성질을 결정하는 것은 이 원자의 성질이다. 이러한 설명에서 한 종류의 원자와 다른 종류의 원자를 구분짓는 가장 두드러진 특징은 원자의 무게이다. 둘 또는 그 이상이 원자들이 결합할 때, 실제로 그것은 함께 결합하는 서로 다른 원소들의 원자들이다. 이러한 결합으로 오늘날 분자라고 불리는 것이 만들어진다. 화합물을 이루는 하나의 분자는 그 화합물의 다른 분자들과 똑같은 숫자의 원자를 포함한다. 물분자는 두 개의 수소원자와 한 개의 산소원자로 이루어진다(H_2O). 탄산칼슘의 분자는 한 개의 칼슘 원자, 한 개의 탄소원자, 그리고 세 개의 산소원자로 구성된다($CaCO_3$). 오늘날 우리는 일부 원소의 경우 다른 원소가 포함되지 않고 같은 종류의 원자들끼리 결합해서 분자를 이룰 수 있다는 것을 알고 있다. 예를 들어 우리가 숨쉬는 공기 속에 들어 있는 산소는 2원자 분자, 즉 O_2로 이루어진다. 이 경우 산소는 화합물에 포함되지 않는다.

돌턴의 원자모형은 화학에서 이루어진 엄청난 성공이었다. 그러나 19세기 내내 일부 과학자들은 그 모형을 유용한 트릭(trick) 정도로만 간주했다. 즉 원소들이 화학반응에서 움직이는 방식을 계산하는 데 유용한 방식이기는 하지만 원자가 '실재'한다는 증명은 아니라는 것이다. 같은 시기에 다른 과학자들은 원자가 실재하는 실체(entity)라는 점차 확실한 증거를 발견하고 있었다. 다시 말해서 약간의 거리만큼 떨어지면 서로를 끌어당기고 접촉하면 밀어내는 작고 단단한 공이라는 것이다.

아보가드로수와 기체의 운동

그러나 아보가드로(A. Avogadro, 우연의 일치이지만, 물분자 속의 원자들의 조합이 HO가 아니라 H_2O라는 사실을 처음 입증한 사람이 바로 그였다)의 연구 덕택에 공격의 한 흐름이 이루어졌다. 1811년에 발표한 논문에서 아보가드로는 온도와 압력이 같은 동일 부피의 기체에 같은 숫자의 원자가 들어 있다는 주장을 제기했다. 당시까지는 아직 분자라는 개념이 등장하기 이전이었으며, 오늘날 이 개념은 온도와 압력이 같은 동일한 부피의 기체에 같은 숫자의 분자가 포함된다고 표현된다. 표현이 어찌 되었든 간에 중요한 것은 아보가드로의 모형이 이러한 조건에서 특정한 크기의 기체 상자 속에서 작고 단단한 공들이 서로 충돌하고 되튀어나오는 모습을 가정하고 있다는 점이다. 이때 그 기체는 산소이든, 이산화탄소이든, 또는 어떤 기체이든 마찬가지이다.

이러한 상(像)의 배후에 깔려 있는 개념은, 기체 상자 속 대부분의 공간은 비어 있고, 그 속에 상자의 내부를 빠른 속도로 돌아다니는 작고 단단한 공들이 있으며, 이 공들은 상자의 벽과 서로에 대해 끊임없이 충돌한다는 것이다. 여기에서 작고 단단한 공이 무엇으로 이루어져 있는지는 중요하지 않다. 상자 벽에 가해지는 압력에 관한 한, 문제가 되는 것은 입자의 속도와 충돌횟수이다. 속도는 온도에 따라 달라지며(온도가 높을수록 운동도 빨라진다), 초당 충돌횟수는 상자 속에서 얼마나 많은 작고 단단한 공들이 들어 있는지에 달려 있다. 따라서 온도, 압력, 부피가 같다면 그 속에 들어 있는 입자들의 숫자는 항상 같아야 한다.

이러한 종류의 모형은 기체, 액체, 고체의 차이도 설명할 수 있다. 이미 앞에서 설명했듯이 기체 속 대부분의 공간은 비어 있고, 그 속에서 빠른 속도로 움직이면서 서로 충돌하는 분자들이 있다. 그리고 분자들은 서로 충돌하지만 일정한 운동에 의해 무정형적인 덩어리 속에서 서로 미끄러지는 모습으로 그려질 수 있다. 고체 속에서는 이러한 운동이 거의 정지하고, 일종의 분자 제자리뛰기에 해당하는 상대적으로 조용한 흔들림을 제외하면, 분자들은 한 장소에 고정된다.

아보가드로의 개념은 당시에는 진지하게 받아들여지지 않았다(심지어 돌턴도 마찬가지였다). 그러나 1850년대 말엽에 이 개념은 카니차로(S. Cannizzaro)에 의해 다시 빛을 보게 되었다. 그는 아보가드로의 개념을 이용해 원자와 분자의 무게를 측정할 수 있다는 사실을 깨달았다. 예를 들어 어떤 온도와 압력하에서 (표준조건은 섭씨 0도와 표준기압으로 선택된다) 일정한 부피의 특정 기체 속에 들어 있는 분자 개수를 알 수 있다면, 그 분자 개수가 그러한 조건에서의 모든 기체의 경우에 해당한다는 것을 알게 된다. 따라서 각각의 분자의 무게를 알려면, 기체의 무게를 측정한 다음 그 숫자로 나누기만 하면 된다.

이러한 표준적인 조건을 위해 여러분은 2그램의 수소에 상응하는 기체의 부피를 선택할 수 있다(1그램이 아니라 2그램인 까닭은 각각의 수소분자가 두 개의 수소원자, H_2를 포함하고 있기 때문이다). 그 부피는 13리터가 약간 넘는 정도이다. 이 부피에 들어 있는 분자 수를 아보가드로수(Avogadro's Number)라고 부른다. 같은 조건에서 동일한 부피의 산소는 그 무게가 32그램이 넘는다. 이 화학적 증거는 각각의 분자에 두 개의 산소원자가 있다는 것을 이야기해준다. 그러나 그 속에는 2그램의 수소에 해당하는 분자가 들어 있다. 따라서 우리는 산소원자의 무게가 수소원자의 열여섯 배나 된다는 사실을 알 수 있다. 이것은 원자와 분자의 상대적인 무게를 결정하는 매우 유용한 방법이다. 그러나 실제 무게를 알기 위해서는 아보가드로수 자체를 알아야 한다. 그리고 그것을 정확히 알아내기는 조금 더 어려웠다.

이 문제를 해결하는 여러 가지 방법이 있다. 여러분은 1860년대 중엽에 로슈미트(J. Loschmidt)가 사용했던 이 주제의 변형 사례를 통해 그 방법에 대해 얼마간의 착상을 얻을 수 있을 것이다. 기억해두어야 할 점은 기체 속에 들어 있는 분자들 사이에 많은 빈 공간이 있지만, 액체 속에서는 분자들이 서로 직접 충돌한다는 사실이다. 로슈미트는 아보가드로수를 통해 용기 속에 (표준조건에서) 들어 있는 기체의 압력을 계산할 수 있었다. 이 압력이 분자들이 잇따라 충돌하는 동안 이동하는 평균거리(이것을 평균자유행로[mean free path]라고 부른다)를 결정한다. 실제로 기체의 부피 중 극히 작은 일부는 분자들이 차지하고 있다. 그리고 그는 기체를 액화시키는 방법으로, 또는 다른 사람이 측정한 액체산소와 액체질소의 밀도를 이용해서 기체 속에 얼마나 많은 빈 공간이 있는지 알아내고, 얼마나 많은 액체가 생성되었는지 측정할 수 있었다. 액체 속에서는 입자들이 서로 충돌하기 때문에, 그는 기체의 부피에서 액체의 부피를 빼는 방법으로 기체 속에 들어 있는 빈 공간의 부피가 어느 정도인지 알 수 있었다. 따라서 그의 압력 계산을 이미 측정된 압력에 일치시키기 위해 아보가드로수의 값을 조정함으로써, 그는 얼마나 많은 분자들이 존재하는지 밝혀낼 수 있었다.

그의 계산에 사용된 액체질소와 액체산소의 밀도가 오늘날의 측정치처럼 정확하지 않았기 때문에, 1866년에 로슈미트가 추정한 아보가드로수는 약간 작은 값인 0.5×10^{23}이었다. 아인슈타인은 다른 기법을 이용해서 6.022045×10^{23}이라는 수치에 도달했다. 이것은 10 다음에 0이 23개나 오는 엄청난 숫자이다. 이것이 수소 1그램, 산소 16그램, 또는 모든 원소의 원자량(원자의 무게)을 그램으로 나타낸 것의 원자 수이다. 따라서 각각의 수소원자의 무게는 0.17×10^{23}그램인 셈이다. 그리고 공기분자 하나의 크기는 지름이 수억분의 1센티미터 정도이다. 섭씨 0도 1기압에서 공기 1세제곱센티미터 속에는 4.5×10^{19}개의 분자가 들어 있다. 공기분자의 평균자유행로는 1300분의 1미터이며,

섭씨 0도의 공기 속에 들어 있는 산소분자는 초당 461미터를 조금 넘는 속도(대략 시속 1만 7000킬로미터의 엄청난 속도)로 이동한다. 따라서 각각의 분자는 초당 35억 회 이상 충돌하면서 우리 피부와 방 안의 벽에 일정한 압력을 가하는 느낌을 준다.

사실 기체운동이론(kinetic theory of gases)을 처음 주장한 사람은 베르누이(D. Bernoulli)였고, 그는 1738년에 이미 이 이론을 제안했다. 그는 17세기 중엽에 보일의 연구에서 영감을 얻었다. 보일은 어떤 기체가 압축되면 (예를 들어 피스톤 속에서) 그 기체의 부피가 압력에 반비례해서 변화한다는 사실을 발견했다. 다시 말해서 압력이 두 배가 되면 부피는 절반으로 줄어드는 것이다. 베르누이는 이 사실을 운동이론으로 설명했고, 기체의 온도와 그 압력 사이의 관계(다른 조건이 같을 때 기체의 온도를 높게 하면 압력이 늘어난다) 역시 기체 속에 들어 있는 작은 입자들의 운동에너지로 설명할 수 있다는 사실을 깨달았다. 기체를 가열하면 입자들이 더 빨리 운동해서 용기 벽에 더 큰 충격을 준다는 것이다. 그러나 그는 너무 시대를 앞질렀다. 당시 열에 대해 연구하던 대부분의 사람들은 열이란 열소(熱素, caloric)라 불리는 일종의 액체의 존재와 연관되며, 열의 전달은 이 열소가 한 물질에서 다른 물질로 이동하는 것이라고 생각했다. 베르누이의 운동론은 당시 과학에 아무런 영향도 주지 못했다.

기체운동이론은 두 차례에 걸쳐 재발견되었지만(먼저 1820년에 헤러패스〔J. Herapath〕, 그리고 1845년에 워터스턴〔J. Waterston〕에 의해), 그때마다 무시되었다. 이 이론은 1850년대에야 비로소 대부분의 과학자들이 받아들이게 되었고, 그 주된 공적은 줄(J. Joule)의 연구였다. 완전한 수학적 이론으로서의 기체운동이론(완전한 모형)은 1860년대에 수립되었고, 이 과정에서 클라우지우스(R. Clausius), 맥스웰(J. C. Maxwell), 그리고 볼츠만(L. Boltzmann)의 연구가 큰 공헌을 했다. 이 모형이 엄청나게 많은 입자들의 평균적인 통계적 움직임을 다루기 때문에 그 이론을 통계역학(statistical mechanics)이라고 부르게 되었다. 이 입자들은 뉴턴의 역학법칙에 따라 충돌하고 튀면서 서로 상호작용하는 것으로 간주되었다.

이것은 물리법칙이 그 법칙이 발견되었을 때 연구되던 상황과는 완전히 다른 조건에 적용될 수 있다는 인상적인 사례이며, 법칙과 모형 사이의 중요한 차이를 잘 보여주는 좋은 예이다.

뉴턴의 역학법칙

뉴턴의 중력이론과 같은 법칙은 보편법칙이다. 뉴턴은 우주 속의 모든 물체가 우주 속의 다른 모든 물체를 끌어당기며, 그 힘은 두 물체 사이의 거리의 역제곱에 비례한다는 사실을 발견했다. 이것을 '역제곱의 법칙'(inverse square law)이라고 부른다. 뉴턴 자신이 지적했듯이 이 법칙은 나무에서 떨어지는 사과와 지구궤도를 도는 달에 모두 적용된다. 사과와 달은 지구의 중력에 이끌린다. 이 법칙은 지구를 태양궤도에 붙잡아두는 힘, 그리고 현재의 우주팽창을 점차 느리게 만드는 힘에도 적용된다. 그러나 이 법칙이 절대진리일지라도 뉴턴 자신은 무엇이 그 법칙을 야기하는지 알지 못했다. 다시 말해서, 그는 중력에 대한 아무런 모형도 갖고 있지 않았다.

실제로 뉴턴은 이러한 맥락에서 "나는 가설을 세우지 않는다"(*hypotheses non fingo*)라는 말을 했다. 그리고 그는 중력이 거리 역제곱의 법칙에 따르는 이유를 설명하려고 시도하지 않았다. 그에 비해 아인슈타인의 일반상대성이론은 자동적으로 중력 역제곱의 법칙을 도출하는 모형을 제공한다. 일반상대성이론은 흔히 알려져 있듯이 뉴턴의 개념을 뒤집는다기보다는 오히려 뉴턴의 이론을 강화한다. 왜냐하면 일반상대성이론이 중력법칙을 설명하는 모형을 제공하기 때문이다(또한 그 이론은 뉴턴의 개념을 넘어서서 극단적인 조건에서 나타나는 중력의 거동을 기술한다. 이 점에 대해서는 나중에 설명할 것이다).

좋은 모형이 되려면 모든 중력모형이 역제곱의 법칙을 예견할 수 있어야 한다는 것은 물론이다. 그렇다고 해서 이러한 모형이 반드시 최종적인 모형이라는 뜻은 아니다. 오늘날 물리학자들은 언젠가 아인슈타인의 이론을 넘어서는 양자중력이론을 개발하게 될 것이라고 장담하고 있다. 그러나 그런 모형이 개발되어도, 우리는 그 새로운 모형이 여전히 역제곱 법칙을 예견할 것이라고 확신할 수 있다. 결국 물리학자들이 어떤 새로운 이론에 도달하더라도 태양 주위를 도는 행성들의 궤도는 여전히 동일할 것이고, 갑자기 사과가 나무 위로 솟구치지는 않을 것이다.

그런데 공교롭게도 중력은 가장 약한 힘이다. 여러분 주위에 큰 질량을 가진 물체가 없다면 말이다. 한 알의 사과를 끌어당겨서 나무 가지에서 떼어내 땅으로 떨어뜨리기 위해서는 지구 전체의 중력이 필요하다. 그러나 두 살짜리 어린아이도 중력을 거슬러 땅에 떨어진 사과를 주워들 수 있다. 기체가 가득 찬 상자 속에서 활발하게 돌아다니는 원자와 분자들의 경우, 입자들 사이에 작용하는 중력은 너무 작아서 완전히 무시할 수 있을 정도이다. 19세기에 통계역학을 개발한 사람들이 깨달았듯이, 여기에서 중요한 것은 뉴턴이 발견한 또다른 법칙들이었다. 그것은 바로 역학(mechanics)법칙이다.

뉴턴의 역학법칙은 세 가지이며, 오늘날 우리에게 너무도 친숙해서 자명한 상식처럼 느껴질 정도이다. 그 법칙들은 모든 물리학의 기초를 이룬다. 첫번째 법칙은 모든 물체가 어떤 힘에 의해 밀리거나 잡아당겨지지 않는 한, 정지해 있거나 직선 위에서 일정한 속도로 움직인다는 것이다. 이것은 결코 일상적인 상식이 아니다. 왜냐하면 지구에서 어떤 물체를 움직이게 한다면(예를 들어 축구공을 차는 것처럼) 그 물체는 마찰 때문에 곧 운동을 멈추기 때문이다. 뉴턴의 통찰력은 마찰이 없을 때 물체가 어떻게 움직이는지 올바로 인식했다는 점이다. 이것은 우주공간에서 움직이는 암석이나 기체가 들어 있는 상자 속에서 빠른 속도로 이동하는 원자들의 경우에 해당한다(우연하게도 기체 운동이론을 개발하지 않았는데도 뉴턴 자신이 원자모형의 지지자였고, 물체가 "원시적인 입자들……, 그 입자들로 구성된 구멍이 많은 어떤 물체보다도 비교할 수 없을 만큼 단단하고, 너무 단단해서 닳지도 않고 조각으로 부서지지 않는 입자들"로 이루어져 있다고 기술했다).

뉴턴의 제2법칙은 어떤 물체에 힘이 가해졌을 때, 그 힘이 가해지는 한, 물체가 계속 가속된다는 것이다(가속이란 어떤 물체의 속도 변화나 그 물체가 움직이는 방향의 변화, 또는 두 가지 모두의 변화를 뜻한다. 따라서 달은 지구 주위를 도는 속도가 거의 일정하지만 그 방향이 계속 변화한다는 점에서 가속되고 있는 셈이다). 힘에 의해 생성되는 가속은 힘의 세기를 그 물체의 질량으로 나눈 값에 비례한다(물리학자들은 다른 식으로 힘이 질량과 가속도의 곱과 같다고 말하기도 한다). 이것은 상식과 일치한다. 질량이 클수록 그 물체를 밀기가 힘들기 때문이다. 뉴턴의 제3법칙은, 어떤 물체가 다른 물체에 힘을 행사할 때 첫번째 물체에 크기는 같고 방향이 반대인 반작용이 가해진다는 것이다. 예를 들어 내가 공을 차면(또는 어리석게도 바위를 걸어찬다면), 내 발이 공(또는 바위)에 행사하는 힘이 대상을 움직이게 만들고, 동시에 그 물체가 내 발에 행사하는 크기가 같고 방향이 반대인 힘을 분명하게 느낄 수 있다.

좀더 미묘하지만 지구가 중력을 통해 달을 끌어당기듯이 지구를 끌어당기는, 크기는 같고 방향이 반대인 힘이 있다. 달이 지구궤도를 돌고 있다고 말하는 대신, 우리는 달과 지구가 상호간의 중력중심 주위를 돌고 있다고 말해야 할 것이다. 그러나 지구는 달보다 훨씬 더 질량이 크기 때문에, 이러한 균형점은 실제로는 지구 표면 아래쪽에 놓이게 된다. 엄밀하게 이야기하자면, 작용과 반작용의 등가성은 사과가 땅에 떨어질 때 지구 전체가 극미한 거리만큼 사과를 향해 '끌어올려지는' 것을 뜻한다. 뉴턴의 제3법칙은 총을 발사했을 때 나타나는 반동과 로켓이 한쪽 방향으로 물질을 방출할 때 반대 방향으로 추진되는 방식을 설명해준다.

이 세 가지 법칙은 우주 전체에 적용된다. 뉴턴은 이 법칙을 이용해서 행성들의 궤도를 설명했다. 또한 이 법칙은 우리의 일상세계에도 적용된다. 이 법칙들은 경사면을 따라 공을 굴리고 그 속도를 측정하거나 공을 서로 충돌시키는 실험을 통해 연구될 수 있다. 그러나 앞에서 언급했던 역학법칙들이 통계역학과 현대적인 기체운동이론의 기반이라면, 설령 현대 기체운동이론이 뉴턴이 세 가지 운동법칙을 발견하기 2세기 전에 개발되었고, 뉴턴이 그의 법칙을 이러한 방식으로 적용하지 않았다고 해도, 그 법칙들은 보편적인 법칙이기 때문에 원자나 분자 수준에도 적용될 수 있다. 진정한 의미에서 뉴턴은 그 법칙들을 창안하지 않았다. 그것은 우주의 법칙들이고, 그가 그 법칙들을 기술하기 전에도 이미 같은 방식으로 작동하고 있었다. 그가 우연히 그 법칙들을 알아낸 곳이 아닌 다른 장소에서도 그 법칙들이 작동하고 있었듯이 말이다.

열역학의 세 가지 법칙

기체운동이론과 통계역학이 하필 19세기 중엽이라는 시점에 과학자들에 의해 발견된 데에는 충분한 이유가 있다. 당시 열역학(thermo-dynamics, 말 그대로 열과 운동에 대한 연구) 연구에 의해 이미 그 기반이 마련되었다. 열역학은 유럽이 증기력에 의해 동력을 얻고 있었던 당시에 실용적으로 매우 중요했다.

열역학의 원리도 세 가지 법칙으로 요약할 수 있다. 이 법칙들은 효율적인 증기기관의 설계나 제작에 국한되지 않고 과학 전체에 걸쳐 폭넓은 중요성을 가지고 있었다. 열역학 제1법칙은 에너지 보존의 법칙으로도 알려져 있으며, 닫힌 계의 에너지의 총합은 항상 동일하다는 것이다. 태양은 닫힌 계가 아니며, 끊임없이 우주공간으로 에너지를 방출한다. 지구도 닫힌 계가 아니며, 태양으로부터 에너지를 받는다. 그러나 절연된 시험관 속에서 일어나는 화학반응과 같은 과정이나 작고 단단한 입자들이 상자 속에서 이리저리 튀어다니는 통계역학에 포함되는 과정에서는 에너지의 총량이 고정되어 있다. 만약 많은 운동에너지를 포함하는, 빠른 속도로 이동하는 입자가 운동에너지가 적은 느린 속도의 입자와 충돌하면, 첫번째 입자는 에너지를 잃고 두번째 입자는 에너지를 얻게 될 것이다. 그러나 충돌 이전과 이후의 두 입자의 전체 에너지는 동일할 것이다.

아인슈타인이 20세기 초에 특수상대성이론을 수립한 이후, 우리는 질량이 에너지의 한 형태이며 적당한 조건에서는 (핵발전소 내부나 태양의 중심과 같은) 에너지와 질량이 서로 교환될 수 있다는 사실을 알고 있다. 따라서 오늘날 열역학 제1법칙은 단지 에너지 보존법칙이 아니라 에너지−질량 보존법칙으로 불리고 있다.

열역학 제2법칙은 과학 전체에서 가장 중요한 법칙으로 부를 만하다. 이것은 사물이 닳아지는 이유를 설명해준다. 열의 관점에서, 증기기관의 시대에 이 법칙이 발견된 측면에서, 제2법칙은 열이 그 자체의 힘으로 차가운 곳에서 뜨거운 곳으로 흐르지 않는다는 것을 이야기한다. 예를 들어 뜨거운 차가 들어 있는 컵에 얼음을 넣으면 얼음이 녹고 차가 식을 것이다. 그러나 미지근한 차가 들어 있는 컵 속에서 갑자기 차가 뜨거워지고 컵 안에서 얼음덩어리가 형성되는 모습을 본 사람은 아무도 없을 것이다. 이 과정도 에너지 보존법칙에 위배되지 않는다. 열역학 제2법칙의 또다른 예는 아무도 손대지 않은 벽돌담이 점차 낡아서 마침내 무너지는 과정이다. 반대로 벽돌더미를 아무리 오랫동안 방치해놓아도 저절로 쌓여서 벽돌담이 되는 일은 결코 일어나지 않는다.

1920년대에 천체물리학자 에딩턴(A. Eddingtion)은 그의 저서 『물리세계의 본성』(*The Nature of the Physical World*)에서 열역학 제2법칙의 중요성을 다음과 같이 요약했다.

나는 열역학 제2법칙이 자연의 법칙 중에서 최고의 지위를 차지하고 있다고 생각한다. 만약 누군가가 당신에게 당신이 가장 좋아하는 우주의 이론이 맥스웰 방정식과 일치하지 않는다고 지적한다면, 그것은 맥스웰 방정식에도 그만큼 나쁜 것이다. 만약 그 이론이 관찰 결과와 모순 된다면, 그럴 수도 있다. 실험가도 때로는 일을 그르칠 수 있으니까 말이다. 그러나 만약 당신의 이론이 열역학 제2법칙에 어긋난다는 사실이 발견된다면, 나는 당신에게 어떤 희망도 줄 수 없다. 당신의 이론은 가장 깊은 굴욕으로 추락할 수밖에 없다.

또한 열역학 제2법칙은 엔트로피(entropy)라고 알려진 개념과도 연관이 있다. 엔트로피란 우주 또는 우주 속의 닫힌 일부(예를 들어 실험실의 밀봉된 시험관과 같은)의 무질서의 총량을 측정하는 개념이다. 닫힌 계(closed system) 속의 엔트로피는 감소할 수 없다. 따라서 이계 속에서 일어나는 모든 변화는 더 높은 엔트로피의 상태로 이동한다. 차가 들어 있는 컵 속에 떠 있는 얼음덩어리의 '계'는 미지근한 차가 들어 있는 컵보다 높은 질서(따라서 낮은 엔트로피)를 갖는다. 어떤 계가 질서에서 무질서한 상태로 이동하는 이유는 바로 그 때문이다.

우주 전체는 닫힌 계이다. 따라서 우주 전체의 엔트로피는 증가해야 한다. 그러나 앞에서도 지적했듯이, 지구는 닫힌 계가 아니며 태양으로부터 끝없는 에너지 유입을 받는다. 우리가 국소적으로 무질서에서 질서를 창조할 수 있는 것은 (예를 들어 벽돌더미에서 집을 짓는 것처럼) 바로 외부에서 유입된 에너지 덕분이다. 지구의 모든 생명과정과 연관된 엔트로피 감소는, 우리가 소비하는 에너지를 만들어내는 과정의 결과로서, 태양 내부에서 일어나는 엔트로피 증가에 의해 보상되고도 남는다.

만약 여러분이 의아해한다면, 냉장고 내부의 온도를 낮추어서 얼음을 만드는 경우를 생각해보라. 이때에도 규모는 작지만 같은 종류의 일이 일어난다. 우리는 에너지를 이용해서 냉장고에서 열을 퍼내야 하며, 이 과정에서 차가운 냉장고 안쪽에서 일어나는 엔트로피 감소에 비해 우주 전체에서는 훨씬 많은 엔트로피가 증가한다. 만약 여러분들이 닫힌 방 안에 냉장고를 넣어놓고 냉장고 문을 열어놓는다면 방의 온도는 낮아지는 것이 아니라 오히려 높아질 것이다. 그 이유는 냉장고의 모터가 열을 받으면서 소비되는 에너지가 문이 열린 냉장고의 냉각효과보다 더 클 것이기 때문이다.

열역학 제3법칙은 온도에 대한 우리들의 일상적인 개념과 관계가 있다. 그것은 지금까지 우리의 논의에서도 지극히 당연하게 생각되어왔다. 나는 열과 엔트로피의 관계를 일반적인 관점에서만 다루어왔지만, 실제로 이 두 가지 양(量) 사이에는 정확한 수학적 관계가 있다. 그리고 이것은 어떤 물체의 온도가 내려갈수록 그 물체는 점점 더 단단해져서 에너지를 방출한다는 것을 보여준다. 일상적인 맥락에서도 이 법칙은 지극히 자명하다. 증기기관이 산업혁명에서 그토록 중요한 지위를 차지하는 까닭은 뜨거운 증기가 피스톤을 앞뒤로 구동시켜서 바퀴를 회전시키는 유용한 일을 할 수 있기 때문이다. 만약 여러분이 정말로 원한다면, 수증기보다 훨씬 차가운 기체(예를 들어 이산화탄소)를 이용해서 피스톤을 왕복시키는 일종의 장난감을 만들 수도 있을 것이다. 그러나 그 장난감은 그다지 효율적이지는 않을 것이다.

1840년대에 톰슨(W. Thomson, 후일 켈빈 경이 되었다)은 이러한 열역학적 개념들을 이용해서 절대온도라는 척도를 만들었다. 이 척도에서 0도는 그 물체에서 더 이상 열(또는 에너지)을 추출할 수 없는 온도이다. 절대온도 0도는 열역학 법칙에 의해 확정되며 그 온도는 섭씨 273도이다(따라서 톰슨은 어떤 물체도 그 정도로 냉각시킬 수 없었지만, 수학적으로는 그 온도를 계산할 수 있었다). 오늘날 그 온도단위를 켈빈의 이름 첫 글자를 따서 K라고 표기한다. 온도의 켈빈 척도에서 단위는 섭씨온도와 크기가 같기 때문에 얼음은 절대온도 273도에서 녹는다(이 절대온도 척도에서 '온도 부호'가 붙지 않는다).

열역학 제3법칙은 여러분이 아무리 노력해도 절대온도 0도에 (이론상) 근접할 수는 있어도 어떤 물체를 절대온도로 냉각시킬 수는 없다고 이야기한다. 절대온도 0도에서 물체는 이 세상에서 도달할 수 있는 가장 낮은 에너지 상태가 되기 때문에 거기에서 더 이상 어떤 에너지도 뽑아낼 수 없다.

일상적인 관점에서 세 가지의 열역학 법칙은 다음과 같은 농담으로 요약될 수 있을 것이다.

1. 당신은 이길 수 없다.
2. 당신은 심지어 비길 수도 없다.
3. 당신은 그 게임에서 벗어날 수조차 없다.

멘델레예프의 주기율표

기체운동이론과 통계역학이 거둔 성공은 많은 물리학자들에게 원자가 실재한다는 확신을 불어넣어주었다. 그러나 19세기 말엽이 가까워질 때까지도 많은 화학자들은 여전히 원자라는 개념에 의구심을 품고 있었다. 이것은 우리에게 매우 이상하게 보인다. 왜냐하면 1860년대 말엽(기체운동이론이 성공적이라는 사실이 입증되었던 시기)까지 서로 다른 원소들의 특성에서 한 가지 패턴이 발견되었기 때문이다. 그것은 오늘날 전적으로 원자들의 특성이라는 관점에서 설명되는 패턴이다.

원소들을 처음으로 원자량의 순서로 (가장 가벼운 원소인 수소의 무게를 1의 단위로 삼았을 때) 배열하려고 시도한 사람은 1820년대 베르첼리우스(J. Berzelius)였지만(그는 아보가드로 가설을 받아들이지 않았다) 성공하지는 못했다. 실제 돌파구가 마련된 것은 카니차로가 아보가드로의 개념을 부활시켰던 1860년대였다. 그는 그 가설이 훌륭하게 작동하며 원자량이 화학에서 유용한 개념이라는 사실을 많은 동료들에게 확신시켰다. 그러나 당시에도 이 중요한 돌파구의 중요성이 충분히 인식되기까지 많은 시간이 걸렸다. 중요한 발견은 원소들을 원자량에 따라 배열했을 때, 비슷한 화학적 특성을 가진 원소들이 목록에서 규칙적인 간격으로 나타난다는 사실이었다. 원자량이 8인 원소는 원자량이 16인 원소(또한 24인 원소와도)와 비슷한 특성을 가지며, 원자량이 17인 원소는 원자량이 25인 다른 원소와 그 특성이 비슷하다.

이 발견에서 원소들의 목록을 표로 작성해서 비슷한 특성을 가진 원소들을 수직방향으로 늘어세운다는 착상으로까지 나아가는 데에는 그다지 많은 상상력이 필요하지 않았다. 1860년대 초엽에 프랑스의 화학자 베귀에 드 샹쿠르투아(A. Beguyer de Chancourtois)와 영국의 화학자 뉴랜즈(J. Newlands)는 각기 독립적으로 이 착상을 떠올렸다.

그러나 그들의 연구는 별로 주의를 끌지 못했고, 뉴랜즈의 개념은 동시대인들의 조롱을 받았다. 그들은 원소들을 원자량의 순서로 배열하는 방식은 알파벳 순서로 목록을 만드는 것보다 하등 나을 것이 없다고 말했다. 이것은 터무니없는(그리고 오만한) 실수였다. 알파벳은 지극히 자의적인 인간의 협약에 불과하지만 원자량은 근본적인 물리적 특성이기 때문이다. 그들의 평가는 1860년대 중엽의 화학자들이 얼마나 원자의 실재를 받아들이기 힘들었는지 잘 보여준다.

심지어 이 개념이 마침내 이해되기 시작한 때조차도 논쟁의 요소가 있었다. 1860년대 말엽에 독일인 마이어(L. Meyer)와 러시아인 멘델레예프(D. Mendeleyev)는 각기 독립적으로—그리고 두 사람 다 앞에서 언급한 베귀에 드 샹쿠르투아와 뉴랜즈의 연구에 대해 알지 못한 채—원소들을 주기율표(체스판과 비슷한 격자 모양의 표)로 나타내기에 이르렀다. 이 표에서 원소들은 원자량의 순서로 배열되었고 비슷한 화학적 특성을 가진 원소들은 수직방향으로 같은 위치에 놓였다. 그러나 오늘날 멘델레예프의 주기율표(Periodic Table)만이 알려져 있고, 마이어는 다른 두 사람의 선구자들과 함께 역사의 각주 정도로 그 지위가 격하되었다. 그 이유는 멘델레예프가 비슷한 화학적 특성을 가진 원소들이 같은 수직열에 오게 하기 위해서 대담하게 주기율표의 원소들의 순서를 약간 바꾸었기 때문이다. 그로 인해 원자량의 순서에 약간의 혼란이 일어났는데도 말이다.

이 변화는 실제로는 아주 작은 것이었다. 예를 들어 텔루르는 원자량이 127.61이며 원자량이 126.91인 요오드보다 약간 무겁다. 멘델레예프는 자신의 주기율표에서 이 두 원소의 순서를 바꾸어서 요오드를 브롬 바로 아래쪽에 놓았다. 요오드와 브롬은 화학적으로 매우 비슷하다. 또한 그 덕분에 텔루르가 셀레늄 아래쪽에 놓이게 되었고, 두 원소 역시 화학적으로 밀접한 관계를 갖는다. 따라서 텔루르가 브롬 아래에, 그리고 요오드가 셀레늄 아래에 오는 배열보다 훨씬 분명한 특성을 나타냈다. 오늘날 우리는 멘델레예프가 이러한 변화를 가한 것이 옳았음을 알고 있다. 왜냐하면 원자의 무게는 원자 속의 양성자와 중성자의 숫자로 결정되지만, 그 화학적 특성은 양성자의 숫자와만 관계를 가지기 때문이다. 이 점에 대해서는 다음 장에서 설명할 것이다. 그런데 양성자나 중성자의 존재는 19세기까지 알려지지 않았기 때문에 멘델레예프는 원자량에 근거한 주기율표 속에서 원소들의 위치를 약간 재배열한 물리적 근거를 설명할 수 없었다. 그리고 그는 유사성이라는 화학적 증거에 의존했다.

멘델레예프가 내디딘 가장 과감한 한 걸음, 그리고 궁극적으로 원소의 근본적인 특성에 연관된 무엇으로서 그의 주기율표가 폭넓게 받아들여지게 만든 중요한 한 걸음(그리고 알파벳과 같은 자의적인 협약이 아닌)은 그가 주기율표에 기꺼이 빈 공백을 남겨두었다는 점이다. 그 공백은 주기율표의 특정 위치에 '속하는' 특성을 가진 원소이지만 당시까지 발견되지 않은 원소를 위해 남겨둔 자리였다. 1871년에 멘델레예프는 그 무렵까지 알려진 63개의 원소가 포함된 주기율표를 만들었다. 이 표는 수소의 원자량의 여덟 배의 복수에 해당하는 원자량을 가진 원소들의 족(族)은 서로 유사한 화학적 특성을 가진다는 점에서 놀랄 만한 주기성을 보여주었다. 그러나 텔루르와 요오드의 위치에 약간의 조정을 가한 후에도 이 패턴이 작동하게 만들기 위해서, 그는 주기율표에 세 개의 공백을 남겨두어야 했다. 그리고 새로운 원소들이 그의 표 속에 남겨진 공백의 위치에 해당하는 (그가 규정한) 특성을 가진 것이 발견될 것이라는 대담한 예측을 해야 했다. 그후 15년 동안 이 세 개의 원소들이 발견되었고, 그 원소들의 특성은 그가 예견했던 그대로였다. 1875년에 갈륨, 1879년에 스칸듐, 그리고 1886년에 게르마늄이 차례로 발견된 것이다.

멘델레예프는 과학의 고전적인 전통("실험결과와 일치하지 않으면 그것은 틀린 것이다")에 따라 예견했고, 그 예견은 사실로 입증되었다. 이 사실은 사람들에게 주기율표가 중요하며, 더 많은 새로운 원소들이 발견되고 각각의 원소들이 멘델레예프의 표와 일치한다는 사실이 밝혀지면서 그의 개념에 대한 수용은 열광으로 바뀌었다. 자연상태에서 92개의 원소가 지구에 존재하며, 20개 이상의 무거운 원소들이 입자 가속기 속에서 인공적으로 생성되었다. 모든 원소들은 멘델레예프의 주기율표와 일치하며, 표의 전체적인 구성이 조금 달라졌을 뿐이다. 이 과정은 20세기 동안 오늘날 우리가 원자구조에 대해 가지게 된 이해를 설명해주었다.

춤추는 입자

그러나 19세기의 마지막 30년 동안 멘델레예프의 주기율표가 거둔 성공도 모든 사람들에게 원자의 실재를 설득하지는 못했다. 파인먼이 '원자가설'이라 불렀던 개념은 최종적으로 20세기의 처음 10년에 와서야 수용되었다. 그것은 21세기 과학 위에 그 그림자가 길게 드리워진 인물, 아인슈타인의 연구에 크게 힘입었다.

아인슈타인이 원자가설의 중요성에 대한 파인먼의 이야기를 승인했다는 것은 분명하다. 그는 의식적으로 연구 과학자로서의 최초의 노력을 원자와 분자의 실재를 입증하기 위한 다양한 시도에 쏟아부었다. 특히 그는 박사논문(1905년에 완성되었다)과 이 수수께끼에 여러 가지 서로 다른 방식으로 접근한 일련의 과학논문을 통해 아보가드로수의 값을 얻는 여러 가지 방법에 도달했다. 그것은 한편으로는 원자라는 개념의 중요성이라는 측면에서, 그리고 다른 한편으로는 20세기 초에도 여전히 과학자들이 이 개념을 공식적으로 다루려고 하지 않았기 때문에 아인슈타인이라는 뛰어난 통찰력의 물리학자가 이러한 일을 할 필요를 느꼈다는 점에서도 상징적인 일이었다. 후일 그는 보른(M. Born)에게 쓴 편지에서 이렇게 말했다.

"내 주된 목적은……명확한 크기의 원자의 존재를 입증할 수 있는 사실들을 찾아내는 것이었다."

아인슈타인이 박사논문에서 이 문제에 접근했던 첫번째 방식은 수용액 속의 설탕분자들이 반투과성 막이라 불리는 벽을 통과하는 속도를 계산해서 그 계산결과(이 계산은 분자의 크기와 평균자유행로에 의존한다)를 다른 사람들이 수행한 실험결과와 비교하는 것이었다. 이것은 개념적으로 로슈미트가 평균자유행로와 기체의 분자 크기를 이용해서 아보가드로수에 손잡이를 다는 방식과 매우 흡사했다. 아인슈타인의 경우에 중요한 핵심은 그가 실험과학자가 아니었기 때문에 다른 사람들이 제공한 실험결과에 의존했다는 점이다. 따라서 1905년에 이 기법을 이용해서 그가 얻은 아보가드로수의 가장 정확한 수치는 2.1×10^{23}이었다. 그것은 그가 계산을 잘못했기 때문이 아니라 실험결과가 정확하지 않았기 때문이었다. 1911년에 좀더 정확한 실험결과에 기초한 데이터를 이용했을 때 그는 같은 기법으로 6.6×10^{23}이라는 값을 얻었다.

그러나 1905년에 이미 아인슈타인은 '원자의 존재를 입증할 수 있는' 다른 방법을 찾아냈다. 이 방법에는 스코틀랜드 식물학자의 이름을 따서 브라운 운동(Brownian motion)이라고 부르는 현상이 포함되었다. 1827년에 브라운은 현미경을 이용해서 물 위에 떠 있는 꽃가루 입자가 마치 춤을 추듯 지그재그로 변덕스럽게 움직인다는 사실에 주목했다. 처음에 일부 사람들은 이 놀라운 발견을 꽃가루입자가 살아 있어서 움직인다는 신호로 받아들였다. 그러나 곧 작은 먼지입자에서도 동일한 운동이 일어난다는 사실이 밝혀졌다. 먼지가 살아 움직일 수는 없었다.

1860년대에 여러 물리학자들은 이 운동이 작은 입자들이 떠 있는 액체의 분자들이 입자와 충돌하기 때문에 일어날 수 있다고 생각했다(예를 들어 공기 속에 부유하는 담배연기에서도 같은 종류의 운동을 볼 수 있다). 그러나 당시에는 이런 생각이 진지하게 받아들여지지 않았다. 왜냐하면 그들은 입자들이 일으키는 변덕스러운 움직임(지그재그 운동)이 단일한 분자의 충격에 의해 일어나야 한다고 잘못 생각했기 때문이었다. 그것은 분자들이 부유하는 입자의 크기에 비해 아주 커야 한다는 것을 뜻했다. 그러나 이런 생각은 1860년대에도 명백히 잘못된 것이었다.

아인슈타인은 반대쪽 끝에서 이 문제로 접근했다. 그는 원자와 분자의 실재를 확신했고, 다른 사람들에게 확신시킬 방법을 찾고자 했다. 그는 액체 속에 부유하는 작은 입자가 액체의 분자들과 충돌한다는 것을 깨달았고, 거기에서 일어나는 종류의 충돌을 계산했다. 아인슈타인은 브라운 운동에 대한 연구에 어떤 역사가 있었는지 잘 알지 못했다(아인슈타인은 평생 동안 자신이 관심을 두었던 어떤 주제의 역사에 대해서도 충분한 자료를 읽지 않았고 최초의 원리에서부터 스스로 모든 것을 해결해나가는 방식을 선호했다. 이것은 아인슈타인처럼 뛰어난 학자에게는 물리학을 연구하는 매우 훌륭한 방법이다). 따라서 액체 속에서 부유하는 입자의 운동방향을 계산한 첫번째 논문에서 그는 매우 신중하게 "여기에서 논의하는 운동이 이른바 브라운 운동과 같은 것일 가능성이 있다"라고 말했을 뿐이다. 그 논문을 읽은 동료들은 그가 수학적으로 기술한 것이 브라운 운동의 관찰과 정확히 일치한다는 것을 확인해주었다. 따라서 어떤 의미에서 아인슈타인은 브라운 운동과 그에 대한 실험이 자신의 예견을 확증해줄 것을 예견했던 셈이다. 그의 이론이 받아들여진 것은 특히 현미경을 통해 액체 속에서 부유하는 작은 입자들을 볼 때 열에 의해 일어나는 운동을 직접 관찰할 수 있다는 생각이었다. 이것은 지금까지도 유효하다. 그는 1905년에 이렇게 썼다.

"열의 분자운동이론에 따라, 액체 속에서 부유하는 현미경으로 볼 수 있는 크기의 물체는 현미경으로 쉽게 관찰할 수 있을 정도 크기의 운동을 일으킬 수 있다."

아인슈타인이 계산의 기반으로 삼았던 통찰력은 꽃가루입자처럼 작은 물체도 매순간 많은 숫자의 분자들에 의해 모든 방향에서 충돌을 받는다는 것이었다. 그 입자가 갑작스럽게 한 방향으로 이동하는 것은 그 입자를 그 방향으로 밀어내는 단일한 큰 충격을 받았기 때문이 아니라 일시적으로 충돌의 불균형이 나타났기 때문이다. 다시 말해서, 특정 순간에 한쪽 방향으로 충돌한 분자들이 다른쪽 방향으로 충돌한 분자들에 비해 많기 때문이다. 그런 다음 아인슈타인은 수학을 이용해서 이러한 종류의 충돌의 통계를 계산했고, 꽃가루입자(또는 무엇이든 간에)가 완전히 임의적인 방향으로 매번 작은 이동을 한 결과 따르게 될 지그재그 경로를 예측했다. 계산결과, 입자가 출발점에서 이동하는 거리는 경과한 시간의 제곱근에 비례해서 증가한다는 사실이 밝혀졌다. 따라서 입자가 4초 동안 이동한 거리는 1초 동안 이동한 거리의 두 배이며(2는 4의 제곱근이다), 16초 동안 이동한 거리는 1초 동안 이동한 거리의 네 배에 해당한다(4는 16의 제곱근이다). 그리고 입자가 향하는 방향은 4초, 16초, 또는 어떤 시간 길이만큼 관찰해도 임의적이다. 오늘날 이것을 '난보'(亂步, random walk)라 부른다. 이와 같은 통계학이 과학의 다른 분야에서도 작용되고 있다. 예를 들어 방사성 원자가 붕괴할 때 입자들의 거동이 그러한 예이다.

아인슈타인에게 브라운 운동과 아보가드로수의 관계는 매우 분명했고, 그는 액체 속에 부유하는 입자들의 정확한 운동을 연구하고 이 연구를 통해 아보가드로수를 알아내기 위해 이루어져야 하는 실험을 제안했다. 그러나 항상 그렇듯이 그가 직접 실험을 하지는 않았다. 이번에는 프랑스에서 페랭(J. Perrin)이 실험을 했다. 페랭은 액체 속에서 부유하는 입자들이 대부분 바닥 근처에 머물고 적은 숫자만이 높은 위치에 올라오는 식으로 층을 형성하는 방식을 연구했다. 소수의 입자들이 액체 속에서 높은 위치를 차지하는 (중력에도 불구하고) 이유는 브라운 운동에 의해 위쪽으로 차올려지기 때문이다. 그리고 입자들이 도달하는 높이는 위쪽을 향한 충돌횟수에 달려 있다. 그 횟수는 아보가드로수에 의존한다.

1908년에 페랭은 이 방법으로 당시 여러 가지 다른 방법으로 발견되었던 값과 매우 근접한 아보가드로수의 값을 발견했다. 그리고 일반적으로 그의 실험은 (아인슈타인의 예견과 결합해서) 원자의 개념이 더 이상 의심받지 않게 된 시점으로 간주된다(이것이 불과 한 세기 전이었다). 아인슈타인은 1909년에 페랭에게 쓴 편지에서 이렇게 말했다.

"나는 브라운 운동을 그렇게 정확하게 연구하는 것이 불가능하다고 생각했다."

그리고 같은 해에 페랭 자신도 이렇게 쓰고 있었다.

나는 모든 선입관에서 자유로운 정신이 강한 인상을 경험하지 않고도 동일한 결과로 수렴하는 현상의 극단적인 다양성을 반영하는 것은 불가능하다고 생각한다. 따라서 나는 더 이상 합리적인 주장에 근거해서 분자가설에 대한 적대적인 태도를 견지하기 힘들 것이라고 생각한다.

우리는 여러분이 원자가설이 훌륭한 가설이라고 확신하리라고 믿는다. 그러나 원자의 내부를 살펴보기 이전에 같은 방향을 가리키는 현상을 한 가지 더 공유할 필요가 있다고 생각한다. 그것은 하늘의 푸름이다.

이 이야기의 뿌리는 1860년대의 틴달(J. Tyndall)의 연구에까지 거슬러 올라가지만, 이번에도 아인슈타인의 한 연구에서 그 절정에 도달한다. 틴달은 하늘이 푸른 이유가 하늘에서 푸른 빛이 붉은 빛보다 쉽게 산란하기 때문이라는 사실을 깨달았다. 태양빛은 무지개(또는 스펙트럼)의 모든 색광(色光)을 포함한다. 이 스펙트럼의 한쪽 끝에 적색이 있고, 청색, 남색, 그리고 보라색이 다른쪽 끝에 위치한다. 이 색광들이 모두 혼합되어 우리가 보는 백색광이 된다. 적색광은 청색광보다 파장이 길다. 이것은 스펙트럼의 청색 끝처럼 작은 입자들에 의해 쉽게 산란하지 않는다는 뜻이다. 틴달의 착상은 하늘을 푸른색으로 보이게 하는 산란이 하늘 전체에 걸쳐 모든 입자들이 청색광을 반사하는 공기 중에 떠 있는 먼지 입자와 수증기와 같은 액체 방울들에 의해 야기된다는 것이었다.

그러나 그의 생각이 완전히 옳은 것은 아니었다. 이런 종류의 산란은 일출과 석양의 하늘이 붉은 이유를 설명하지만——적색광이 청색광에 비해 수평선 근처의 먼지나 아지랑이를 더 잘 통과해서 우리 눈에 들어오기 때문에——하늘의 모든 방향에서 우리에게 도달하는 빛이 푸르게 보이기 위해서는 청색광을 산란시키는 데 필요한 '입자들'이 아주 작아야 한다. 19세기 말엽과 20세기 초에 여러 물리학자들은 산란이 공기분자 자체에 의해 일어날지도 모른다는 주장을 제기했다. 그러나 결정적인 계산을 통해 그 사실을 입증한 사람은 바로 아인슈타인이었다. 그는 1910년에 발표한 논문에서 하늘이 푸른 이유는 공기분자에 빛이 산란되기 때문이라고 썼다. 그리고 이번에도 그 계산을 통해 아보가드로수가 유도될 수 있었다. 따라서 분자와 원자가 존재한다는 증거를 보기 위해 굳이 현미경이 없어도 된다. 맑은 날 하늘을 올려보기만 하면 되는 셈이다.

원자의 수치개념

원자와 관련된 숫자의 전체적인 감을 잡으려면 그램 단위의 모든 물질의 분자량이 아보가드로수의 분자를 포함한다는 것을 기억해두어야한다. 예를 들면 32그램의 산소는 6×10^{23}개 이상의 산소분자를 포함하고 있는 셈이다. 이 책의 후반부에서 우리는 우주 전체의 본성에 대해 논하게 될 것이다. 우리의 태양과 태양계는 항성들로 이루어진 원반 형태의 은하인 은하계의 일부이다. 은하계에는 대략 태양 정도 크기의 항성들이 수천억 개(10^{11}의 몇 배)가 들어 있다. 그리고 우주 전체에는 망원경으로 관찰할 수 있는 은하가 수천억 개나 된다. 내가 관여하고 있는 서섹스 대학의 연구 프로젝트에 따르면 우리 은하계가 원반형 은하의 평균 크기보다 약간 작다고 한다. 그렇다면 과연 우주 전체에는 얼마나 많은 항성들이 있을까? 한번 계산을 해보자. 수천억이란 1000억이 여러 개라는 뜻이다. 우선 1000억(10^{11})×1000억은 10^{22}이고, 여러 개 곱하기 여러 개를 대략 10으로 잡아도 전체 숫자는 10×10^{22}, 즉 10^{23}이나 된다. 개략적으로 이것은 항성의 아보가드로수보다 조금 작은 숫자이다. 그것은 가시적인 우주 전체의 항성 숫자보다 불과 8그램의 (표준온도와 표준기압에서 13리터) 기체 속에 들어 있는 산소분자가 몇 배나 많다는 뜻이다.

이것을 사람의 척도에서 생각해보자. 사람 폐의 최대용적은 약 6리터이다. 따라서 만약 여러분이 크게 숨을 들이마시면 여러분의 폐 속에 가시적인 우주 전체의 항성 숫자보다 많은 공기분자들이 들어오는 셈이다.

이렇게 많은 분자들이 작은 물질 속에 들어가려면 각각의 분자(그리고 원자 역시)는 아주 작아야 한다. 원자와 분자의 크기를 계산하는 방법은 여러 가지가 있다. 그 중에서 가장 간단한 방법은 아보가드로 수의 입자들을 포함하는 액체나 고체(예를 들어 32그램의 액체 산소)의 부피를 취한 다음 그 부피를 숫자로 나누는 것이다. 이 방법의 유래는 카니차로의 연구에까지 거슬러올라가지만 오늘날에는 훨씬 더 정확해졌다. 여러분이 이런 방법으로 계산을 하면 모든 원자들이 대략 비슷한 크기이며 가장 큰 원자(세슘)의 지름이 0.0000005밀리미터라는 것을 알게 될 것이다. 예를 들어 우표 가장자리의 들쭉날쭉한 작은 톱니들 사이의 간격 하나를 채우기 위해 1000만 개의 원자를 나란히 늘어세워야 한다.

　이렇게 작은 실체에 대한 개념은 20세기 초엽에야 완전히 수용되었다. 그러나 이후 수십 년 동안 물리학이 거둔 엄청난 업적은 원자의 움직임에 대한 연구가 아니라 원자의 구조에 대한 연구에서 이루어졌다. 먼저 원자핵을 연구하기 위해 원자 크기의 1만 분의 1의 척도로 내려갔고, 그런 다음 과학자들은 자연의 근본입자—그 입자들은 최소한 현재의 시점에서는 자연의 근본입자로 간주된다—를 연구하기 위해 그보다 더 작은 세계로 들어갔다. 우리는 원자의 외각에 전자가 배열되어 있는 방식과 전자들이 빛과 상호작용하는 방식을 살펴봄으로써 원자의 안쪽에서 어떤 일이 벌어지고 있는지에 대한 상을 얻기 시작할 수 있을 것이다.

더 작은 세계

이 현상은 건포도 빵 원자모형으로는 도저히 설명할 길이 없었다. 이 상(像)에서 원자들은 금박 속에 나란히 박혀 있고, 금박 전체에 걸쳐 고른 밀도로 분포되어 있다. 알파입자들은 원자들이 밀집한 대열을 통과하면서 속도가 느려질 것이다. 그것은 마치 탄환을 물 속에서 발사하면 속도가 느려지는 것과 마찬가지이다. 그러나 이 모형에서는 알파입자가 부딪혀서 튀어나올 단단한 중심이 없다. 따라서 러더퍼드는 실험 결과에 부합하는 더 나은 원자모형을 만들어야 했다. 그는 1911에 새로운 모형을 발표했다. 그것은 오늘날 우리가 학교에서 배우는 모형이다.

톰슨의 음극선 실험

물리학자들은 원자의 개념이 충분히 받아들여지기 전이었던 19세기 중반부터 이미 원자의 내부를 조사하기 시작했다. 물론 처음에는 자신들이 무엇을 연구하고 있는지 정확히 알지 못했다. 원자라는 개념이 받아들여진 것은 전기에 대한 연구를 통해서였다.

전기의 특성을 연구한 물리학자들은 가능한 한 순수한 상태에서 전기를 연구하기를 원했다. 전선을 흐르는 전기는 전선의 특성에 따라 영향을 받았다. 인공번개처럼 공기 중에서 대전된 두 개의 판 사이의 간격을 뛰어넘는 전기방전 불꽃도 공기의 특성에 따라 영향을 받았다. 물리학자들이 원했던 것은 진공 속에서 대전된 두 개의 전극 사이에서 일어나는 전기방전이었다. 그리고 이런 실험은 1880년대 중엽에야 가능했다. 당시 가이슬러(J. Geissler)가 유리용기에서 공기를 빼내 공기의 압력이 해수면 공기압력의 수백분의 1 수준까지 도달하게 하는 진공펌프를 발명했다.

여러 사람들이 이러한 진공관 속에서 전기를 흐르게 하는 실험을 하기 시작했다. 기본원리는 두 개의 전선(또는 전극)을 유리관의 양쪽 끝에 서로 간격을 떼어놓고 밀봉하는 것이다. 그리고 한쪽 전선(양극이라 부른다)은 전원의 양(+)전기에 접속하고 다른 한쪽(음극)은 음전기(예를 들어 같은 배터리의 마이너스 단자)에 연결시킨다. 그러면 곧 음극에서 무언가가 나와서 빈 공간을 지나 양극으로 이동한다. 이 '무언가'는 관(오늘날의 네온관의 전신에 해당한다) 속에 남아 있는 미량의 공기 속에서 백열(白熱)을 일으키거나 유리관의 벽에 충돌해서 관을 백열하게 만들어서 그 존재를 알린다.

이 현상은 크룩스(W. Crookes)가 매우 자세히 연구했다. 그는 이 음극선(陰極線)이 관 속에 남아 있는 공기에 포함된 기체분자들이며,

이 분자들이 음극에서 음전하를 받아들인 다음 음극에 반발해서 양극으로 이끌린 것이라고(같은 전하끼리는 서로를 반발하고, 다른 전하는 서로를 끌어당기는 것처럼) 결론지었다. 그러나 그의 생각은 틀렸다. 간단한 계산을 통해 관 내부의 낮은 압력에서도 공기분자의 평균자유행로(어떤 분자가 다른 분자에 충돌하지 않고 이동할 수 있는 평균거리)는 불과 0.5센티미터에 불과했다. 그러나 당시 제작된 일부 대형 음극관에서는 음극선이 직선 방향으로 거의 1미터 가량이나 나아갔다.

그러나 음극선이 입자들의 흐름처럼 보이지는 않았다(그에 대해서는 제1장에서 언급했다). 1895년에 페랭은 이 신비스러운 선이 음전하를 띤 입자들과 똑같이 자기장에 의해 옆으로 편향된다는 것을 입증했다. 그리고 그는 음극선이 금속판과 충돌하면 판이 음으로 대전된다는 사실도 발견했다. 그는 음극선 빔 속에 들어 있는 입자들의 특성을 밝혀내기 위한 실험을 고안하기 시작했다. 그러나 독자적으로 연구했던 영국의 톰슨(J. J. Thomson)이 그보다 앞서 최초의 실험을 했다.

톰슨은 음극선의 성질을 알아내기 위해 뛰어난 실험을 고안했다. 여기에서 '고안했다'는 말은 아주 적절한 표현이다. 왜냐하면 '제이 제이'(그는 항상 이렇게 불렸다)는 굼뜨고 둔하기로 악명이 높았고, 그가 꿈꾸었던 실험은 그보다 재치 있고 잽싼 누군가가 했어야 제격이기 때문이다. 톰슨의 연구팀은 한편으로는 음극선 빔을 자기장 속으로 통과시키고, 다른 한편으로 전기장 속으로 통과시켰다. 이 실험을 통해 그는 음극선이 직선으로 흐르게 하는 데 필요한 전기장과 자기장의 세기를 알아낼 수 있었다. 그리고 그는 빔 속의 단일입자의 전하를 그 질량으로 나눈 비율, 즉 e/m를 계산할 수 있었다. 이 값은 빔 속의 모든 입자들에서 같아야 했다. 왜냐하면 입자들이 모두 전기장과 자기장 속에서 움직이기 때문이다.

이런 정도로는 돌파구가 마련되었다고 생각되지 않을 것이다. 여러분들이 원하는 것은 e와 m을 각기 독립적으로 발견하는 것이다. 그러나 결정적으로 1897년에 톰슨은 음극선 입자들의 e/m이 당시까지 알려진 가장 가벼운 대전입자인 이온화된 수소원자의 e/m의 1000분의 1밖에 되지 않는다는 사실을 발견했다. 이온화된 수소원자는 전하의 한 단위를 잃은 수소원자이다(오늘날 우리는 이것이 수소원자가 전자를 하나 잃었기 때문이라는 것을 알고 있다). 과감한 도약을 통해 (당시에는 완전히 입증되지 않은 추측으로) 톰슨은 그의 음극선 입자들의 음전하의 총량이 수소이온의 양전하의 총량과 (방향은 반대이지만) 크기가 같다고 가정했다. 이 경우, 그의 음극선 입자들 중 하나의 질량은 수소원자 질량의 1000분의 1에 불과해야만 했다.

1897년에 톰슨은 그의 결과를 런던에 있는 왕립과학연구소에 보고하면서 "어떤 원소의 원자보다 작은 크기로 나뉘는 물질을 가정한 것은 놀라운 일이다"라고 논평했다. 그런데 당시 청중 중 일부가 그가 자신들을 놀리고 있다고 생각했던 것은 정말 놀라운 일이었다. 좀더 진전된 실험을 통해 이처럼 작고 음으로 충전된, 얼마 후 전자라고 알려지게 된 입자들이 실재한다는 설득력 있는 증거가 제공된 것은 그로부터 불과 2년 후였다. 기념일을 축하하려는 열성으로 오늘날 대부분의 물리학자들은 1897년을 전자 발견의 시점으로 간주해서 1997년에 전자 발견 100주년 기념식을 치렀다.

따라서 20세기 초에 아인슈타인을 비롯한 일부 과학자들이 원자가 존재한다는 여러 가지 증거들에 마무리 손질을 하고 있었지만, 다른 물리학자들은 아직도 원자의 내부구조가 어떠한지, 그리고 전자가 과거에 보이지 않는 실체로 생각되었던 것에서 어떻게 벗겨지거나 떨어져 나오는지를 알아내려고 시도하고 있었다.

한 가지 흐름의 공격이 톰슨이 고안했던 실험에 수반되었다. 이 실험에는 양으로 대전된 전하의 움직임에 대한 연구가 포함되어 있다. 실제로 이러한 이온들이 마치 그것으로부터 음전하가 제거되어 전체적으로 양전하만이 남게 된 전자처럼 움직인다는 사실을 입증한 사람은 톰슨(또는 그의 연구팀)이었다. 이것은 음으로 대전된 전자들이 그것으로부터 떨어져나왔을 때 예상할 수 있는 것과 정확히 일치했다.

20세기 후반기에 이 연구는 동일한 원소의 원자들이 반드시 같은 질량을 가질 필요가 없다는 발견으로 이어졌다. 톰슨의 팀은 같은 전하량을 갖는 이온들의 e/m 비율을 측정했고, 그 질량을 측정할 때 이 비율을 이용했다. 예를 들어 그들은 네온에 두 종류가 있다는 사실을 발견했다. 하나는 원자의 질량이 수소원자 질량의 20배인 종류이고, 다른 하나는 수소원자의 22배이다. 오늘날 동일한 원소의 서로 다른 변이를 동위원소라고 부른다. 같은 원소의 서로 다른 동위체가 존재한다는 사실은 어떤 원소의 평균적인 원자 무게가 수소원자 무게의 정수배가 아닐 수 있다는 사실을 설명해주며, 멘델레예프의 주기율표의 일부 원소가, 원자들의 평균무게로 배열했을 때, 화학적인 의미에서 순서가 맞지 않는 이유를 설명해주었다. 왜냐하면 순수한 동위원소에서 원자의 무게는 항상 수소원자 무게의 정확한 배수(倍數)이기 때문이다. 이것은 원자 내부의 구조의 본성을 파악하는 데 중요한 발견이었다.

또 하나의 중요한 공격의 흐름은 원자가 전자와 그 밖의 무엇인가에 의해 구성되어 있으며, 전자들이 원자에서 벗겨져 나올 수 있다는 톰슨의 발견을 설명하려고 시도하는 이론가들로부터 나왔다. 첫번째 모형은 1902년에 켈빈 경(켈빈의 이름은 윌리엄 톰슨이다. 그러나 제이제이와는 아무런 관계도 없다)이 고안했다. 이 모형에서 원자는 지름이 1미터의 10억 분의 1의 10분의 1(0.1×10^{-9}미터, 또는 0.1나노미터)이고, 구(球) 전체에 양전하가 고르게 퍼져 있고, 마치 건포도 롤빵에 건포도가 박혀 있듯이 구 속에 전자들이 묻혀 있는 모습으로 그려져 있다. 그러나 이 무렵 방사능이 발견되면서 물리학자들은 원자의 구조를 탐험할 수 있는 수단을 얻게 되었다. 그리고 이 모형은 실험결과와 일치하지 않았기 때문에 틀린 것이다.

원자 내부에서 진행되는 활기찬 과정들에 대한 증거는 1895년에 뢴트겐(W. Röntgen)이 X선을 발견하면서 처음으로 얻을 수 있었다. 동시대의 많은 물리학자들과 마찬가지로 당시 뢴트겐도 그의 실험에 음극선을 이용했다. 그는 음극선의 흐름이 물체에 충돌하면(음극선 관의 유리벽에 부딪혀도) 그 물체가 다른 종류의 복사를 방출하게 한다는 사실을 발견했다. 뢴트겐이 음극선 실험을 할 때 우연히 그의 실험실 근처의 벤치 위에 형광 스크린 장치가 놓여 있었다. 그는 음극선 실험이 진행되는 동안 스크린에서 분명한 빛의 섬광이 나오는 것을 목격했다. 이러한 섬광의 원인은 신비스러운 X선 방사(放射)였다. 그런 명칭이 붙은 이유는 수학에서 X가 전통적으로 미지의 양을 나타내기 때문이다.

러더퍼드의 원자모형

오늘날 우리는 X선이 빛과 비슷한 전자기복사(輻射)의 한 형태라는 사실을 알고 있다. 그러나 X선은 가시광선보다 파장이 훨씬 짧다. 그러나 원자의 구조에 대한 이해라는 관점에서 더 중요한 사실은, 1895년 X선이 발견되면서 다른 사람들이 원자에서 그 밖의 형태의 복사들을 조사하는 자극을 받았다는 점이다. 실제로 1896년에 베크렐(H. Becquerel)은 우라늄원자가 자연발생적으로 다른 종류의 복사를 방출한다는 사실을 발견했다. 2년 후에 러더퍼드는 이러한 원자복사에 두 종류가 있다는 것을 입증했다. 그는 이것을 알파선과 베타선이라고 불렀다. 세번째 형태의 복사인 감마선은 나중에 발견되었다. 베타선은 아주 빠른 속도로 이동하는 전자로 밝혀졌고, 감마선은 X선과 같은 전자기복사지만 파장이 훨씬 더 짧다는 사실이 알려졌다. 그러나 원자구조에 대한 탐사에서 다음 비밀을 풀어낸 것은 알파선이었다.

20세기 초까지도 알파선에 대해서는 두 단위의 양전하를 가지고 있다는 사실 이외에는 아무것도 알려지지 않았다. 러더퍼드는 이 입자들이 헬륨원자의 질량(엄밀하게 말하자면, 현대적인 용어로 특정종류의 헬륨원자, 즉 헬륨 4라고 알려진 동위원소의 질량)을 갖는다는 것을 입증했다. 그것은 두 개의 전자가 제거된 헬륨원자와 동일하다. 오늘날 이것이 헬륨원자핵이라는 사실이 알려져 있다. 그러나 러더퍼드에게 중요한 사실은, 알파선이 아주 빠른 속도로 움직이는 입자이기 때문에 원자의 구조를 탐구하기 위해 원자에 발사될 수 있다는 점이었다.

1909년에 러더퍼드의 지도를 받으며 연구하던 두 명의 물리학자, 가이거(H. Geiger)와 마스덴(E. Marsden)은 알파선을 얇은 금박판을 향해 발사하면 대부분의 입자들은 박판을 통과해서 직선으로 나아가지만, 소수의 입자는 진행했던 방향과 거의 반대로 되튀어나온다는 놀라운 사실을 발견했다. 후일 러더퍼드는 이렇게 말했다.

"지금까지 내게 일어났던 일 중에서 가장 놀라운 일이다. 그것은 마치 38센티미터나 되는 포탄을 얇은 휴지 한 장을 향해 발사했는데, 그 포탄이 튀어나와서 여러분을 맞힌 것이나 다름없다."

이 현상은 건포도 빵 원자모형으로는 도저히 설명할 길이 없었다. 이 상(像)에서 원자들은 금박 속에 나란히 박혀 있고, 금박 전체에 걸쳐 고른 밀도로 분포되어 있다. 알파입자들은 원자들이 밀집한 대열을 통과하면서 속도가 느려질 것이다. 그것은 마치 탄환을 물 속에서 발사하면 속도가 느려지는 것과 마찬가지이다. 그러나 이 모형에서는 알파입자가 부딪혀서 튀어나올 단단한 중심이 없다. 따라서 러더퍼드는 실험결과에 부합하는 더 나은 원자모형을 만들어야 했다. 그는 1911년에 새로운 모형을 발표했다. 그것은 오늘날 우리가 학교에서 배우는 모형이다.

러더퍼드의 원자모형에서 원자의 거의 모든 질량은 작은 중심핵에 집중되어 있다. 핵은 양전하를 띠고 있고, 이 핵 주위를 음으로 대전된 전자들이 돌고 있다. 그리고 태양계의 대부분의 공간이 비어 있듯이, 원자가 점하는 대부분의 체적도 빈 공간이다. 고체 물체를 향해 발사된 대부분의 알파입자들은 거의 방해를 받지 않고 원자핵 주변의 전자구름을 통과한다. 그러나 아주 가끔씩 알파입자는 원자핵과 정면으로 충돌해서 그 방향이 굴절된다.

이러한 굴절이 일어나는 빈도를 통해 러더퍼드는 원자핵의 크기를 계산했고, 그 크기를 원자 크기에 비교했다. 원자의 지름은 약 10^{-3}센티미터이다. 그러나 원자핵의 지름은 겨우 10^{-13}센티미터에 불과하다. 그것은 전체 원자 지름의 10만분의 1밖에 되지 않으며, 런던에 있는 성 베드로 성당의 돔을 원자의 크기에 비유한다면 원자핵은 핀 머리 정도가 될 것이다. 부피는 반지름(또는 지름)의 세제곱으로 구하기 때문에 원자 속에 있는 고체와 비어 있는 공간의 비율은 10^{-5}가 아니라 10^{-15}이 되는 셈이다. 따라서 원자의 10억의 100만분의 1이 단단한 원자핵이다. 지구의 삼라만상이 원자로 이루어져 있기 때문에 여러분의 신체와 여러분이 앉아 있는 의자까지 모든 것은 고체보다 10억의 100만 배나 되는 비어 있는 공간으로 이루어져 있다. 여러분의 몸이나 의자가 단단하고 뚫고들어갈 수 없는 물체처럼 보이는 유일한 이유는 그처럼 작은 물질 알갱이가 원자핵과 전자라는 대전된 입자들 사이에 작용하는 전기력에 의해 하나로 결합되어 있기 때문이다.

이러한 사실들을 모두 종합하면, 우리는 특정 한계 내에서 아주 훌륭하게 작동하는 원자모형을 갖게 된다. 1919년에 러더퍼드는 빠른 속도로 움직이는 알파입자들이 가끔씩 질소원자핵에 충돌해서 원자핵이 산소원자핵으로 바뀌고 수소원자핵이 방출된다는 사실을 발견했다. 이것은 원자핵이 수소원자핵과 등가인 입자들을 포함하고 있다는 사실을 시사한다. 이 사실은 다른 실험에 의해 확인되었으며, 그 입자들에는 양성자라는 이름이 붙었다. 각각의 양성자는 전자의 음전하와 크기가 정확히 같은 양전하를 띠고 있다. 그리고 전체 원자는 전기적으로 중성이며, 모든 원자는 원자핵 바깥에 있는 전자구름 속에 들어있는 전자와 똑같은 숫자의 양성자를 가진다. 따라서 전하가 균형을 이루고 있는 것이다. 최초로 원자 내부의 구조를 통해 화학을 설명할 수 있게 되었다(이 점에 대해서는 제4장을 참조하라).

그러나 러더퍼드의 모형에 대한 한 가지 분명한 수수께끼는 원자핵 속의 모든 양전하가 서로 반발하지 않으면서 그곳에 머물러 있을 수 있는가 하는 것이다. 최소한 건포도 빵 모형에서는 음전하와 양전하가 섞여 있어서 서로의 위치를 유지할 수 있었다. 이 의문에 대한 명확한 답은 원자핵 속에 어떤 종류의 중성입자가 있어서 양성자들을 한데 묶어주는 안정기와 같은 구실을 한다는 것이다. 중성자라고 불리게 된 이 입자는 1932년에 확인되었다.

원자핵 속의 중성자의 존재는 원자핵을 묶어주는 역할을 하는 데에서 그치지 않고 동위원소의 존재까지 설명해주었다. 중성자는 양성자와 거의 동일한 질량을 가지고 있기 때문에 원자의 무게에서 상당 부분을 차지한다. 제4장에서 살펴보게 되겠지만, 어떤 원소의 화학적 움직임은 거의 전적으로 그 원소의 각각의 원자와 결합되어 있는 전자의 숫자에 의존한다. 그리고 전자의 숫자는 원자핵 속에 들어 있는 양성자의 숫자와 동일하다. 그러나 어떤 원소의 원자량은 각각의 원자핵 속에 있는 양성자와 중성자를 더한 숫자에 의존하기 때문에 양성자의 숫자가 같아도 중성자 숫자가 달라지면 서로 다른 동위원소들의 원자는 무게는 다르지만 동일한 화학적 특성을 가질 수 있다.

베타복사는 한 개의 원자핵이 전자 하나를 방출해서 이 과정에서 한 단위의 양전하를 얻게 될 때 일어난다. 좀더 상세한 수준에서 우리는 원자핵 속의 중성자 하나가 전자를 방출해서 양성자가 되었다고(이것이 베타붕괴라고 알려진 과정이다) 말할 수 있다. 이 과정에서 원자핵 속에 들어 있는 양성자의 숫자가 늘어나기 때문에 그 원자핵은 다른 원소의 원자핵으로 바뀌게 된다. 마찬가지로 알파붕괴에서 불안정한 원자핵이, 알파입자로 함께 결합된, 두 개의 양성자와 두 개의 중성자 다발을 방출한다. 이 경우에도 뒤에 남겨진 원자핵은 다른 원소의 원자핵으로 변형된다.

원자핵을 하나로 묶어주기 위해 원자핵 속에 남아 있는 중성자들도 여전히 많은 양전하를 띠고 있으며, 이 양전하는 원자핵을 분리시키려 한다. 따라서 물리학자들은 원자핵에 지금까지 알려지지 않은 종류의 힘(오늘날 강한 핵력[strong nuclear force]으로 알려져 있는)이 있어서 원자핵 속의 모든 것을 한데 묶어주는 것이 분명하다는 사실을 깨달았다. 강한 핵력은 우리가 일상세계에서 경험하는 두 가지 힘인 중력과 전자기력과는 크게 다르다. 중력과 전자기력은 모두 넓은 범위에 미치는 힘이다. 자석을 가지고 놀아본 사람은 알겠지만, 그 힘은 공간을 가로질러 가까운 곳에 있는 쇳조각을 달라붙게 하는 것처럼 보인다. 또한 중력은 지구에서 뻗어나와 달을 지구궤도에 묶어두는 것처럼 보인다(그리고 그 너머에까지도 영향을 미친다). 그러나 강한 핵력은 극히 짧은 범위에만 영향을 미친다. 그것은 중성자와 양성자에 작용하는 끌어당기는 힘이다. 따라서 중성자와 양성자를 서로 끌어당긴다. 그리고 극히 짧은 거리에서는 (원자핵의 부피 내에서) 전기력보다 거의 100배 이상 강하기 때문에 양전하를 띤 양성자들 사이에서 작용하는 반발력을 능가한다. 그러나 전기력과는 달리 강한 핵력의 세기는 급격히 떨어진다.

양성자와 중성자(흔히 이 둘을 총칭해서 핵자[核子, nucleon]라고 부른다)는 실제로 서로 접촉해 있을 때에만 이 힘을 느낄 수 있다. 따라서, 예를 들어 만약 (어떤 이유에서든) 양으로 대전된 알파입자가 원자핵에서 조금만 벗어나도 강한 핵력은 실질적으로 그 힘을 상실하게 되고 남아 있는 양성자의 양전하에 의해 반발된다. 예를 들면 두 손으로 꽉 누르고 있는 단단한 용수철에 비유할 수 있을 것이다. 압축되어 있을 때에는 늘어나려는 힘을 극복할 수 있지만, 손을 떼는 순간 용수철은 맹렬한 기세로 튕겨진다. 우리는 다음 장에서 자연력에 대해 좀 더 많은 내용을 다루게 될 것이다. 말이 난 김에 이야기하자면, 베타붕괴가 어떤 힘에 의해 일어나는 것처럼 간주되고 있다는 사실도 언급할 필요가 있을 것이다. 그것은 약한 핵력(또는 약한 상호작용, weak nuclear interaction)이라 불리는 힘이다.

러더퍼드의 연구 이후에 등장하기 시작한 원자의 상(像)은 양으로 대전된 작은 원자핵 주위에 전자들이 '궤도를 그리며' 돌고 있는 모습이다. 중성자가 별개의 입자로 확인되고, 그 특성이 연구되기 시작한 것은 1930년대 이후의 일이었다. 그러나 오늘날의 용어로 가장 흔한 수소의 원자는 전자 하나가 주위를 돌고 있는 단일한 양성자로 이루어져 있다. 수소에는 중수소(deuterium)라 불리는 수소의 동위원소가 있고, 중수소의 동위원소에는 양성자와 중성자가 하나씩 있다. 그러나 원자의 바깥쪽 부분에는 하나의 전자만이 있다. 수소 다음으로 가벼운 원소는 헬륨이다. 헬륨의 원자핵에는 두 개의 양성자가 있다. 이 양성자들을 하나로 묶어주는 중성자가 없기 때문에 강한 핵력이 효과적으로 작용하지 못해서 두 개의 양성자는 양전하의 상호작용으로 반발하게 될 것이다. 따라서 가장 단순한 헬륨의 원자핵도 두 개의 양성자와 하나의 중성자를 가지고 있으며, 원자핵 바깥쪽에는 두 개의 전자가 있다. 이것이 분명한 이유에 의해 헬륨 3이라고 알려졌다. 헬륨의 가장 흔한 형태(헬륨 4)는 실제로 원자핵 속에 두 개의 양성자와 두 개의 중성자를 가지고 있고 원자핵 바깥쪽에 두 개의 전자가 있다. 헬륨 4의 원자핵은 알파입자와 같으며, 이것은 특히 안정적인 구성이다.

이런 식으로 원소들이 형성된다. 탄소의 가장 일반적인 동위원소인 탄소 12는 핵 속에 여섯 개의 중성자와 여섯 개의 양성자를 가지고 있으며, 바깥쪽에 여섯 개의 전자가 있다. 이처럼 만족스러운 대칭성 때문에, 그리고 헬륨보다는 탄소에 대한 연구가 쉽다는 이유로 오늘날 원자량은 탄소 12의 원자가 정확히 12인 것으로 규정한다. 그러나 정확한 세부사항에 대해 우려하지 않는 사람들이라면 원자량을 수소가 1의 질량을 가지는 단위로 측정된다고 생각해도 무방하다. 그 차이는 작지만 분명히 실재한다. 왜냐하면 가장 흔한 수소의 원자핵에 중성자는 없고 양성자 하나만 있으며 양성자와 중성자의 질량은 미세하지만 차이가 나기 때문이다.

연속적으로 무거운 원소들의 경우, 원자핵에 양성자보다 중성자가 더 많이 포함되는 경향이 있다. 왜냐하면 점차 증가하는 양전하를 한데 결합시킬 중성자가 필요하기 때문이다. 예를 들어 철 56은 핵 속에 26개의 양성자와 30개의 중성자를 가지고 있다. 반면 우라늄 238은 92개의 양성자와 146개나 되는 중성자를 가지고 있다. 실제로 우리가 우라늄을 얻을 때 원자핵이 너무 크고 양전하가 워낙 커서, 중성자가 추가로 접착력을 제공한다 하더라도, 강한 핵력이 원자핵을 하나로 묶기 힘들 정도이다. 각각의 원자핵은 바로 인접한 이웃에서만 강력한 끌어당기는 힘을 느낄 수 있다. 그러나 각각의 양성자들은 원자핵 속에 들어 있는 다른 91개의 양성자 전체로부터 반발력을 받는다. 자연에서 발견되는 원소의 숫자가 92개에서 멈추는 것은 바로 그 때문이다. 물리학자들은 입자가속기 속에서 그보다 무거운 원소들을 만들 수 있다. 그러나 그런 원소들은 불안정해서 짧은 시간에 스스로 붕괴한다.

추락하지 않는 전자

지금까지의 모든 논의는 원소의 원자핵을 다룬 것이었다. 그러나 러더퍼드의 원자모형에 대한 한 가지 큰 수수께끼가 남아 있다. 그것은 사람들이 원자핵 속에 있는 중성자의 존재에 대해 알기 전부터 제기된 물음이었다. 어떻게 모든 전자(또는 수소원자와 결합된 하나의 전자)가 궤도에 남아 있을 수 있을까?

이 물음은 어떤 전하가 가속되었을 때 에너지—빛과 같은 전자기 복사—를 방출하는가에 관한 것이다. 제1장에서 살펴보았듯이, 일정한 속도의 원운동도 가속이다. 움직이는 입자의 방향이 계속 바뀌기 때문이다. 여러분이 차를 타고 빠른 속도로 모퉁이를 회전할 때 여러분의 몸을 한쪽으로 쏠리게 하는 것이 바로 이 가속이다. 실험실에서의 실험은 전하를 원으로 회전시키면 에너지가 방출된다는 것을 확인할 수 있다. 그러나 에너지 보존의 법칙을 기억할 필요가 있다. 그 입자가 의존할 수 있는 유일한 에너지원은 그 입자가 원자핵 주위를 계속 돌게 만드는 운동에너지이다. EK라서 원자핵 주위의 궤도를 도는 전자는 에너지를 방출하고 원자핵을 향해 아래쪽으로 떨어지게 된다. 20세기 초에 이해된 물리법칙(대개 '고전'물리학이라 불리는)에 따르면 모든 원자는 눈깜짝할 사이에 한 줄기의 복사를 방출하고 붕괴해야 한다.

이러한 물음을 해결할 수 있는 유일한 방법은 새로운 종류의 물리학, 즉 새로운 종류의 원자모형을 수립하는 것이다. 그러나 항상 그렇듯이 과거의 모형이 폐기되어야 한다는 뜻은 아니다. 원자가 이런 방식으로 붕괴하지 않도록 원자 척도에서 무언가 다른 일이 진행되는 것이 분명하다. 그러나 고전물리학은 여전히 실험실 속에서 움직이는 전하에 일어나는 일에 대한 완벽하게 훌륭한 기술이다.

러더퍼드의 원자를 안정적으로 만들기 위한 방법을 찾기 위해 결정적인 한 발을 내디딘 사람은 보어(N. Bohr)였다. 덴마크의 물리학자인 그는 잠시 영국에서 러더퍼드와 함께 연구를 한 적도 있다. 그는 원자물리학에 양자(quanta)라는 개념을 도입했다.

보어의 원자모형은 그가 덴마크로 돌아간 후인 1913년에 발표되었다. 그것은 고전적인 개념(특히 궤도의 개념)과 새로운 양자 개념의 혼합이었고, 훌륭하게 작동한다는 것이 큰 이점이었다. 새로운 모형은 전자가 원자핵을 향해 추락하지 않는 이유에 대한 통찰을 제공해주었을 뿐 아니라 각각의 원소에 의해 생성되고 빛의 스펙트럼에서 나타나는 선의 패턴(특히 가장 간단한 원소인 수소와 결합된 패턴)을 설명해주었다. 이러한 모든 현상은 1920년대에 원자와 복사에 대한 완전한 양자역학적 기술(記述)에 힘입어 매우 상세하게, 그리고 훨씬 더 성공적으로 설명되었다. 그러나 보어의 모형은 이해하기가 매우 쉬워서 오늘날에도 대부분의 사람들이 학교에서 배우고 있다.

양자물리학의 기본개념은 플랑크(M. Planck)의 연구에까지 소급된다. 그는 1900년에 양자물리학을 발표했지만, 그 충분한 함축이 이해되기까지는 많은 시간이 걸렸다.

1900년 이전에 빛에 대해 일반적으로 받아들였던 모형은 빛을 공간 속으로 이동하는 일종의 전자기파동으로 다루었다. 19세기에 이루어진 발견들은 전기장의 변화가 자기장을 생성하고 자기장의 변화가 전기장을 생성한다는 것을 보여주었다. 이러한 장(場)의 개념은 매우 중요하기 때문에 우리는 다음 장에서 그 문제를 다시 살펴보게 될 것이다. 그러나 이 개념은 장난감 자석을 이용한 놀이와도 비슷하다. 자석의 장은 자석이 자기적 영향력을 행사하는 자석 주변의 영역이다.

맥스웰은 공간을 통해 움직이는 한 쌍의 변화하는 장들을 기술하는 방정식을 발견했다. 변화하는 전기장이 변화하는 자기장을 생성하고,

변화하는 자기장이 변화하는 전기장을 생성하는 식으로 보조를 맞추어 진행한다. 전기장과 자기장이 합쳐져서 전자기파동을 낳는다. 빛, 복사, 그리고 그 밖의 형태의 전자기파동들이 맥스웰 방정식에 의해 모두 기술된다. 파동의 에너지는 맨 처음에 이 시스템에 투입된 에너지(예를 들어 전선을 통해 흘러 전구를 밝히는 전류와 같은 에너지)에 제공된다.

이것은 아주 훌륭한 성과였다. 맥스웰의 방정식은 19세기 물리학이 거둔 가장 위대한 성과물 중 하나였다. 그러나 그 방정식에는 암초가 하나 있었다. 빛을 단순히 파동의 한 형태로 다루는 방법으로는 뜨거운 물체가 실제로 생성하는 종류의 복사를 설명하지 못했다. 여러분은 궁극적으로 전하를 흔들어서 전자기복사를 만들 수 있다(예를 들어 전자 자체를 가속시키는 방식으로). 그리고 고전물리학에서 파동이 움직이는 방식에 적용되었던 것과 같은, 예를 들어 여러분이 기타줄을 퉁길 때 얻을 수 있는 음파와 같은 종류의 통계법칙들을 적용하면 가속된 전자가 아주 짧은 파장의 많은 숫자의 전자기파동을 생성하는 반면 긴 파장은 거의 나타나지 않는다는 사실이 밝혀질 것이다.

플랑크는 이 복사가 한정된 크기의 덩어리, 즉 양자로만 방출된다고 간주할 때 그 문제를 해결할 수 있다는 사실을 발견했다. 각각의 복사의 양자 속에 들어 있는 에너지 총량은 그 파장에 반비례한다. 따라서 이러한 상(像)에서, 짧은 파장에 상응하는 양자는 긴 파장에 해당하는 양자에 비해 더 많은 에너지를 갖게 된다. 양자가 가지고 있는 에너지와 그 파장 사이의 관계는 오늘날 플랑크 상수(Planck's constant)라 부르는 숫자에 의존한다. 플랑크 상수는 실험에 의해 결정될 수 있다. 특정한 양자에서 그 속에 포함되는 에너지는 플랑크 상수를 파장으로 나눈 값과 같다.

만약 여러분이 전자들이 구성하고 있는 물질을 가열해서 많은 숫자의 전자들을 진동시킨다면, 그 중에서 몇 개만이 고에너지와 짧은 파장을 가진 양자를 생성할 수 있는 충분한 에너지를 가지게 될 것이다. 따라서 적은 고에너지 복사가 방출될 것이다. 거기에는 중간 정도의 파장을 가진 중간 크기의 양자들을 만들어낼 충분한 에너지를 가진 전자들이 더 많이 있을 것이다. 따라서 더 많은 중간 에너지 복사가 방출될 것이다. 그러나 낮은 에너지와 긴 파장을 가진 양자를 만들어낼 충분한 에너지를 가진 많은 전자들이 있더라도 양자의 숫자는 적기 때문에 적은 고에너지 복사만이 방출된다.

플랑크는 적절한 통계학적 방법으로 모든 기여도를 종합해서 뜨거운 물체가 파장의 중간대역에서 대부분의 에너지를 방출하고 그보다 길거나 짧은 파장에서는 적은 에너지를 방출한다는 사실을 발견했다. 그리고 물체의 온도가 높을수록 더 짧은 파장의 복사를 방출할 충분한 에너지를 가진 전자들이 존재하며, 따라서 균형이 바뀌어 에너지 방출의 첨두(peak)가 더 짧은 에너지 파장으로 이동한다. 이것은 우리가 실생활에서 관찰하는 사실과 정확히 일치한다. 붉은색으로 달아오른 부지깽이가 오렌지색을 띤 부지깽이보다 온도가 낮다. 그리고 붉은 빛은 오렌지빛보다 파장이 길다.

플랑크의 개념은 뜨거운 물체에서 방출되는 전자기복사의 성질을 완벽하게 설명해주었다. 그리고 물체의 온도가 높아지면서 색깔이 어떻게 변하는지도 훌륭하게 설명해주었다.[1] 그러나 빛을 전자기파동의 한 형태로 간주하는 개념은 훌륭하게 확립되었기 때문에 처음에는 아무도 각각의 빛의 양자(오늘날 우리가 광자[photon]라고 부르는 것)가 그

---

1) 역사적인 이유로 인해 이것을 '흑체'(black body)복사라 부르게 되었다. 왜냐하면 그 모형이 검은 물체가 어떻게 복사를 흡수하는지도 설명해주기 때문이다. 그러나 온도가 높은 복사체는 온도만 맞으면 모든 색깔의 흑체복사를 방출할 수 있다.

자체로 실체라고 생각하지 않았다. 당시에는 빛이 특정 크기의 양으로만 존재하는 것이 아니라 원자와 전자에 특정 크기의 양 이외에는 빛을 복사하지 못하게 하는 무엇인가가 존재한다고 생각되었다.

내가 즐겨 사용하는 비유는 은행의 현금인출기이다. 현금인출기는 1만 원 단위로만 현금을 지급한다(물론 사용자 계좌와 인출기에 충분한 돈이 있는 경우에). 따라서 내 계좌에 충분한 돈이 들어 있어도 1만 2000원이나 1만 5300원을 찾을 수는 없다. 그것은 현금인출기가 그런 방식으로 작동하지 않기 때문이다. 마찬가지 방식으로 20세기 초의 물리학자들은 전자기복사가 모든 종류의 에너지와 모든 종류의 파장을 가진 파동으로 존재하지만 원자가 특정한 파장에 대해 특정한 양의 에너지를 가진 다발로만 빛을 방출하도록 '허용된다'고 생각했다.

이후 25년 동안 일부 조건에서 빛의 양자, 즉 광자(光子)가 실체로 다루어져야 하며, 전자기파동의 개념이 모든 조건에서 작동하지 않는다는 사실이 점차 밝혀졌다. 현금인출기의 비유를 조금 더 확장하자면 실질적으로 돈은 양자화된 무엇이다. 돈의 기본단위는 1원이며, 여러분은 241.378원을 (현금으로) 가질 수 없다. 현금으로 쥘 수 있는 돈은 241원이나 242원이다. 여기에서 중요한 것은 돈의 단위('양자' 원)가 너무 작아서 돈의 모든 양에 아주 근접할 수 있다는 점이다. 이 예에서 어른들 중에서 여러분이 주머니 속에 241원이나 242원을 가지고 있다는 사실 때문에 고민할 사람은 거의 없을 것이다. 아마도 대부분은 그런 사실을 알아차리지도 못할 것이다.

광자에 대한 상(像)에서 빛이 그와 비슷하다. 너무도 많은 숫자의 광자들이 있고 각각의 광자가 빛에 자체의 작은 에너지 양으로 기여하기 때문에 이 광자들은 복사에 매끄럽고 원활한 흐름이라는 외양을 준다. 그렇다면 그 숫자는 얼마나 되는가? 청명한 날 작은 핀 머리에 1초 동안 떨어지는 햇빛에 약 10^{12}개의 광자가 들어 있다. 여러분이 희미한 별을 바라볼 때 여러분의 눈은 매초 그 별에서 수천 개의 광자를 받는다.

빛이 입자들의 흐름처럼 움직인다는 발견은 일시적으로 상당한 혼란을 일으켰고 물리학자들을 당황하게 만들었다. 물리학자들은 서서히 빛과 같은 실체가 입자와 파동의 성질을 모두 가지고 있으며 때로는 세상에 한쪽 얼굴을 보여주고 때로는 다른 쪽 얼굴을 내민다는 사실을 배워갔다. 광자와 같은 양자적 실체는 입자도 파동도 아니다. 우리의 일상적인 경험으로는 그것을 이해할 수 없다. 따라서 특정 상황에서는 파동의 비유를 사용해서 빛의 움직임을 설명하고 다른 경우에는 입자의 비유를 사용할 수밖에 없다. 여러분이 어떤 시도를 하든 간에 광자와 같은 실체가 '정말 무엇인지' 파악하려고 시간을 낭비하지는 말라. 우리는 그것이 무엇과 비슷한지 알 수 있을 뿐, 정말 무엇인지는 결코 알지 못한다. 다시 한 번 파인먼의 말을 인용해보자.

피할 수 있다면 "그것이 어떻게 그럴 수 있을까?"라는 물음을 스스로에게 제기하지 말라. 그 물음을 던지면 지금까지 아무도 빠져나오지 못한 막다른 골목에서 '헛된 노력'을 하게 될 것이다. 그것이 무엇인지는 아무도 알지 못한다.[2]

그러나 이 발견은 보어의 1913년판 원자모형보다 조금 일찍 이루어졌다. 보어의 모형은 "왜 원자 속의 전자들이 원자핵으로 떨어지지 않는가"라는 수수께끼를 풀기 위해서 복사의 방출과 흡수의 양자화 개념만을 필요로 했다(복사 자체의 양자화가 반드시 필요하지는 않았다).

---

2) 『물리법칙의 성격』(The Character of Physical Law), 129쪽.

보어는 전자가 원자핵 주위에서 특정한 '안정적인 궤도'를 점할 수 있을 뿐이라고 말하면서 러더퍼드의 행성계 원자모형을 발전시켰다. 각각의 궤도는 고정된 특정 에너지 양에 상응하며, 그 양은 기본양자의 배수(倍數)이다. 그러나 궤도 사이에는 궤도가 없다. 중간 궤도의 에너지 양은 분수에 해당하기 때문이다. 전자는 한 궤도에서 다음 궤도로 도약할 수 있으며, 원자핵에 가까운 궤도로 이동할 때에는 1양자에 해당하는 에너지를 방출하고 원자핵에서 먼 궤도로 도약할 때에는 1양자 에너지를 흡수한다. 그러나 원자핵을 향해 계속 떨어질 수는 없다.

그렇다면 음으로 대전된 모든 전자들이 양전하에 이끌려 곧바로 원자핵으로 도약하지 않는 이유는 무엇일까? 보어는 그의 모형에 또 하나의 요소를 덧붙였고, 원자핵 주위의 각각의 안정된 궤도에는 어떤 의미에서 한정된 숫자의 전자만 들어갈 수 있다고 주장했다. 궤도가 모두 차면 에너지가 높은 궤도에 아무리 많은 전자가 있어도 여분의 에너지를 포기하고 이미 다른 전자들이 차지하고 있는 궤도로 내려갈 수 없다는 것이다. 마찬가지로 가장 낮은 에너지 상태의 궤도에 있는 전자들도 원자핵으로 마지막 도약을 할 수 없도록 금지된다. 그러나 낮은 궤도에 여유가 있다면 높은 궤도에 있는 전자가 내려갈 수 있다. 이때 그 전자는 1양자 에너지를 방출한다(오늘날 우리는 이것을 특정한 빛의 파장에 해당하는 광자라고 부른다). 낮은 에너지 궤도에서 높은 에너지 궤도로 도약하기 위해서 전자는 정확한 양의 에너지를 가진 하나의 양자를 정확히 흡수해야 한다. 그것은 전자가 그보다 낮은 궤도로 떨어질 때 방출하는 것과 같은 양의 에너지이다.

이것은 마치 각각의 전자가 계단에 앉아 있고, 정수의 계단을 오르거나 내려갈 수 있는 것과 마찬가지이다. 그 이유는 전자가 앉을 수 있는 중간 계단이 없기 때문이다. 그러나 계단의 높이가 모두 같지 않기 때문에 실제 계단과는 다르다.

특정 원소의 모든 원자가 같은 방식으로 움직이며 그 전자들에게 가용한 에너지 준위(energy-level) 계단에 같은 거리만큼 떨어진 계단이 있다고 가정하는 것은 자연스럽게 보인다. 왜냐하면 동일 원소(엄밀하게 이야기하자면 같은 원소의 동위원소들)의 원자들은 서로 같기 때문이다. 따라서 뜨거운 물체가 방출하는 빛을 볼 때 우리가 실제로 보는 것은 엄청나게 많은 똑같은 에너지 계단에서 도약하는 전자들이 생성하는 빛의 다발들이 함께 일으키는 효과인 셈이다.

독특한 지문 스펙트럼선

뜨거운 물체에서 나오는 빛의 스펙트럼에서 실제로 우리가 보는 것은 분명하게 구분되는 파장을 가진 밝은 선들이다. 이 스펙트럼선은 전자가 에너지 계단을 내려갈 때 방출하는 에너지 양에 상응하는 파장(한 에너지 준위에서 그보다 낮은 에너지 준위로의 특정한 전이)으로 설명될 수 있다. 이러한 스펙트럼선의 패턴은 원소마다 다르며, 뜨거운 물체 속에 들어 있는 특정 원소의 존재를 알려주는 독특한 지문으로 작용한다. 예를 들어 뜨거운 수소가스는 특징적인 스펙트럼 지문을 생성하며, 이 지문은 다른 모든 원소들, 심지어 가장 가까운 친척에 해당하는 헬륨과도 구분된다. 만약 차가운 가스 속으로 빛을 비추면, 그 스펙트럼에는 똑같은 검은 선의 패턴이 나타난다. 그 선은 빛이 가스를 통과하면서 에너지가 흡수된 곳에 해당한다. 그 에너지는 한 에너지 준위에서 더 높은 에너지 준위로 전자가 도약할 때 사용된 것이다.[3]

---

3) 전자가 고에너지 준위에 있을 때(이런 경우를 '여기'〔勵起〕 상태, 또는 들뜬 상태라고 한다), 그리고 내려갈 수 있는 더 낮은 둘 이상의 에너지 준위를 선택할

서로 다른 원소의 존재를 식별하는 분광분석법(spectroscopy)의 효력은 19세기에 발견되었고, 프라운호퍼(J. Fraunhofer), 키르히호프(G. Kirchoff) 그리고 분젠(R. Bunsen)과 같은 연구자들에 의해 개발되었다. 유명한 '분젠 버너'(Bunsen burner, 분젠은 이 장치를 훌륭하게 사용했지만 정작 그가 발명한 것은 아니다)는 이 작업에서 핵심적인 장치이다. 어떤 물질을 버너의 밝은 불꽃 속에서 가열하면(예를 들어 철선을 분말이나 액체 속에 담갔다가 불꽃에 넣는다), 특징적인 색깔의 빛을 낸다. 그 빛은 실험대상인 원소의 특징적인 파장, 즉 해당 스펙트럼 속에 들어 있는 밝은 선들에서 나온 것이다.

이런 종류의 과정으로 우리가 가장 친숙하게 찾아볼 수 있는 일상적인 사례 중 하나는 가로등의 오렌지빛이다. 이 색깔은 나트륨에 의해 나타난다. 이 경우, 나트륨원자 속에 들어 있는 전자들을 가장 높은 에너지 준위로 이동시키는 것은 가스 속으로 흐르는 전기에너지이다. 전자들이 에너지 계단을 내려갈 때, 분명하게 규정된 파장의 빛을 방출해서 스펙트럼의 노란색 부분에 두 개의 밝은 줄이 형성된다. 이 특징적인 나트륨의 황색은 보통 소금(염화칼슘)이 분젠 버너의 불꽃 속에서 가열되거나 소금을 불 속에 던져넣었을 때에도 나타난다.

모든 원소는 특수한 선으로 이루어진 고유한 패턴을 가진다. 그리고 모든 경우에 그 패턴은 동일하게 유지된다(그러나 스펙트럼선의 세기는 온도의 변화에 따라 달라진다). 분광학 연구자들은 실험실은 연구 결과를 태양과 항성에서 나오는 빛에서 발견되는 스펙트럼선과 비교

수 있을 때, 그 전자는 전적으로 임의적으로 목적지를 결정한다. 이것이 이른바 '양자도약'(quantum leap)의 한 가지 특징이다. 그 밖의 특징은 그 도약이 일상 세계의 표준으로 볼 때 아주 작다는 것이다. 에너지 계단 사이의 공간은 한 번에 빛의 광자 하나가 방출될(또는 흡수될) 정도밖에 되지 않는다. 따라서 양자도약은 아주 작은 변화이며, 전적으로 임의적인 성격을 갖는다.

하는 방법으로 대부분의 스펙트럼선을 지구에서 알려진 원소들이 태양과 그 밖의 항성에도 존재한다는 관점에서 설명할 수 있었다(이런 종류의 연구는 1859년에 시작되었다. 당시 키르히호프는 태양의 대기에 나트륨이 존재한다는 사실을 발견했다).

이 과정을 역전시키는 유명한 실험에서 영국의 천문학자 로키어(N. Lockyer)는 지구에서 알려진 어떤 원소에도 상응하지 않는 태양계 스펙트럼 속의 선들을 당시까지 알려지지 않은 원소의 특성으로 설명했다. 그는 그 원소에 헬륨이라는 이름을 붙였다(그 명칭의 유래는 그리스어로 태양을 뜻하는 헬리오스이다). 후일 헬륨은 지구에서도 발견되었고, 태양의 스펙트럼선과 정확히 일치하는 스펙트럼을 가진다는 사실이 밝혀졌다.

수소의 스펙트럼은 매우 단순하다. 오늘날 우리는 그 이유가 수소원자가 하나의 전자와 결합된 하나의 양성자로 이루어져 있기 때문이라는 사실을 알고 있다. 수소의 독특한 지문을 제공하는 스펙트럼선은 발머(J. Balmer)의 이름을 따서 발머선이라고 불리게 되었다. 스위스의 교사였던 발머는 1884년에 그 패턴을 기술하는 수학공식을 세웠고, 1885년에 발표했다. 발머 공식은 아주 단순해서 수소원자의 구조에 대한 깊은 진실을 분명하게 담고 있었다. 그러나 보어가 무대에 등장하기 전까지 아무도 그 사실을 알아차리지 못했다.

보어는 분광학자는 아니었지만 학부 시절에 분광학을 조금 공부한 적이 있었다. 그가 수소원자의 구조에 대한 수수께끼를 풀기 위해 씨름하고 있던 무렵, 처음부터 발머 계열(Balmer series)이 그 수수께끼를 풀어줄 열쇠라고 생각하지는 않았다. 한 동료가 우연히 발머 공식이 얼마나 간단한지 그에게 이야기해준 후에야 그는 그 중요성을 깨달았다. 그때가 1913년이었다. 그 깨달음은 즉시 보어의 수소원자모형으로 이어졌다. 그것은 하나의 전자가 한 에너지 준위에서 다른 에너지 준위로 도약할 수 있는 모형이었다. 에너지 준위 사이의 거리는 플랑크 상수의 크기에 의해 결정되고, 다시 그 거리가 발머 계열 속에 있는 선들 사이의 거리를 결정했다. 따라서 보어는 계열에 포함된 선들 사이의 이미 관찰된 거리를 이용해서 에너지 준위 사이의 거리를 계산할 수 있었고, 발머 공식은 훨씬 더 자연스러운 방식으로 다시 작성될 수 있었다. 그것은 플랑크 상수를 포함하는 방식이었다. 수소원자가 정확히 한 개의 전자로 구성된다는 사실을 명확하게 밝혀낸 것은 19세기 물리학을 기초로 이루어진 보어의 연구였다.

보어의 원자모형은 원소의 발광 스펙트럼(emission spectrum) 속에 포함된 밝은 선들의 존재와 흡수 스펙트럼에 들어 있는 동일한 파장의 검은 선들의 존재를 모두 설명해주었다. 그리고 그의 모형은 훌륭하게 작동했다. 특정 에너지에 상응하는 한 궤도에서 다른 궤도로, 따라서 빛의 특정 파장으로의 각각의 도약을 통해, 그 모형은 가장 단순한 원자인 수소원자에서 나오는 빛의 스펙트럼을 설명했다. 그러나 플랑크 상수는 무척 작았다. 질량이 그램 단위로 측정되는 동일한 단위에서 플랑크 상수는 6.55×10^{-27}이었다. 양자효과는 그램 단위로 대략 이 크기(또는 그 이하)의 질량을 가지는 입자에서만 중요성을 갖는다. 전자의 질량은 9×10^{-23}그램이기 때문에 전자에게 양자효과는 매우 중요하다. 그러나 그보다 큰 대상에서는 중요성이 떨어지기 때문에 원자보다 훨씬 큰 모든 대상은 양자과정에 의해 큰 영향을 받지 않는다(물론 그 대상도 원자로 구성되어 있다는 점에서 양자과정에 의해 영향을 받는 측면을 제외한다면 말이다).

입자와 파동의 이중성

양자의 세계가 얼마나 작은지 실감하기는 쉽지 않다. 사실 우리는 그 세계에서 무척 멀리 떨어져 있다. 그러나 한번 상상해보기로 하자. 어떤 물체의 지름이 10^{-27}센티미터라면 대략 각설탕 한 개의 길이인 1센티미터 사이에 그 물체가 10^{27}개나 있는 셈이다. 10^{27}이라는 숫자는 은하수에 들어 있는 밝은 항성들의 숫자의 10^{16}배에 해당한다. 그것은 여러분들이 은하 속에 있는 항성들의 숫자(10^{11})를 구해서 같은 숫자를 곱해서(10^{22}) 그 값에 다시 10만(10^{5})을 곱해야 얻을 수 있는 엄청난 숫자이다. 만약 10^{27}개의 각설탕을 한 줄로 나란히 늘어세운다면 10억 광년이나 될 것이다. 그 길이는 지금까지 알려진 우주 크기의 약 10분의 1에 해당한다. 대략 양자과정이 지배하는 척도는 우주 전체에 대한 각설탕 하나의 크기보다도 훨씬 작은 범위이다. 이런 종류의 근사(近似)에서 10의 몇 제곱 정도는 큰 문제가 되지 않는다. 그리고 이러한 대수적 관점('10의 제곱'의 관점)에서 이야기할 때, 우리는 각설탕과 인간이 대략 크기 척도에서 중간, 즉 양자적 척도와 우주적 척도 사이의 중간에 해당한다고 말할 수 있다.

따라서 보어의 모형이 작동한다 하더라도(특히 스펙트럼선의 근원에 대한 설명에서), 양자세계의 특성을 밝히려는 이 최초의 시도가 새로운 발견이 이어지면서 곧 개량될 필요가 있다는 사실을 알아도 크게 놀랍지 않을 것이다. 후속 발견들 중에서 가장 중요한 것은 전자의 본성에 대한 것이다. 방금 설명했듯이, 전자의 성질은 전형적인 양자적 실체이며, 플랑크 상수가 고려되어야 하는 양자과정에 의해 큰 영향을 받는 질량을 가지고 있다.

20세기가 시작된 후 25년 동안, 전자의 움직임을 둘러싼 여러 가지 당황스러운 발견이 일어났다. 그것들은 원자 속에 들어 있는 전자들의 움직임이라는 관점에서 요약된다. 작은 공과 같은 전자들이 마치 행성처럼 주위를 빠른 속도로 회전하는 태양계의 축소판이라 할 수 있는 러더퍼드-보어의 원자모형은 분광학을 설명하는 데에는 훌륭하게 작동했다(거기에 에너지 준위 사이를 도약하는 전자의 양자적 움직임을 덧붙인다면 말이다). 그러나 원자 자체는 여전히 매끄럽고 단단한 둥근 공[球體]처럼 다루어졌다. 예를 들면 원자들이 함께 작용해서 기체가 상자 벽에 압력을 가하는 경우가 그런 예이다. 원자핵 주위를 도는 몇 개의 전자들이 한데 결합해서 원자에 매끄럽고 단단한 표면이라는 외양을 줄 수 있는지 이해하기 힘들다.

그러면 다른 비유를 들어보자. 자체 행성계를 가지고 있는 어떤 항성이 우리의 태양계에 접근해온다면, 두 행성계의 가장 바깥쪽에 있는 행성들이 접촉했을 때 서로 튕겨나가지는 않을 것이다. 진행경로가 정확하다면 그 항성은 태양계를 뚫고 들어와 행성들을 밀어젖히면서 곧장 태양과 충돌할 것이다. 마찬가지 방식으로 여러분은 원자들이 충돌할 때, 한두 개 또는 10여 개의 작은 전자들이 효율적인 장벽 역할을 하리라고 기대하기 힘들 것이다. 92개의 전자를 거느리고 있는 우라늄의 경우도 마찬가지이다. 그러나 수소도 원자핵이 하나의 전자에 의해 완전히 둘러싸인 것처럼 움직이며, 음전하의 균일한 분포가 원자핵 속의 양전하를 감추기 위해 최선의 노력을 다하고 있는 것처럼 보인다. 어떻게 이런 일이 일어날 수 있을까?

그 답은 1920년대에 나타나기 시작했다. 프랑스의 물리학자 드 브로이(L. de Broglie)가 플랑크 상수를 이용해서 빛의 파장을 그와 등가인 입자(광자)의 에너지에 연관시키는 방정식이 성립할 수 있다는 사실을 깨달았다. 본질적으로 같은 방정식이 입자(전자와 같은)의 에너지를 구하는 데에도 사용될 수 있으며, 여러분에게 적절한 양자적 실체에 대한 등가의 파장을 알려줄 수 있다. 드 브로이는 그의 박사논문에서 전자들을 어떤 조건에서는 파동으로 다룰 수 있다고 주장했다. 어떤 조건에서 빛이 입자들의 흐름으로 다루어져야 한다.

드 브로이의 박사논문을 심사한 랑주뱅(P. Langevin)은 그 논문이

천재의 연구업적인지 아니면 완전한 쓰레기에 불과한지 판단할 수 없었다. 결국 그는 그 논문을 아인슈타인에게 보냈다. 아인슈타인은 단번에 그 논문의 진가를 확인했다. 그 무렵 아인슈타인은 빛을 실제로 광자라는 관점에서 다루어야 한다는 사실을 입증해준 결정적인 연구에 관여하고 있었고, 원자가 특정한 양의 빛만을 방출하거나 흡수할 수 있는 이유는 빛이 실제로 특정 크기의 다발(즉 양자)로만 존재하기 때문이라는 사실을 알아냈다. 그것은 현금인출기의 단위가 1만 원인 것과 비슷한 방식으로 양자화된 것이다. 그리고 원자 속에 있는 전자는 한 번에 하나의 광자만을 방출하거나 흡수할 수 있다. 따라서 아인슈타인은 이미 모든 양자적 실체가 입자이면서 동시에 파동이라는 개념을 향해 나아가고 있었다. 그리고 그는 랑주뱅에게 드 브로이의 논문을 진지하게 받아들여야 한다는 내용의 답신을 보냈다.

광자가 실재한다는 증거가 점차 늘어나면서 1920년대 후반에 물리학자들은 드 브로이의 개념을 기초로 (흔히 양자역학이라고 알려진) 양자물리학의 완전한 이론을 개발하게 되었다. 이 이론은 입자−파동 이중성이라는 모든 양자적 실체가 빛과 같은 이중성을 공유한다는 개념에 기반을 두고 있었다. 이론상 이 이중성은 모든 것에 적용된다. 예를 들어 내가 앉아 있는 책상이나 내 몸에도 파동의 특성이 있다. 그러나 책상이나 몸의 무게(엄밀하게 이야기하자면 질량)가 6×10^{-27}보다 훨씬 크기 때문에 그에 상응하는 파장이 극히 작아서 무시할 수 있는 정도이다. 내 책상 가장자리가 파동성으로 인해 흐릿하게 보이는 일은 없다. 그런 현상은 실재의 두 측면이 똑같은 중요성을 갖는 전자나 광자와 같은 입자에서만 나타난다.

바로 이 이중성이 불과 몇 개의 전자만 갖고 있는 원자가 세상에 매끄러운 표면을 가진 것처럼 보일 수 있는가라는 수수께끼를 풀어준다.

원자핵을 둘러싼 구름 속에 들어 있는 모든 전자는 작고 단단한 공이 아니라 전체 원자핵 주위에 퍼져 있는 파동으로 생각되어야 한다. 수소원자 속에 들어 있는 단 하나의 전자는 그 자체로 원자핵 주위에 공 형태의 구름을 형성한다. 높은 에너지 수준의 전자들은 훨씬 복잡한 형태의 구름을 형성할 수 있으며, 그중 일부는 원자핵 양편에 마치 아령과 같은 돌출부를 이룰 수도 있다. 그러나 전체적인 효과는 항상 원자핵이 전자구름에 의해 완전히 둘러싸이는 것이다.

같은 원자 내에서 서로 다른 에너지 준위에 해당하는 전자구름들은 어느 정도까지 상호침투할 수 있다. 따라서 원자를 나타내는 가장 현실적인 모형은 전자들이 개별 궤도를 이루는 태양계와 흡사한 모습이 아니라 원자핵에서 멀리 떨어져 있지만 마치 일련의 양파껍질처럼 전하의 구름들이 완전히 원자핵을 에워싸면서 서로 아주 가깝게 붙어 있는 모습일 것이다. 원자가 광자를 방출하거나 흡수할 때 나타나는 에너지 준위의 변화는 계단을 튀어오르거나 내려가는 공이라기보다는 같은 기타줄에서 서로 다른 화음을 연주할 때 나는 다른 음과 비슷한 것으로 생각되어야 한다.

불확정성의 원리

1927년에 두 연구팀이 결정 속에 들어 있는 원자들을 진동시켰을 때 전자들이 마치 파동처럼 움직였다는 실험결과를 발표하면서 새로운 양자물리학이 입증되었다. 그중 한 연구팀을 이끌었던 사람은 제이 제이의 아들인 톰슨(G. Thomson)이었다. 1906년에 제이 제이는 전자를 발견하고 전자가 입자라는 사실을 밝혀낸 공로로 노벨 물리학상을 받았다. 그리고 1937년에는 아들 톰슨이 전자가 파동임을 증명한 업적으로 노벨 물리학상을 수상했다. 두 사람의 발견은 모두 옳았고, 그들이 받은 상 역시 정당한 것이었다. 이보다 더 양자세계의 기이함을 보여준 사례는 없을 것이다. 그리고 이 사례는 모형이란 궁극적인 진리가 아니라 상상에 도움을 주는 조력자에 불과하다는 사실을 반드시 기억해야 할 필요성을 제기해준다. 이 입자-파동 이중성에 대해 생각할 때 가장 간결하면서도 훌륭한 방식은 광자나 전자와 같은 양자적 실체가 파동처럼 움직이지만 입자로 도달한다는 것이다. 그 자체로 놓아두었을 때, 전자와 같은 대상은 파동처럼 확산된다. 그리고 순식간에 한정된 위치에 집중된다. 이 현상을 '파동함수의 붕괴'라고 한다. 그런 다음 전자들은 무언가와 상호작용할 때까지 다시 확산된다.

입자-파동 이중성 개념에 기반해서 수립된 새로운 양자물리학은 그 본질에 물리학의 가장 잘 알려진 (그렇지만 가장 잘 이해되지는 않은) 개념을 포함하고 있다. 1926년 말 하이젠베르크(W. Heisenberg)가 발견한 불확정성의 원리(uncertainty principle)가 바로 그것이다.

어떤 물체가 확산되고 문자 그대로 '한 점으로' 집중되지 못하는 것은 파동의 특성이다. 전자의 경우에도 마찬가지이다. 전자는 아주 조밀하게 위치할 수 있다. 예를 들어 여러분이 보고 있는 텔레비전 화면의 그림은 주사(走査)하고 있는 선 속의 전자들 중 하나가 화면에 부딪혀서 작은 빛을 낸다. 그러나 수학자가 이야기하는 한 점, 즉 0차원의 점으로 집중할 수는 없다. 전자의 파동성이란 그 위치에 항상 얼마간의 불확정성이 존재하며, 같은 특성을 모든 양자적 실체에 적용할 수 있다는 의미이다. 하이젠베르크는 이러한 불확정성을 나타내는 수학적 관계(이번에도 플랑크 상수와 연관된다)를 발견했다. 전자와 같은 양자적 실체의 경우, 그 위치가 분명하게 국한될수록(그 파동이 조밀하게 압축될수록) 그 전자가 다음에 가는 곳에 대한(실질적으로 그 속도) 확실성은 떨어진다. 예를 들어 여러분의 엄지손가락과 집게손가락 사이에 강한 용수철을 압축시키는 경우를 상상하면 이것을 쉽게 이해할 수 있을 것이다. 용수철을 강하게 압축시킬수록 어느 방향으로 튕겨나갈지 예상하기 힘들어진다. 반대로 양자적 실체의 속도를 정확하게 알수록 그 위치는 더 불확실해져서 더 '너울거리게' 된다(여러분의 손아귀를 벗어나는 용수철은 확실한 방향으로 날아가지만, 한 점으로 압축된 것이 아니라 팽창해서 최대길이까지 늘어난 것이다).

여기에서 가장 중요한 것은 이러한 현상이 우리 측정장치의 비효율성 때문에 일어나는 것이 아니라는 사실이다. 다시 말해서 아직 기술이 덜 발달해서 어떤 전자의 위치와 속도를 동시에 측정하지 못하는 것이 아니라는 이야기이다. 불확정성은 양자적 대상의 본성 자체에 내재하는 특성이다. 전자는 정확하게 규정된 위치와 정확하게 규정된 속도를 동시에 갖지 않는다. 본질적으로 전자는 자신의 위치가 자신이 어디로 가고 있는지를 동시에 '알 수' 없다.

이 사실은 다음 장에서 다루게 될 입자물리학의 세계에서 여러 가지 흥미로운 함축을 갖는다. 그러나 원자의 세계에서는 매우 중요한 한 가지 함축을 갖는다. 그것은 러더퍼드-보어의 원자모형이라는 조각 그림 맞추기의 마지막 조각에 해당한다. 양자적 불확실성은 전자를 기술하는 '파동 다발'이 항상 특정 크기보다 커야 한다고 말한다(이것은 앞에서 들었던 비유에서 용수철을 누르는 데 한계가 있는 것과 마찬가지이다). 일상적인 조건에서 이 특정 크기는 원자의 원자핵보다 크다는 사실이 밝혀졌다. 원자 속의 전자들이 원자핵으로 떨어지지 않는 이유는 바로 그 때문이다. 그곳에는 전자의 파동함수에 적합한 공간이 없다. 원자에 가장 가까운 에너지 준위에는 두 개의 전자가 들어갈 수 있고, 바깥쪽으로 다음 에너지 준위에는 여덟 개가 들어갈 수 있다. 그리고 바깥쪽으로 그 다음 준위에는 여덟 개가 더 들어갈 수 있다(이 사실은 제4장에서 다루게 될 화학에서 중요한 함축을 가진다).

원자의 다른 경계인 바깥쪽에서, 방금 우리가 기술했던 전자들의 움직임은 파인먼이 매우 중요하게 생각했고 밝혀냈던 원자의 특성들을 설명해준다. 원자핵은 양전하를 띤 공이고, 음전하를 가진 구름으로 덮여 있다. 전자구름의 음전하가 원자핵의 양전하를 상쇄해서 정확하게 균형을 이루게 해준다.

그러나 첫번째 원자 한쪽에 또 하나의 똑같은 원자가 있다면 어떤 모습일지 또는 어떤 느낌일지 상상해보자. 두번째 원자의 바깥쪽에 있는 전자구름은 첫번째 원자의 전자구름의 절반밖에 볼 수 없다. 그 전자구름은 안쪽의 양전하의 절반을 덮고 있다. 따라서 구름은 첫번째 원자의 원자핵의 절반의 전하(따라서 두번째 원자 전체)가 자신을 끌어당기는 것처럼 느낀다. 마찬가지로 첫번째 원자의 전자구름은 부분적으로 두번째 원자의 차폐된 원자핵이 끌어당기는 느낌을 받는다(원자들은 짧은 거리로 떨어져 있을 경우 서로를 끌어당긴다). 그러나 두 원자가 너무 가까워져서 그 전자구름들이 실제로 서로 닿게 되면 크기와 방향이 같은 두 구름의 음전하들이 서로 반발한다(원자들은 서로 밀착하면 반발한다). 그러나 여기에서 두 원자핵은 서로를 전혀 알아차리지 못한다. 원자핵은 전자구름의 두 층으로 차폐되어 있기 때문이다.

일상생활의 관점에서 원자의 깊은 내부, 즉 원자핵 자체에서 일어나는 일은 실제적으로 아무런 중요성도 갖지 않는다. 오히려 원자들 사이에서 인력이 작용하는 방식, 그리고 원자 속의 전자들의 배열이 일부 원자가 결합해서 분자를 형성하게 도와주는 방식 등이 일상생활에서 훨씬 더 흥미롭고 중요하다. 이 주제에 대해서는 나중에 살펴보게 될 것이다. 만약 여러분들이 좀더 깊은 수준에서 사물이 어떻게 작동하는지에 별다른 관심이 없다면, 제4장으로 건너뛰어서 원자들이 결합해서 분자를 형성하고 생명의 분자를 이루는 방식을 살펴보아도 무방하다.

그러나 우리는 이미 원자의 깊은 내부로 들어왔고, 양자물리학의 기본 개념을 다루었기 때문에 지금까지 물리학자들이 탐험한 가장 깊은 수준에서 어떤 일이 벌어지고 있는지 흘끗 들여다볼 필요가 있다. 그곳은 입자, 장(場, field), 그리고 양자효과가 지배하는 곳이다.

입자와 장

자석이 쇳조각이나 멀리 떨어진 자석에 영향을 미칠 때, 그 영향은 자성체에서 점차
확산되며 그 전파에는 시간이 걸린다. (……) 나는 자석의 한 극에서 나오는 자기력
의 확산을 흔들리는 물 표면에서 나타나는 진동이나 음파현상에서 볼 수 있는 공기
의 진동과 비교하고 싶다. 다시 말해서, 나는 진동이론이 소리나 빛에 적용되듯이
이 현상에도 적용될 것이라고 생각하고 싶다.

• 마이클 패러데이

패러데이의 숨겨진 노트

물리학자들이 가장 궁극적인 수준에서 세계가 작동하는 방식을 기술하려고 시도했을 때, 그들이 가지고 있던 도구상자에서 제일 중요한 품목이 바로 장(field)이었다. 이것은 학창시절에 배운 물리학에서도 우리에게 친숙한 개념이다. 우리는 막대자석 주위에 자기장이 형성된다는 것을 눈으로 확인할 수 있다. 자석 위에 종이를 올려놓고 쇳가루나 그 밖의 자성물질을 종이 위에 뿌린 다음 손가락으로 종이를 가볍게 퉁기면, 쇳가루가 자석의 N극과 S극을 연결하는 여러 개의 호(弧)를 그리면서 일렬로 늘어선다. 실제로 19세기에 패러데이(M. Faraday)가 물리학에 장이라는 개념을 도입한 것은 바로 이 자기(그리고 전기)에 대한 연구를 통해서였다.

패러데이에 얽힌 이야기는 마치 한 편의 소설 같다. 그는 가난한 대장장이의 아들로 태어나서 가장 기본적인 교육밖에 받지 못했다. 그는 런던에서 제본업자의 도제가 되었고, 고객을 위해 제본하던 브리태니커 백과사전의 화학편을 우연히 읽으면서 과학에 관심을 갖게 되었다고 한다. 독학에 기울인 그의 엄청난 노력은 1813년에 결실을 거두었다. 당시 21세였던 패러데이는 그 무렵 새로 설립된 왕립과학연구소에서 데이비(H. Davy)의 조수 자리를 얻게 되었다. 그것은 과학이라는 사다리에서 가장 낮은 단계였고, 주된 임무는 병을 닦는 일이었다. 그러나 패러데이는 데이비의 뒤를 이어 왕립과학연구소의 장이 되었고, 빅토리아 여왕이 수여하는 기사작위를 거절했으며 왕립협회장 제안을 두 차례나 사양했다. 그는 겸손한 사람이었고, 엄격한 종교 계파에 속해 있었기 때문에 이런 종류의 개인적인 영광을 받아들이지 않았다.

화학자로 출발했지만, 패러데이는 전기와 자기에 관심을 갖게 되었다. 1820년대 초에 전기와 자기는 단일한 현상의 서로 다른 측면으로 인식되기 시작했다. 핵심적인 실험은 덴마크에서 외르스테드(H. C. Örsted)에 의해 이루어졌다. 그는 자석으로 된 나침반을 전류가 흐르는 전선 가까이 대면 나침반 바늘(이 바늘은 작은 자석이다)이 항상 전선에 대해 직각방향을 가리킨다는 사실을 발견했다. 따라서 전류가 나침반의 바늘에 영향을 주는 자기력을 생성하는 것이다.

그러나 연구의 발전은 더디게 진행되었고, 여러 가지 잘못된 출발에 의해 방해를 받았다. 그러나 1831년 말엽에 패러데이는 전기와 자기 사이의 관계의 본질을 수립했다. 전선을 흐르는 전류는 전선을 흐르는 전하에 의해 야기된다(오늘날 우리는 전기 자체가 전하라는 사실을 알고 있다). 움직이는 전하는 항상 자기력을 생성한다(그리고 이 자기력이 나침반 바늘의 방향을 바꾸어놓는다). 패러데이는 비슷한 방식으로 자석이 전선을 지나 움직이거나 전선을 감아 만든 코일 속으로 자석을 밀어넣으면 전선 속에 전류가 생성된다는 사실을 발견했다. 움직이는 자석은 항상 전기력을 생성한다(그리고 이 전기력이 전선 속의 전자들을 움직이게 만든다).

이 두 가지 발견이 발전기(발전기에서 전기는 전선 코일 속에서 회전하는 자석에 의해 생성된다)와 전동기(전동기의 경우, 전선을 통해 흐르는 전류가 회전축에 붙어 있는 자석들을 회전하게 만든다)의 기본 원리로 이용된다.

패러데이가 발전기 효과를 발견한 직후인 1831년에 영국 수상 필(R. Peel)이 왕립과학연구소를 방문했고, 발전기가 실제로 움직이는 것을 보았다. 과학사에서 가장 널리 인용되는 이 대화에서 그는 패러데이에게 그 발견이 어디에 활용되는지 물었다. 그러자 패러데이는 이렇게 답했다.

"저는 모릅니다. 하지만 언젠가 영국 정부가 이 장치에 세금을 물릴 것이라는 데 내기를 해도 좋습니다."

이 자리에서 패러데이의 연구의 실용적인 중요성을 거론할 필요는 없을 것이다. 그리고 실제로 그의 장치는 영국 정부에게 막대한 세금 수입을 가져다주었다. 그가 그 말을 한 지 채 50년도 지나지 않아서 전기열차가 독일, 영국, 그리고 미국에서 운행되었다. 만약 그가 그 이상의 연구를 하지 않았다면 패러데이(1831년 당시 그의 나이는 마흔이었다)는 19세기의 가장 위대한 과학자 중 한 사람으로 기억되지 않았을 것이다. 그러나 1831년 이후 자신의 발견을 응용한 실용적인 제품을 개발하는 대신(그는 그 일을 다른 사람들에게 위임했다), 패러데이는 전기와 자기의 관계의 본성, 그리고 어떻게 이런 힘들이 공간을 가로질러 직접적으로 접촉하지 않는 사물에 영향을 줄 수 있는지에 대해 깊은 관심을 갖게 되었다. 처음부터 그는 전기력과 자기력이 중력이 작용하는 방식과 유사하다는 점에 착안했다. 태양도 공간을 넘어 행성들을 자신의 궤도에 유지시키기 때문이다.

종이 위에 뿌려놓은 쇳가루를 이용한 실험에서 쇳가루들이 그리는 선은 큰 자석의 한쪽 극에서 다른 극에 이르는 궤적을 따라 쇳가루가 자유롭게 움직일 수 있을 때 작은 자석들의 극이 지나는 경로를 보여준다. 이 실험을 통해 패러데이는 '역선'(力線, lines of force, 이 말은 패러데이가 1831년에 처음 만든 것이다)이라는 관점에서 생각하기 시작했다. 이 역선은 자석과 전기적으로 대전된 입자의 두 극에서 뻗어 나온다. 이 모형에서, 전선은 자석에 대해 상대적으로 움직일 경우 자력선을 끊게 되고 이 절단이 전선에 전류를 흐르게 한다.

그 이전까지 중력과 같은 힘은 '먼 곳에서 작용하는 운동'(action at a distance)으로 여겨졌다. 지구를 비롯한 행성들에 작용하는 태양의 힘은 우주공간을 통해 도달하는 데 시간이 걸리지 않고 먼 곳에서 순간적으로 작용해서 행성들을 궤도에서 벗어나지 못하게 한다고 생각했던 것이다. 그러나 패러데이는 전류가 코일에 흐를 때 어떻게 역선이 확산되어 역장(力場, field of force)이 형성되는지에 대해 생각했다.

그는 이 과정에 분명히 시간이 걸릴 것이라고 추론했다. 적절하게 배열된 전류가 흐르는 코일은 멀리 떨어진 막대자석의 자기장과 구분할 수 없는 자기장을 생성한다. 그러나 코일에 전류가 흐르지 않으면, 자기장은 생기지 않는다. 패러데이는 코일의 전기 스위치가 켜지면 자기장이 코일에서 확산되어 코일 가까운 곳에 있는 나침반 바늘의 방향이 먼저 바뀌고, 그런 다음 코일에서 멀리 떨어진 나침반 바늘의 방향이 바뀔 것이라고 확신했다. 오늘날 우리는 이 영향이 빛의 속도로 확산된다는 사실을 알고 있다. 그 속도는 너무 빨라서 19세기의 실험장비로는 그 지연효과를 측정할 수 없었다. 그러나 패러데이의 추론은 올바른 방향이었다.

그 생각은 당시에는 너무 엉뚱한 것이어서 처음에 패러데이는 자신의 생각을 공개적으로 발표하지 않았다. 그 대신 그는 1832년에 왕립협회에 있는 금고 속에 자신의 봉인된 노트를 넣어두었다. 그 노트는 그의 사후에 공개되었다. 여러 가지 사실들 중에서도 그 노트는 다음과 같은 패러데이의 생각을 잘 보여주었다.

자석이 쇳조각이나 멀리 떨어진 자석에 영향을 미칠 때, 그 영향은(나는 그것을 임시적으로 자기(磁氣)라고 부르겠다) 자성체에서 점차 확산되며 그 전파에는 시간이 걸린다. (……) 나는 자석의 한 극에서 나오는 자기력의 확산을 흔들리는 물 표면에서 나타나는 진동이나 음파현상에서 볼 수 있는 공기의 진동과 비교하고 싶다. 다시 말해서, 나는 진동이론이 소리나 빛에 적용되듯이 이 현상에도 적용될 것이라고 생각하고 싶다.

12년 후에 패러데이는 이 생각을 공개해서 1860년대에 맥스웰의 자기와 빛의 성질에 대한 연구를 위한 길을 닦았다.

맥스웰은 전기장과 자기장의 상호작용을 기술하는 방정식들의 집합을 발견했다. 모두 네 가지인 이 방정식들은 여러분들이 양자물리학의 영역으로 들어가지 않는다면 전자기에 대해 알아야 할 모든 것을 이야기해준다. 고전적인 수준에서 전기와 자기와 연관된 모든 현상은 맥스웰의 방정식을 이용해서 해결할 수 있다. 그리고 이 방정식들은 예기치 않았던 보너스까지 제공했다.

무엇보다도 맥스웰의 방정식들은 전자기파동이 움직이는 방식을 설명해준다. 전선 속에서 위아래로 흔들리는 전자에 의해 에너지를 얻어 이동하는 전기적 파동에 대해 생각해보자. 전기파동은 위아래로 움직이면서 변화한다. 따라서 전기파동은 자기파동을 일으키며, 이 자기파동이 전기파동과 함께 이동한다. 그러나 자기파동 역시 변화한다. 왜냐하면 전기파동이 변화하기 때문이다. 따라서 자기파동은 전기파동을 생성하며, 이 전기파동도 자기파동과 함께 이동한다. 그리고 맥스웰 방정식이 정확하게 기술한 전체적인 효과가 공간을 통해 이동하는 결합된 전자기파동이다. 여기에는 전기적·자기적 구성요소들이 단계마다 함께 작용한다. 맥스웰 방정식에 들어 있는 보너스는 그 파동이 이동하는 속도를 구체적으로 지정해주는 수치이다. 이 수치는 고립된 전기장과 자기장의 특성을 측정하는 실험을 통해 알아낼 수 있다. 그리고 실험을 통해 얻어진 수치는 빛의 속도이다. 맥스웰은 "실험에서 빛이 사용된 유일한 경우는 실험기구를 보는 것이었다"라고 말했지만 말이다.

맥스웰은 전자기파가 빛의 속도로 움직인다는 사실을 발견했고, 빛이 분명히 전자기파의 한 형태라는 것을 깨달았다. 이 결론은, 맥스웰이 빛의 속도로 움직일 것이라고 예견했던, 1880년대 헤르츠(H. Hertz)가 전파를 발견했을 때 피할 수 없는 사실임이 확증되었다. 물리학자들이 20세기 초에 양자의 세계에서 빛을 때로는 작은 입자들의 흐름으로 다루어야 한다는 사실을 알았을 때 그토록 놀랐던 이유가 바로 그것이었다. 그러나 패러데이가 살아 있었다면 그다지 놀라지 않았을 것이다.

입자의 유용성

패러데이는 1844년과 1846년에 왕립협회에서 행했던 두 차례의 강연에서 역선과 역장에 대한 자신의 개념을 처음 공개적으로 발표했다. 그의 생각은 시대를 훨씬 앞선 것이었다. 당시에는 에테르(aether)라는 신비스러운 물질이 '빈 공간'을 채우고 있다는 생각이 널리 받아들여지고 있었다. 에테르는 연못의 파문이 물에 의해 전달되듯이 광파(光波)의 파문을 전달한다고 믿어졌다. 1946년 강연에서 패러데이는 우리가 방금 개괄했던 모형을 비교적 자세히 설명했지만 그 모형에는 맥스웰의 수학이 포함되지 않았다. 패러데이는 자신의 목적이 "에테르를 폐기하는 것이지 진동을 폐기하는 것은 아니다"라고 말해서 진동이 튕겨진 기타줄과 마찬가지로 역선과 관계된다는 것을 시사했다. 그는 빛의 전파에 시간이 걸린다는 것을 지적했다. 이 주장은 파문이 역선과 함께 나아간다는 생각과 잘 들어맞는다. 그리고 그는 중력도 비슷한 방식으로 작용하는 것이 분명하다고 추측했다. 그러나 어떤 면에서는 그보다 앞서 1844년에 했던 강연이 훨씬 더 매력적이었다.

패러데이는 에테르뿐만 아니라 원자라는 개념까지 폐기하기를 원했다. 원자라는 개념이 등장하기 이전까지 이런 생각은 과학과 완전히 동질화된 것이었다. 앞에서 우리가 기술했던 모형의 성공이라는 측면에서 이런 생각은 미친 소리에 불과하다. 그러나 20세기의 양자장이론의 관점에서는 충분히 의미를 갖는다. 19세기에 '원자'라는 용어가 가졌던 의미를 등가에 해당하는 현대적인 용어인 입자로 바꾼다면 말이다. 이것은 같은 대상을 다른 조건에서 기술할 때 서로 다른 모형을 사용해야 하는 필요성을 잘 보여주는 또 하나의 사례이다.

패러데이는 이른바 공간과 공간 속의 원자(즉 '입자') 사이에 실질적으로 아무런 차이도 없다고 주장했다. 그는 원자가 힘의 응집(concentration)으로 간주되어야 하며, 원자를 그 주변으로 확장되는 힘(즉 '장')의 그물망의 원천으로 생각해서는 안 되며, 우리가 근본적인 실재라고 생각하는 것은 역장 그 자체이고, 입자는 단지 역선들의 응집(그물망 속에 있는 매듭)으로 간주되어야 한다고 말했다.

주장의 핵심을 분명히 하기 위해서 패러데이는 청중들에게 태양이 우주공간 속에 자신의 위치에 머물러 있다고 생각하는 '사고실험'을 해볼 것을 요청했다. 만약 지구가 갑자기 어떤 마술에 의해 태양과 적절한 거리만큼 떨어진 위치에 놓이게 되면 어떤 일이 일어날까? 태양의 중력이 작용하기 전에 어떤 힘이 태양에서 뻗어나와 지구에 영향을 미치기 위해 여행을 했을까? 아니면 지구는 태양의 인력을 순간적으로 느꼈을까?

패러데이는 설령 우주공간 속에 태양만이 존재한다 하더라도 그 중력효과는 지구가 나타나게 되어 있는 장소를 포함해서 모든 곳으로 퍼져나갔을 것이라고 말했다. 지구는 빈 공간이 아니라 힘(장)의 그물망 속으로 떨어졌을 것이고, 즉각적으로 지구의 위치에서 그 장의 성격에 반응했을 것이다. 지구에게 문제가 된 것은 장의 원천(이 경우에는 태양)의 성격이 아니라 지구의 위치에서의 장의 성격이다. 물론 장의 원천이라는 개념이 옳았다면 말이다. 패러데이에게 장은 실재였고, 물질은 장이 응집되거나 매듭이 생겨난 영역에 불과했다. 이것은 오늘날의 양자장이론가가 우주를 기술하는 방식과 거의 정확하게 일치한다.

물론 고전적인 예는 광자 그 자체였다. 광자는 전자기장 속에 있는 매듭, 즉 전자기파의 작은 엉킴으로 간주될 수 있다. 그러나 20세기의 물리학자들이 오늘날 우리가 전자처럼 물질입자로 생각하는 데 익숙해진 것까지도 파동의 측면을 가지고 있다는 사실을 발견했다는 점을 기억해야 한다. 양자장이론에서 모든 종류의 입자들은 그 자체의 장을 가지고 있다. 따라서, 예를 들어 전자의 장이 우주를 채우고 있다. 광자가 전자기장 속의 매듭인 것과 마찬가지 방식으로 우리가 입자(예를 들어 전자든 그 무엇이든)로 인식하는 것은 그 장 속에 있는 매듭이다.

우주를 채우는 전자장이 있으며, 우리는 일상적인 사물과 같은 방식으로 그것을 알아차리지 못한다는 생각은 우리에게 낯설다. 더구나 우리에게 친숙한 전기장이나 자기장뿐만 아니라 모든 종류의 입자들이 저마다 다른 종류의 장을 가진다는 생각은 더욱 기이하게 느껴진다. 그것은 마치 우주가 장들의 혼란스러운 뒤범벅이며(이 모형에 따르면 그렇다), 우리는 우리가 인식하지 못하는 그 사실을 알아야 한다는 이야기처럼 들린다. 그러나 우리는 전자기장이 환경을 관통하고 있다는 사실을 알아차리지 못한다는 것을 기억해야 한다. 지금 이 순간에도 수십 개의 라디오와 텔레비전 방송국에서 나오는 전파신호들이 여러분의 몸을 관통하고 있다.

이러한 물질의 장들과 연관된 상황은 우리가 지구의 대기를 지각하는, 또는 지각하지 못하는 것과 흡사하다. 바람이 없는 날이면, 우리는 우리가 공기의 바다 밑에 잠겨 있다는 사실을 알아차리지 못한다. 대기는 도처에 존재하기 때문에 대기가 있다는 사실을 이야기할 방도가 없는 것이다. 여러분이 공기의 존재를 알 수 있는 유일한 근거는 그것이 움직인다는 사실이다. 그리고 그 움직임은 작은 회오리바람에서 폭풍이나 거대한 태풍에 이르는, 그 불규칙성에 의해 야기된다. 우리가 지각하는 물질입자들은 전자를 비롯한 여러 가지 물질의 장 속의 작은 회오리바람에 해당한다. 그리고 회오리와 마찬가지로 그 영향은 주변의 작은 범위에만 미친다. 우리는 우주의 나머지 부분을 채우고 있는 장의 평활하고 온화한 균일성이 아니라, 그 불규칙성을 인식할 수 있을 뿐이다.

우리가 양자세계의 좀더 깊은 층을 탐사할 때 이것은 매우 유용한 모형이라는 사실이 입증된다. 그러나 여기에서는 이것이 패러데이의 통찰이며, 양자장이론가들이 세계를 바라보는 방식이라는 정도만 알아두는 것으로 충분하다. 원자 안쪽의 깊은 곳에서 어떤 일이 진행되고 있는지에 대한 개략적인 상을 얻기 위해서라면 입자와 장이 혼합된 상으로도 충분하며, 이러한 실체들의 움직임을 전자가 전자기장, 그리고 다른 전자들과 상호작용하는 방식에 대한 비유로 설명할 수 있다. 여러분이 입자를 장 속에 있는 매듭으로 생각하든 그렇지 않든 간에 입자라는 개념은 여전히 유용하다.

두 개의 전자가 서로 가까워졌을 때, 전자들은 같은 전하(이 경우에는 음전하)를 가지고 있기 때문에 서로 반발한다. 그러나 이러한 반발은 어떻게 작동하는가? 전자를 입자라는 상으로 고정한다면, 그리고 양자이론을 이 입자들을 둘러싸고 있는 전자기장에 적용한다면 우리는 그들 사이에서 진행되는 과정에 대한 상세한 상을 얻을 수 있다. 두 전자 사이의 상호작용은 한 전자에서 다른 전자로(실제로는 두번째 전자에서 첫번째 전자로) 이동하는 광자(전자기력의 운반자)들의 흐름을 포함한다. 이 과정을 기관총에서 발사되는 총알의 흐름으로 생각해보자. 각각의 전자는 입자들의 흐름을 방출하고 뒤로 반동한다. 동시에 전자들은 서로 반발한다.

왜 반대방향으로 대전된 입자(예를 들어 전자와 양전자)들이 서로를 끌어당기는지 상상하기는 힘들지만 실제로 그런 일이 일어나고 있다. 우리에게 도움을 주는 한 가지 비유는, 훈련을 하고 있는 한 운동선수들이 근육단련용의 무거운 메디신 공을 서로 던지고 받으면서 조깅을

하고 있다고 생각하는 것이다. 그들은 가까운 거리를 유지해야 한다. 메디신 공은 멀리까지 던질 수 없기 때문이다. 그러나 입자의 세계에서는 극히 가벼운 입자들이 교환될 때에도 이따금씩 인력이 작용한다. 전자에서 나와 양성자에 도달하는 광자의 흐름은 양성자를 밀어내는 것이 아니라 양성자를 전자 쪽으로 끌어당기며 그 역의 경우도 성립한다.

이 모든 과정이 상당히 먼 거리에서도 일어날 수도 있다. 왜냐하면 광자는 쉽게 만들어지기 때문이다. 광자는 전혀 질량을 갖지 않는다. 따라서 설령 광자가 약간의 에너지를 가지더라도 거기에는 질량에너지가 포함되지 않으며, 대전된 입자들은 많은 에너지를 잃지 않으면서 광자들의 흐름을 생성할 수 있다. 따라서 전자기는 먼 거리에까지 미치는 힘이며, 이론상으로는 우주를 가로질러 영향력이 도달할 수 있다(같은 이유에서 중력도 마찬가지이다. 중력양자(graviton)도 질량이 0이다). 실제로 전기력과 자기력이 미치는 범위는 더 작은 척도에서 서로 상쇄되는 경향 때문에 제약된다. 하나의 원자 속에 있는 모든 양성자에 대해 하나씩의 전자가 있기 때문에 전체적인 전하는 더 큰 범위에 영향을 미치지 않는다.

쿼크의 세계

원자의 크기로 내려가면 사태는 크게 달라진다. 원자 규모에서 양성자와 중성자는 강한 핵력이라는 다른 종류의 힘에 의해 묶인다. 이 힘은 원자 속의 모든 양전하가 집중되어서 원자가 흩어지지 않게 막아준다. 그러나 이 힘은 중성자와 양성자에 의해 직접 연결되는 것이 아니라 중성자와 양성자 속에 있는 더 깊은 구조의 층, 즉 쿼크의 수준에서 연결된다.

쿼크의 존재를 뒷받침하는 모든 종류의 증거가 있다. 그러나 가장 분명하고 직접적인 증거는 1960년대와 1970년대 말엽에 이루어진 실험에서 나왔다. 그 실험을 통해 전자의 가장 강력한 빔이 원자핵에서 발사되었고, 전자들이 원자핵 속에 있는 입자에 반사하는(흩어지는) 방식이 연구되었다. 놀랄 만큼 과거의 방식을 회상하게 만드는 방식으로, 러더퍼드의 연구팀은 알파입자들을 원자핵에서 흩어지게 하는 방법을 통해 원자의 내부구조를 발견했다. 캘리포니아의 스탠퍼드 대학의 연구자들이 선구적인 역할을 한 이 실험은 입자들에서 전자를 흩어지게 해서 양성자와 중성자의 구조를 보여주었다.

양성자와 중성자는 쿼크로 중성자와 양성자 모두 세 개의 쿼크로 이루어진다. 그러나 양성자와 중성자의 구조를 설명하는 데에는 두 종류의 쿼크만이 필요하다. 하나에는 업(up), 다른 하나에는 다운(down)이라는 임의적인 이름이 붙었다. 그러나 이런 명칭이 서로 다른 방향이나 높이를 의미하는 것은 아니다. 단지 구별을 위해 '영희' '철수'식으로 서로 다른 이름표를 붙여준 것에 불과하다.

업 쿼크는 크기가 전자 전하의 3분의 2이고, 방향은 양(+)인 전하량을 갖는다. 다운 쿼크는 크기가 전자 전하의 3분의 1에 해당하고 방향이 음(-)인 전하량을 가진다. 양성자는 두 개의 업 쿼크와 하나의 다운 쿼크로 이루어져서 전체적으로 한 단위의 양전하를 갖는다(2/3+2/3-1/3=1). 그리고 중성자는 두 개의 다운 쿼크와 하나의 업 쿼크로 구성되기 때문에 전체적으로 전하를 띠지 않는다(2/3-1/3-1/3=0).

쿼크가 가진 가장 흥미로운 특성은 단독으로는 결코 발견되지 않으며, 쌍을 이루거나 셋이 모인 형태로만 나타난다는 점이다. 쿼크 쌍(실제로는 항상 쿼크/반쿼크 쌍)[1]은 중간자(meson)라는 이름으로 불리

---

1) 반입자는 입자의 거울상처럼 전하와 같은 특성이 정반대이다. 따라서, 예를 들어 반전자(양전자라고도 불린다)는 한 단위의 양전하를 갖지만, 그 질량은 전자와 동일하다.

며, 원자핵을 하나로 결합시켜주고 원자핵을 이루는 양성자와 중성자 사이에서 끊임없이 교환된다. 중간자는 광자가 전자기력을 전달하는 방식과 비슷한 방식으로 원자핵의 구성요소들(핵자) 사이에서 힘을 날라준다. 그러나 광자와 달리 중간자는 질량이 없다. 따라서 중간자를 형성하기 위해서는 많은 에너지가 들어간다. 원자핵 속에서 중간자가 만들어지는 유일한 이유는 양자적 불확실성이 작용하기 때문이다.

이번에는 연관된 불확실성에 각각의 핵자와 결합된 에너지의 양이 포함된다. 양자의 위치와 운동량이 정확하게 결정될 수 없는 것과 마찬가지로, 양자적 실체에 묶여 있는 에너지의 양도 정확하게 결정될 수 없다. 그것은 우리의 측정장치가 부정확해서가 아니라 우주 자체가 매순간 그곳에 얼마나 많은 에너지가 있는지 정확히 '알지' 못하기 때문이다. 아주 짧은 시간(예를 들어 플랑크 상수와 연관된 극히 짧은 시간) 동안에 에너지는 갑자기 나타나거나 사라질 수 있다. 더 많은 에너지가 나타날수록 그 에너지가 지속할 수 있는 시간은 더 짧아진다. 그러나 만약 충분한 에너지를 가지고 있다면, 그 에너지는 순간적으로 입자로 전환되어 짧은 시간 동안 유지될 수 있다.

중간자

원자핵을 하나로 결합시켜주는 중간자가 나오는 곳이 바로 그곳이다. 중간자는 무에서 나타난다. 이곳을 양자장의 진공 요동(vacuum fluctuation)이라 한다. 이런 일이 일어날 때, 양자법칙은 생성되는 각각의 입자가 반입자(antiparticle)라는 상대를 반드시 동반하도록 규정한다. 진공 속에서 고립된 쿼크가 나타나는 것이 아니라 쿼크-반쿼크 쌍이 나타나는 것이다. 다시 말해서 중간자가 생성된다. 그러나 이 입자 쌍의 수명은 극히 짧으며 빌려온 에너지를 다시 진공에 돌려주기까지 순간적으로 유지된다. 그 시간은 양자적 불확실성에 의해 허용된다. 중간자가 존속되는 시간은 간신히 이웃한 핵자와 교환되어 원자핵을 하나로 결합시킬 정도이다(메디신 공의 비유가 적절한 대목이 여기이다). 그러나 그 결과로 나타나는 강한 핵력의 영향범위는 매우 제한적이기 때문에 원자핵 바깥에서는, 심지어 이웃 원자의 원자핵에서도 그 힘을 느낄 수 없다.

그렇다면 쿼크는 왜 둘이나 셋씩 짝을 지어서만 나타날까? 그 이유는 쿼크가 번갈아 다른 종류의 양자장 입자를 교환하면서 하나로 묶여있기 때문이다. 물리학자들은 장난스럽게 그 입자에 글루온(gluon)[2]이라는 이름을 붙였다. 이 입자가 쿼크들을 서로 달라붙게 만들기 때문이다. 글루온은 다른 종류의 장과 연관되며, 지금까지 우리가 논의했던 다른 힘들과 똑같은 방식으로 움직인다. 그러나 이들 사이에는 결정적인 차이가 있다. 두 쿼크 사이의 접착력은 쿼크들이 멀리 떨어질수록 오히려 더 강해진다.

두 쿼크 사이에서의 글루온의 교환은 쿼크들을 분리시키는 입자들의 흐름으로 생각하기보다는 두 개의 쿼크를 결합시키는 강력한 고무줄로 상상하는 편이 나을 것이다. 쿼크들이 가깝게 접근해 있을 때에는 고무줄이 느슨하게 늘어지고, 그에 따라 쿼크들은 밀치락거리면서 서로 멀어진다. 그러나 쿼크들이 멀어지려고 하면 (양성자의 한쪽 옆에서 다른 쪽 옆까지) '고무줄'이 늘어나서 쿼크들을 다시 끌어당긴다. 쿼크들이 멀어질수록 고무줄은 더 늘어나고 쿼크들은 훨씬 강하게 뒤로 당겨진다.

쿼크가 원자핵이나 중간자에서 이탈할 수 있는 유일한 방법은 무언

---

2) 접착한다는 뜻을 가진 glue에 입자를 뜻하는 on이라는 접미사를 붙인 것이다-옮긴이.

가가 원자핵을 강하게 타격해서, 상당히 큰 에너지로 '고무줄을 끊는' 것이다. 방금 우리가 설명했던 것과 같은 종류의 실험에서 빛의 속도에 가깝게 움직이는 전자가 양성자에 충돌했을 때 실제로 이런 일이 일어날 수 있다. 그러나 전자의 충격으로 주어진 에너지가 두 개의 새로운 쿼크(엄밀하게 이야기하자면 쿼크-반쿼크 쌍)의 질량으로 전환될 만큼 클 경우에만 이런 일이 일어날 수 있다. 고무줄이 끊어진 곳에서 각각의 끊어진 말단에는 두 개의 새로운 쿼크 중 하나가 달라붙는다. 한쪽 끝은 양성자로 돌아가서 양성자를 정상적인 상태로 되돌려놓는다. 다른 쪽 끝은 새로운 반쿼크를 탈출한 쿼크에 연결시킨다. 따라서 우리는 충격을 받은 곳에서 탈출한 단일한 쿼크가 아니라 중간자를 발견하게 된다. 어떤 조건에서도 우리는 고립된 쿼크를 볼 수 없다.

  따라서 접착력은 중간자를 이루는 쿼크-반쿼크 쌍을 포함해서 원자핵의 구성요소들을 하나로 묶어주는 실제적인 힘이다. 핵자들 사이에 작용하는 강한 핵력은 접착력에서 상대적으로 약한 지위를 갖는다. 실제로 이 두 힘은 자연력 중에서 가장 두드러진 두 가지 힘에도 들지 못한다. 전자기력과 중력과 함께 강한 핵력은 우리가 지금까지 입자들의 세계에서 작용하는 세 가지 서로 다른 힘에 해당한다. 나머지 한 가지는 약한 핵력이라고 불리는 힘이다(강한 핵력보다 약하기 때문에). 이것은 힘이라는 말이 뜻하는 일상적인 의미에서 가장 거리가 멀기 때문에 물리학자들은 흔히 네 가지 자연력을 네 가지 '상호작용'(interaction)이라는 말로 표현하기도 한다.

  약한 상호작용은 입자들을 분리시키는 만큼 강하게 결합시키지는 않는다. 특히 이 힘은 중성자들과 상호작용하며 중성자를 양성자로 변환시킨다. 이것을 베타붕괴(beta decay)라고 부르며, 이 과정에는 전자를 방출하는 중성자와 중성미자(neutrino)라 불리는 입자(엄밀히 이야기하면 반중성미자)가 포함된다. 좀더 정확하게 표현하자면, 중성자는 약한 상호작용과 연관된 장과 상호작용을 하며 그 장의 하나의 양자를 방출한다. 이 양자를 W 보손(intermediate vector boson)[3]이라고 한다. 이것은 질량을 갖기 때문에 그 범위(약한 상호작용의 범위)는 양자 불확정성의 규칙에 의해 제한된다. 그런 다음 중간자는 전자와 반중성미자로 바뀐다(약한 장이 다른 입자들과 상호작용할 수 있는 다른 방식들이 있지만, 여기서 더 이상 자세히 설명할 필요는 없다).

여기에서 가장 만족스러운 일은 이것이 물리학자들에게 입자세계에서 나타나는 매우 깔끔하고 근본적인 대칭을 제공한다는 점이다. 자연의 기본적인 힘에는 네 가지 종류가 있고, 또한 네 개의 기본입자들(업 쿼크, 다운 쿼크, 전자, 그리고 중성미자)이 있다. 여러분이 우주에서 볼 수 있는 모든 사물은 이것으로 설명할 수 있다. 그러나 불행하게도 아직 아무도 파악하지 못한 이유 때문에, 물리법칙에는 약간의 중첩(심지어 삼중의 중복)이 있는 것 같다. 입자파 사이의 고에너지 충돌과 연관된 실험에서, 물리학자들은 더 큰 질량을 가진 두 족(族) 이상의 입자들을 발견했다. 이것들은 어떤 의미에서는 이 실험에서 충돌한 입자들 내부에—쿼크가 원자핵 안에 있는 것처럼—있었던 입자들은 아니다. 오히려 그 입자들은 순수한 에너지에 의해(글루온 고무줄이 끊어진 지점에서 만들어지는 쿼크-반쿼크 쌍처럼) 생성된 것들이었다. 그리고 극단적인 경우에는 빅뱅 이후 우주에 자연적으로 존재하지 않았던 입자들까지 포함된다. 전자에는 더 무거운 대립쌍이 있으며, 그 입자는 그 자체의 중성미자와 결합되어 있다. 또한 업 쿼크와 다운 쿼크에도 더 무거운 상대 입자가 존재한다. 그 외에도 마치 그것으로는 충분치 않다는 듯, 온갖 종류의 더 무거운 입자들이 있다.

이러한 기본입자들의 더 무거운 버전들이 오늘날 우주가 작동하는

---

3) 약한 상호작용을 매개하는 것으로 알려진 무거운 보손 입자-옮긴이.

방식에 어떤 역할을 수행하지는 않는다(물론 빅뱅 당시에는 중요한 역할을 했을 수 있다. 이 주제에 대해서는 제11장을 참조하라). 그 입자들은 모두 불안정하고, 금방 붕괴해서 에너지를 방출하고 결국 더 가벼운 대립물로 변환된다. 그들은 입자물리학자들이 연구할 흥미로운 주제를 많이 제공해주며, 그러한 움직임의 근거를 밝히려는 수많은 이론들의 전망을 제시해준다. 그러나 이 책에서는 신비스러운 가능성보다는 일상적인 우주가 작동하는 방식에 초점을 맞출 것이다. 따라서 여기에서는 기본입자들의 더 무거운 버전들에 대해 더 이상 이야기하지 않겠다. 그러나 소립자물리학의 극미한 세계에서 분자의 세계로 돌아오기 전에 자연의 네 가지 기본력을 자세히 살펴보고, 물리학자들이 이 힘들(또는 장들)의 움직임과 네 입자들의 기본집합을 단일한 꾸러미로 일괄적으로 설명하는 전체적인 상(통일이론)을 수립하기 위해 어떤 노력을 기울이고 있는지 알아둘 필요가 있다.

통일장이론

중력은 네 가지 힘 중에서 가장 약하지만 우리의 일상생활에서는 가장 두드러지게 나타나고 과학적으로 제일 먼저 연구되었다. 그 까닭은 중력이 서로 더해지고, 아주 멀리까지 영향력이 미치기 때문이다. 모든 물질덩어리에 들어 있는 개별 입자들의 중력은 합산된다. 중력에는 원자 속에서 양전하와 음전하가 상쇄되는 것과 같은 상쇄가 일어나지 않는다. 중력의 영향은 전자기력과 마찬가지로 이론상 무한하다. 그와 연관된 장의 양자(중력양자)가 광자와 마찬가지로 질량이 없기 때문이다. 그러나 모든 물질에서 나오는 힘이 모든 곳에서 같은 세기라는 뜻은 아니다. 실제로 어떤 물체의 중력은 거리의 제곱에 비례해서 약화된다(유명한 '역제곱의 법칙'이 바로 그것이다). 따라서 여러분이 어떤 물체에서 두 배 멀어지면 중력은 4분의 1이 되고, 세 배 멀어지면 9분의 1이 된다.

전자기력은 중력보다 훨씬 강하지만 전기와 자기가 두 가지 변량—음전하와 양전하, 북극과 남극—으로 서로 상쇄되는 특성 때문에 일상세계에서는 그리 분명하게 나타나지 않는다. 그러나 중력과 마찬가지로 전기와 자기 역시 거리 역제곱의 법칙에 따르며, 어디에서도 완전히 상쇄되지 않는다. 맥스웰 방정식에서 나타나듯이, 전기력과 자기력은 단일한 힘의 서로 다른 측면이며, 둘 다 양자장 모형에서는 질량이 없는 광자에 의해 전달된다.

중력과 전자기력의 상대적인 세기를 가장 쉽게 이해할 수 있는 방법은 사과가 나무에서 떨어졌을 때 어떤 일이 일어나는지 생각하는 것이다. 사과가 자라난 가지에 원자를 묶어두려는 힘이 전자기력이며, 이 힘은 사과가 가지에 매달려 있는 꼭지의 몇 개의 원자에 작용한다. 반면 사과를 아래로 잡아당기는 힘이 중력이다. 이 힘은 6×10^{24}킬로그램의 질량인 행성 지구에 들어 있는 모든 원자에 의해 행사된다. 모든 질량이 집중해서 함께 작용하는 중력은 사과의 꼭지에 있는 몇 개의 원자를 결합시키는 전자기력을 쉽게 이길 수 있다.

네 가지 자연력의 상대적인 세기는 강력의 세기를 통해 표현할 수 있다. 예를 들어 여러분이 강력의 세기를 1로 나타낸다면, 전자기력은 10^{-2}(즉 강력의 1퍼센트)이고, 약력의 세기는 10^{-13}(강력의 1000억분의 1퍼센트)이며, 중력은 겨우 10^{-33}에 불과하다. 따라서 강력은 중력보다 10억의 10억의 10억의 10억의 100배나 더 강한 셈이다. 그리고 약력도 중력의 10억의 10억의 1000만 배나 된다. 그러나 약력과 강력이 극히 제한된 범위, 즉 원자보다 작은 척도에서만 영향을 미친다는 점을 기억해야 한다. 만약 강력과 약력이 중력이나 전자기력과 같은 범위에 영향을 미칠 수 있다면 우주는 완전히 다른 모습이 되었을 것이다.

그러나 물리학자들은 우주가 탄생한 순간인 빅뱅 당시에 바로 그런 일이 일어났을 것이라고 믿고 있다. 이 주제는 제12장에서 좀더 자세히 다루어지겠지만, 물리학자들이 이 모든 힘들을 하나의 수학적 패키지로 묶어서 설명하려는 시도, 즉 통일장이론(unified field theory)을 찾으려는 노력과 밀접하게 연관된다.

어떤 의미에서 이런 노력은 이미 절반은 완성된 셈이다. 전자기력과 약한 상호작용은 이미 전약이론(전기약력이론을 줄인 말이다, electro-weak theory)이라는 하나의 꾸러미로 묶였다. 이 이론은 1960년대에 개발되었고, 이후 통일장이론을 개발하기 위해 계속된 시도에서 역할 모형과 같은 구실을 했다.

전약이론의 기반은 전자기의 장 양자(광자)와 약한 상호작용의 양자(W 보손)가 하는 역할의 유사성이다. 전자기는 수학적으로 기술하기에 특히 단순한 상호작용이다. 왜냐하면 거기에는 한 종류의 장 양자, 즉 광자밖에 없고, 광자는 전하나 질량을 갖지 않기 때문이다. 약한 상호작용에서 W 보손에는 세 가지 변형이 있다. 하나는 양전하, 하나는 음전하, 그리고 다른 하나는 전하가 0이다. 이들은 양자적 불확실성에 의해 그 영향력 범위가 제약받지 않기 때문에 (질량이 없으므로) 광자처럼 움직인다. 그러나 우주의 온도가 충분히 높다면, W 보손은 그 존재가 양자적 불확실성에 의존하지 않을 것이다. 우주의 배경 에너지는 우주를 가득 채우고 있는 뜨거운 복사에서 실재하는 W 보손을 만들어내기에 충분할 것이다. 그리고 그 입자는 영원히 지속되고 그 영향이 미치는 범위는 광자처럼 무한할 것이다.

전약이론은 입자들이 이러한 조건에서 동일한 토대에서 광자와 W 보손과 어떻게 상호작용했을지 기술한다. 중요한 점은 그 밖에도 이 이론이 빅뱅 이후 우주가 냉각되어 팽창했을 때 서로 다른 힘들이 어떻게 갈라지게 되었는지 기술하고, 이러한 분리가 오늘날 우리가 보는 두 힘 사이의 차이를 만들어냈을 것이라고——W 보손이 일정한 질량을 가지고 있다면——예측한다는 점이다.

W 보손은 1980년대 초에 제네바 근교의 유럽공동핵연구소(CERN)에서 입자충돌실험을 통해 순수한 에너지에서 만들어졌다. 그리고 이 입자는 전약이론이 예측했던 것과 정확히 동일한 질량을 가지고 있다는 사실이 밝혀졌다.

다음 단계는 전약 상호작용에 강력을 포함시키는 같은 종류의 이론을 발견하는 것이다. 이것은 글루온을 광자와 W 보손과 같은 토대 위에 올려놓는 것을 의미한다. 이론상 동일한 접근방식이 작동할 것이 분명하다. 그러나 글루온이 W 보손보다 훨씬 더 질량이 크기 때문에 이 이론은 더 높은 온도, 즉 빅뱅의 훨씬 이른 시기에서만 작동한다.

물론 여러분이 이러한 개념을 검증하는 방법은 입자가속기 속에서 입자들을 충돌시키는 것이다. 이때 순간적으로 기본력들이 동일한 토대에 놓일 수 있는 조건이 재창조될 수 있다. 이미 언급했듯이, 이러한 실험은 전약이론을 충분히 테스트할 수 있을 만큼 강력하며, 이 이론이 실제 입자들이 움직이는 방식을 정확히 기술하고 있다는 것을 확인해준다. 그러나 강력에 대해 예측된 등가의 이론(아직까지 중력을 포함하지 못하고 있지만 흔히 대통일이론이라고 한다)을 확인할 수 있을 만큼 강력한 가속기는 건설될 수 없다. 물론 이런 종류의 이론을 만들 수는 있을지 모르지만, 실험에 의해 검증될 수 없는 이론은 무의미하다. "실험결과와 일치하지 않으면, 그것은 틀린 것이다"라는 말은 이 경우에 특히 중요하다. 왜냐하면 전약이론을 검증하는 것보다 훨씬 복잡한 문제들이 있고, 고려해야 할 글루온의 종류가 여덟 가지나 되기 때문이다.

이처럼 다양한 종류의 입자들 때문에 물리학자들은 서로 다른 종류의 대통일이론을 세우게 되었다. 그리고 각각의 이론들은 매우 높은 에너지 상태에서 물질이 움직이는 방식에 대해 서로 다른 예측을 내놓고 있다. 그러나 이 이론들을 테스트하고 그중 어떤 것이 옳은지 (또는 옳은 것이 있는지) 알아내려면 1980년대에 전약이론을 테스트하는 데 사용되었던 입자가속기보다 1조(10^{12}) 배나 큰 가속기가 필요하다. 태양계 전체의 크기만 한 가속기로도 그 정도는 되지 못할 것이다. 제12장에서 살펴보게 되겠지만, 입자물리학자들이 빅뱅 당시에 일어났던 일을 예측하는 이론을 이용해서 우주론에 상당한 관심을 집중하고 자신들의 예측결과를 실제 우주가 움직이는 방식과 비교하는 이유는 바로 그 때문이다.

끈이론의 예측

그러나 아직도 우리는 중력을 그 패키지에 포함시키지 못했다. 이론 물리학의 성배는 중력까지 망라하는 슈퍼 대통일이론이다. 그러나 중력양자가 질량을 갖지 않는다 해도, 안타깝게도 이것은 쉬운 일이 아니다. 중력은 너무 약하기 때문에, 동일한 접근방식이 작동하게 만들기 위해 필요한 에너지는 상상할 수 없을 만큼 크다. 따라서 이러한 시도는 완전히 다른 방향에서 접근되고 있다. 그것은 우리에게 친숙한, 장 양자가 위치한 점(point)으로서의 입자 개념을 '끈'(string)의 작은 고리라는 개념으로 대체시키는 것이다.

이 끈은 양성자와 같은 입자보다 훨씬 작은 고리(loop)를 형성한다. 그러나 중요한 것은 끈이 유한한 크기를 가지며 수학적인 점이 아니라는 사실이다. 표준 양자장이론에서 쿼크나 전자와 같은 진정으로 궁극적인(어쨌든 오늘날 가장 궁극적인 것처럼 보이는) 실체는 크기가 0으로 생각된다. 끈고리의 전형적인 크기는 극히 작을 것이다. 그런 실체는 양자적 불확실성이 중요한 의미를 갖는 척도에 존재하며, 그것은 그들의 지름이 약 10^{-33}센티미터에 불과하다는 뜻이다. 원자 하나에 대한 끈고리의 크기는 태양계에 대한 원자의 크기보다도 작다.

끈이론의 예측을 직접 검증할 수 있는 방법은 없다. 이처럼 작은 크기의 구조를 조사할 수 있는 실험은 현재로서는 상상할 수 없다. 오늘날 많은 물리학자들이 끈이 궁극적인 진리를 나타내며, 물질을 구성하는 기본적인 구성단위라고 생각하는 데에는 두 가지 이유가 있다.

첫번째 이유는 끈이 입자를 궁극적인 점으로 간주하는 과거의 개념에 기반한 모든 이론을 괴롭힌 반갑지 않은 무한에서 벗어났기 때문이다. 그것은 입자들의 부피가 0이며, 이런 가정을 기초로 한 계산에서 결국 물리학자들이 0으로 나누었을 때 도달하게 되는 무한과 맞닥뜨리게 된다는 뜻이다. 예를 들어 전기력은 역제곱의 법칙에 따른다. 그 힘의 원천에서 특정한 거리만큼 떨어져 있을 때 힘의 세기는 거리의 제곱에 반비례한다. 따라서 전기장의 원천에 가깝게 접근하면, 그 세기는 거리가 줄어들수록 증가한다. 그러나 만약 그 원천이 0의 크기를 갖는다면, 거리는 접근할수록 0에 가까워질 것이다. 예를 들어 전자와 같은 원천이 0의 크기라면, 원천 그 자체는 0으로 나눈(또는 0의 제곱으로 나눈) 값에 비례하는 힘을 받게 될 것이다. 그것은 결국 무한이다.

재규격화(renormalisation)라는 방법으로 이러한 곤경에서 벗어나는 방법이 있다. 그것은 의미 있는(유한한) 숫자를 얻기 위해서 무한을 다른 무한으로 나누는 것이다. 여러분은 무한을 다른 무한으로 나눈다는 것을 '2/2은 1', '51234/51234은 1'과 같이 생각할지 모른다. 그러나 무한은 그렇게 다루기가 쉽지 않다. 이런 식의 나눗셈을 통해서는 여러분이 원하는 답을 얻을 수 없다. 예를 들어 가능한 정수 전체를 나타내는 다음과 같은 수를 생각해보자(1+2+3+……). 물론 이것은 무한이다. 그러면 이 수열에 포함된 모든 숫자를 두 배로 한 다음 다시 더해보자. 그것 역시 무한이다. 그러나 두번째 무한을 첫번째 무한과 어떻게 비교할 수 있을까? 여러분은 두번째 무한 수열의 모든 숫자가 첫번째 수열의 숫자보다 두 배이기 때문에 그 숫자들을 모두 더해서 얻은 두번째 무한이 첫번째 무한보다 두 배에 해당한다고 생각할 것이다. 그러나 다시 한 번 생각해보자. 두번째 합은 모든 짝수를 포함할 뿐이다(2+4+6+……). 거기에는 홀수가 전혀 들어 있지 않다. 따라서 실제로 두번째 무한 수열의 크기는 첫번째 무한 수열의 절반밖에 되지 않는다. 두번째 무한을 첫번째 무한으로 나누었을 때 얻는 답은 2가 아니라 0.5이다(이것은 분명 1이 아니다).

재규격화는 표준이론의 이러한 방법을 이용해서 작동할 수 있으며, 전기력의 세기와 같은 실험적인 측정에 해당하는 유한한 답을 제공할 수 있다. 그러나 이것은 주어진 조건이 물리학자들에게 강요한 절차이며, 상당수의 물리학자들은 이 방법을 싫어한다. 반면 이런 방식으로 무한을 다룰 때 발생하는 문제는 끈이론에서는 사라진다. 더 이상 크기가 0인 수학적인 점을 다룰 필요가 없기 때문이다. 끈이론에는 이처럼 불편한 점 원천(이것을 특이점(singularities)이라고도 한다)이 없고, 재규격화를 할 필요도 없다.

끈이론의 두번째 장점은 그 이론이 중력을 예견한다는 것이다. 앞에서도 이미 언급했듯이, 슈퍼 대통일 물리학에 대한 과거의 접근방식에서는 중력을 포함시킬 방법을 찾기가 매우 힘들었다. 중력은 다른 힘들에 비해 훨씬 약하기 때문이다. 사람들이 끈이론을 실험하고 이미 알려진 힘과 입자들을 기술하기 위해 그것을 사용했을 때, 그들은 새로운 이론에서도 중력을 다루기 힘들 것이라고 지레 짐작했고 따라서 처음(1970년대)에는 중력을 고려하려는 시도조차 하지 않았다.

그러나 끈이론이 작동하는 방식은 각각의 종류의 궁극적인 입자나 장 양자에 대해 제각기 다른 끈고리를 할당하는 것이 아니라 모든 기본입자와 장 양자들을 같은 종류의 끈에서 나타나는 다른 형태의 진동으로 간주하는 것이다. 다시 말해서 같은 바이올린 현에서 서로 다른 음을 연주할 수 있는 것과 마찬가지이다. 이런 생각을 추상적인 이론적 개념으로 추론할 수 있는 수리물리학자들이 거의 없던 1970년대 중반에 그들은 알려진 모든 근본적인 실체(쿼크, 광자 등)들을 이런 방식으로 기술할 수 있는 방법을 찾아냈다. 광자는 바이올린에서 연주되는 한 음에 해당하는 끈고리의 진동에 상응하며, 전자는 다른 진동(바이올린 현에서 울리는 서로 다른 음과 등가인)에 해당한다. 그러나 그들은 끈고리들이 진동할 수 있는 다른 방식들도 발견했다. 그것은 그들이 기술하려고 시도했던 입자나 장과 일치하지 않았다.

처음에 그들은 원하지 않은 형태의 진동에서 벗어날 방법을 찾으려고 애썼다. 그런데 문득 그것이 중력장의 양자인 중력양자와 정확히 상응한다는 사실을 깨달았다. 누가 요구했든 그렇지 않든 간에 끈이론은 자동적으로 중력을 포괄한 것이다!

그렇다고 해서 물리학자들이 마침내 궁극적인 성배, 즉 만물의 이론(theory of everything)을 찾았다는 뜻은 아니다. 끈이론에 내재된 고유한 수학적 복잡성은 그 개념을 충분히 발전시키기 어렵게 만든다. 그 이론에는 여전히 만물의 이론을 실험적으로 검증하기 힘든 어려움이 있다. 입자물리학이 과거에 발전했던 방식과 비교하면, 끈이론의 발견은 뒤진 셈이다. 과거에는, 러더퍼드의 선구적인 연구가 이루어진 후에 과학자들은 원자와 그보다 기본적인 입자들의 구조를 조사했고 그 실험결과를 설명하기 위한 이론들을 개발했다. 그러나 이번에는 실험을 토대로 이루어진 것이 아니라 순수한 수학에서 이론이 탄생했다. 입자들이 충돌하거나 반사하게 만들어서 반사를 이루는 것이 진동하는 작은 끈의 고리라는 사실을 자동적으로 시사할 어떤 실험도 없었다. 끈이론은 20세기 물리학자들의 무릎에 떨어진 21세기 물리학의 한 조각으로 잊혀지지 않게 기록되었다. 그러나 그것은 점 입자의 개념을 이용하는 과거의 장이론에 대한 존립 가능한 대안으로 널리 간주되었고, 중력의 완전한 양자장이론을 이러한 이론들의 불가능한 꿈으로 만드는 것처럼 보이는 어려움을 결정적으로 제거했다(아니 그런 어려움을 전혀 겪지 않았다는 표현이 좀더 적절할 것이다).

그러나 다음 100년 동안 상황은 진전되었고, 한 가지 사실이 분명해졌다. 현재의 관점에서 이 이론은 물질의 가장 안쪽의 구조를 우리에게 보여준다. 한편, 이러한 개념들이 매력적이기는 하지만, 그중 어느 것도 우리가 살고 있는 세계의 본성에 대해 어떤 직접적인 의미를 갖지 않는다는 것 또한 사실이다. 우리를 둘러싼 일상세계에 대한 이해를 얻기 위해서라면, 우리는 중성자와 양성자 그리고 전자를 기본입자로 다루면서 원자와 그 구성요소들의 움직임을 이해하기만 하면 된다. 그리고 우리는 두 가지 기본력, 즉 중력과 전자기력에 대해서만 관심을 쏟아도 충분하다.

우리가 살고 있는 세계에 대한 과학적 이해를 계속 기술하려면, 이제는 바깥쪽으로 관심을 돌려야 한다. 이번에도 그 출발점은 원자이지만, 원자들이 모여서 더 큰 대상을 이루는 방식을 살펴보게 될 것이다. 이러한 방향에서 과학의 궁극적인 목표는 우주 그 자체의 존재와 우주가 어떻게 지금과 같은 모습이 되었는지를 설명하는 것이다. 기본입자들의 세계와 우주 사이의 중간에 해당하는 어느 지점에서 우리는 우리 자신에 대한 설명을 발견하게 될 것이다.

우리가 원자 안쪽의 세계를 탐험했을 때, 우리는 점점 더 작은 척도에 초점을 맞추면서 물리세계의 더욱 단순한 하위단위들을 보게 되었다. 그러나 원자 규모에서 우주 전체로 나아가는 첫걸음에서 우리는 정반대의 효과를 얻게 된다. 어떻게 원자처럼 단순한 것의 움직임이 사람과 같은 복잡한 대상을 만들어낼 수 있을까? 첫번째 단계는 원자가 다른 원자와 결합해서 분자를 형성하는 방식, 즉 화학을 살펴보는 것이다.

화학의 기초원리

화학여행을 떠나기에 앞서 우리에게 필요한 것은, 원자들이 그 중심에 양전하의 원자핵과 원자핵으로부터 일정한 거리만큼 떨어진 상태에서 양자역학의 규칙에 따라 배열되어 있으면서 전자기력의 영향 아래 놓여 있는 음전하의 전자들로 이루어져 있다는 사실을 확인하는 것이 전부이다. 이처럼 화학의 기초원리들은 놀라울 정도로 단순하다. 그러나 그런 단순한 규칙들에 의해 형성된 분자들의 복잡성은 놀랍기 그지없다.

전자들의 층 '전자껍질'

화학을 설명하는 데는 1930년대의 물리학이면 충분하고, 원자들이 고유한 방식으로 결합하여 분자를 형성하는 이유를 꿰뚫어보기 위해서는 매우 단순한 모형으로도 충분하다. 강한 힘이나 약한 힘은 말할 것도 없고, 중성미자를 모른다고 해서 걱정할 필요는 조금도 없다. 중력에 대해서도 마찬가지인데, 화학반응에서 중력의 영향력은 무시해도 좋을 정도이다. 그리고 최소한 시작단계에서는 파동-입자 이중성을 모른다고 걱정하지 않아도 된다. 심지어 원자핵이 두 종류의 입자, 즉 양성자와 중성자로 이루어져 있다는 사실을 모른다고 해도 지나치게 걱정할 필요는 없다. 화학여행을 떠나기에 앞서 우리에게 필요한 것은 원자들이 그 중심에 양전하의 원자핵과 원자핵으로부터 일정한 거리만큼 떨어진 상태에서 양자역학의 규칙에 따라 배열되어 있으면서 전자기력의 영향 아래 놓여 있는 음전하의 전자들로 이루어져 있다는 사실을 확인하는 것이 전부이다. 이처럼 화학의 기초원리들은 놀라울 정도로 단순하다. 그러나 그런 단순한 규칙들에 의해 형성된 분자들의 복잡성은 놀랍기 그지없다.

원소 주기율표에 대한 성공적인 설명이 최초로 제시되었던 시기를 찾으려면 1922년으로 거슬러 올라가야 한다. 그때 보어는 고전물리학의 전통적인 생각들(전자를 하나의 작은 입자라고 보는 관점을 포함한다)과 양자역학의 새로운 생각들을 결합시켜 오늘날에도 학교 교과과정에서 여전히 위력을 발휘하고 있는 원자모형(제2장에서 살펴보았다)을 발전시켰던 것이다. 그때는 중성자가 발견되기 10년 전이었는데, 이런 사실은 화학을 이해하는 것이 원자핵 내부에 대한 이해와 얼마나 무관한지를 잘 보여준다.

원자의 외부에 층을 이루고 있는 전자의 수는 그 원자의 원자번호

(원자핵에 있는 양성자의 수)에 의해 결정된다. 양성자의 수와 전자의 수는 서로 같아야만 한다. 그래야만 전하들이 균형을 이루어 전기적으로 중성인 원자가 자연상태에서 존재할 수 있기 때문이다. 원자번호와 무관하게, 원자에 속하는 최초의 전자는 이용 가능한 에너지 준위에서 가장 낮은 준위를 차지하는데, 그것은 전자 하나만을 거느리고 있는 가장 단순한 원자인 수소원자에서 전자가 차지하는 에너지 준위와 같다. 두번째 전자도 첫번째와 같은 에너지 준위를 차지하지만, 첫번째 전자와는 반대 스핀을 가진다. 최저 에너지 준위에서 전자들이 차지할 수 있는 것은 단지 두 자리뿐이다. 그러나 원자핵에서 좀 더 바깥쪽에 위치하고 있는 다음 단계의 에너지 준위에서는 전자들을 위한 더 많은 공간이 마련되어 있다. 따라서 원자번호가 3에서 10인 원소들(원소 주기율표에서 같은 주기에 해당하는 리튬(Li)부터 네온(Ne)까지의 원소들)의 전자들은 모두 원자핵으로부터 대략적으로 같은 '거리'에 위치하고 있는 에너지 준위를 차지할 수 있다. 원소 주기율표에서 같은 주기에 해당하는 원소들끼리 비슷한 에너지 준위를 차지하는 현상은 일정한 모양에 따라 반복적으로 나타난다(여기에는 몇 가지 미묘한 문제가 있지만, 그것은 주로 전문가들이나 관심을 기울일 만한 내용들이다).

원자핵을 둘러싸고 있는 전자들의 층을 '전자껍질'(shell)이라고 한다. 전자껍질이란 용어는 다소 부적절하다. 어떤 층의 전자가 그보다 내부에 있는 전자껍질에 가려서 원자핵은 '볼 수' 없고 그 다음 전자껍질 아래만 볼 수 있을 뿐이라는 잘못된 개념을 지니고 있기 때문이다. 그러나 이 용어는 1920년대 초반의 유물로서 개념의 혼란에도 불구하고 지금까지 일반적으로 사용되어왔기 때문에 우리가 현재 겪고 있는 고통은 어쩔 수 없는 측면이 있다. 여기서 자세히 다루지는 않겠지만, 이로 말미암아 겪게 되는 곤란함 중의 하나로는 전자들이 낮은 에너지

상태에 있는 것부터 순차적으로 전자껍질을 채워나갈 때 원자 전체의 에너지가 변화하는 방식으로 인해 남아 있는 전자 일부를 '내각' 전자껍질(inner shell)로 밀어넣는 것이 가능해지는 지점이 생긴다는 점을 들 수 있다. 그 결과, 외각 전자껍질들(outer shells)이 동일하기 때문에 매우 비슷한 화학성질들을 갖지만 다른 원자량과 원자번호를 갖는 원소들(희토류 원소들[1])이 존재하게 된다. 희토류 원소들의 경우, 원자핵에서 양성자의 수가 하나씩 늘어날 때마다, 아직 전자껍질을 채우지 않은 전자들은 원자의 외곽에 새로운 전자껍질을 형성하는 대신 내부로 파고들어가서 내각 전자껍질을 채우게 된다.

주기율표와 (제2장에서 살펴봤던) 분광학의 구체적인 내용들에 대한 보어의 설명에는 원자번호가 커짐에 따라 전자껍질들이 연속적으로 채워진다는 내용을 포함하고 있었다(그러나 그는 희토류 원소들을 발생시키는 미묘한 영향들에 대해서도 적절히 고려했다). 화학을 물리학의 한 분야로 만드는 데 결정적인 기여를 했던 보어의 핵심적인 통찰력은 외부세계(즉 다른 원자들)와 원자의 반응으로 관심을 국한시켰을 때 원자에게 중요한 것이라곤 원자의 '최외각'(outermost) 전자껍질을 채우고 있는 전자의 수라는 사실을 밝혔다는 사실이다. 원자의 내부 깊숙한 곳에서 벌어지고 있는 일은 단지 이차적 중요성을 지닐 뿐이다.

전자 하나만을 지닌 수소가 전자 세 개를 지닌 리튬과 화학 성질이 비슷한 것은 이런 이유 때문이다. 이때 리튬은 내각 전자껍질에 두 개의 전자를, 최외각 전자껍질에 한 개의 전자를 가지고 있다. 같은 이유

---

1) 희토류 원소(稀土類元素, rare earth elements)란 주기율표 3A족인 스칸듐, 이트륨과 원자번호 57에서 71인 란탄 계열의 15개의 원소를 합친 17개 원소를 말한다-옮긴이.

로, 내각 전자껍질에 두 개의 전자가, 그 다음 전자껍질에 일곱 개의 전자가 채워져 있는 불소(F)가 채워진 두 개의 전자껍질(하나의 전자껍질에는 두 개의 전자가, 그 다음 전자껍질에는 여덟 개의 전자가 채워져 있다)과 세번째 전자껍질, 즉 최외각 전자껍질에 일곱 개의 전자를 포함하고 있는 염소(Cl)와 비슷한 화학적 성질을 갖고 있는 것이다. 이런 관계는 계속된다. 물론 내각 전자껍질들의 존재를 전적으로 무시할 수 없을 뿐만 아니라 원자의 전체 질량도 완전히 간과할 수 없는데, 이것이 염소는 불소와, 리튬은 수소와 똑같지 않은 이유이다. 그러나 두 경우 모두에서 유사점이 차이보다 훨씬 중요하다.

보어는 하나의 전자껍질이 여덟 개의 전자로 채워져야(또는 그의 용어로는 '닫혀야'〔closed〕) 하는 이유를 알 수 없었다. 그러나 이것이 화학을 이해하는 데 중요한 것은 아니다. 중요한 것은 어떤 이유에서든 원자들이 닫힌 전자껍질을 좋아한다는 사실이다. 후에 양자역학에 의해 그 이유가 설명될 수 있었다. 전자껍질이 채워졌을 때 원자가 가장 낮은 에너지 상태에 놓이게 되고, 낮은 에너지 상태들은 항상 바람직하다는 것이다. 그러나 보어가 1922년에 이런 사실을 걱정하지 않아도 되었던 것처럼, 우리도 여기서 이런 사실을 모른다고 걱정할 필요는 없다. 보어의 통찰력은 즉시 다음과 같은 의문, 즉 어떤 원자는 다른 원자와 쉽게 결합하여 분자를 형성하는 반면, 또다른 원자와는 반응을 꺼리는가를 설명할 수 있는 실마리를 제공했다.

이것을 설명하기 위한 가장 좋은 방법은 사례를 통해 살펴보는 것이다. 유일한 전자껍질에 전자 하나만을 지닌 수소는 전자 하나를 더 받아들여 전자껍질을 채우려고 한다. 탄소는 모두 여섯 개의 전자들을 지니고 있는데, 그 중에 전자 두 개는 내각 전자껍질을 채우고(따라서 닫혀 있다), 나머지 네 개의 전자들은 두번째 전자껍질에 놓이게 된다. 탄소는 최외각 전자껍질에 여덟 개의 전자를 갖고자 한다. 탄소가 이런 상태에 놓일 수 있는 방법은 네 개의 수소원자들과 결합하여 메탄 분자(CH_4)가 되는 것이다.

탄소원자의 최외각 전자껍질을 차지하고 있는 네 개의 전자들 각각을 전자기력으로 붙잡고 있는 네 개의 수소원자(또는 수소의 원자핵)를, 반면에 각 수소원자에 들어 있는 네 개의 전자들을 붙잡고 있는 탄소원자(원자핵)를 상상해보자. 각 수소원자는 두 개의 전자를, 탄소원자는 여덟 개의 전자(내각 전자껍질에 있는 두 개의 전자는 제외하고)를 부분적으로 공유하는 방식으로 탄소와 수소의 원자핵 사이에는 전자쌍의 공유가 일어난다. 탄소와 수소가 이런 식으로 결합하는 것이 네 개의 수소와 한 개의 탄소가 서로 떨어져 있는 것보다 안정된(낮은 에너지) 상태에 놓여 있다는 사실이 밝혀졌다.

같은 원리를 적용하여 헬륨(두 개의 전자가 최외각 전자껍질을 채우고 있는)과 네온(내각 전자껍질에 두 개, 그리고 최외각 전자껍질에 여덟 개의 전자가 있어 완전히 채워진) 등과 같은 원소들이 화학반응을 지독히 꺼리는 이유를 설명할 수 있다. 그런 원소들은 그럴 필요가 없는 것이다. 그것들은 이미 화학적 해탈의 경지에 도달해 있는 것이다.

전자들의 공유에 의한 화학결합을 공유결합(covalent bonding)이라 한다. 공유된 하나의 전자쌍은 단일 공유결합을 이룬다. 그러나 보아도 알고 있었듯이, 화학적 열반에 도달할 수 있는 또다른 길이 있다. 최외각 전자껍질에 전자 하나를 가지고 있는 원자를 생각해보자. 나트륨이 그 예가 될 수 있는데, 나트륨에는 채워진 두 개의 전자껍질(두 개와 여덟 개의 전자로 각각 채워진) 외에도 여분으로 전자 하나가 최외각 전자껍질에 있다. 나트륨이 채워진 외각 전자껍질을 가질 수 있는 가장 손쉬운 방법은 최외각 전자껍질에 남아 있는 전자 하나를 제거하는 것이다. 이 상태가 나트륨이 안정화를 위해 선택할 수 있는 유일한 길이다.

이제 최외각 전자껍질에 전자 하나만 부족한 원자를 생각해보자. 이런 예로는 염소를 들 수 있는데, 염소에는 채워진 두 개의 전자껍질(두 개와 여덟 개의 전자로 각각 채워진)과 일곱 개의 전자가 들어 있는 세 번째 전자껍질이 있다. 염소가 닫힌 전자껍질을 형성할 수 있는 가장 손쉬운 방법은 이용 가능한 전자들이 있을 때 그중 하나와 결합하는 것이다. 나트륨과 염소를 반응시킬 때 나트륨원자는 전자 하나를 염소원자에게 준다. 둘 모두는 화학적 열반에 도달한다. 그러나 교환되는 각 전자는 1가의 음전하를 함께 이동시키기 때문에 나트륨원자는 +1의 전하를 가진 상태로, 염소원자는 −1의 전하를 가진 상태로 남게 된다. 반대 전하는 서로를 끌어당기기 때문에 대전된 원자들(일반적으로 이온이라고 알려져 있다)은 전기적으로 결합하여 염화나트륨(NaCl)을 형성한다. 이런 결합을 이온결합(ionic bond)이라 한다.

앞의 두 가지 예는 예외적일 정도로 분명하고 쉽게 구별할 수 있는 것에 속한다고 할 수 있다. 많은 경우, 한 분자의 원자들 간의 화학결합에는 공유결합과 이온결합 두 가지 측면 모두가 포함되어 있다. 그러나 구체적인 내용 때문에 괴롭힘을 당할 필요는 없다. 중요한 것은 모든 화학반응들이 이런 방식으로, 즉 최외각 전자껍질을 채워 안정된 에너지 상태에 도달하려고 원자들 간에 벌어지고 있는 전자의 공유 또는(그리고) 교환으로 설명할 수 있다는 사실이다.

재배열하는 전자

최고의 모든 과학모형처럼, 보어의 모형도 실험이 가능한 예측을 제시했다. 예측은 실험결과와 비교되었고, 모형은 훌륭하게 시험을 통과했다.

1922년까지도 원소 주기율표에는 빈 자리가 몇 개 남아 있었는데,

그것은 미처 발견되지 않았던 원자번호 43, 61, 72, 75, 85, 87에 해당하는 원소들이었다. 보어의 모형은 주기율표에서 빈 구석을 채울 것으로 예상되는 원소들의 구체적인 성질을 예측했으며, 한 세기 전에 멘델레예프(D. I. Mendeleyev)도 그와 비슷한 예측을 한 바가 있었다. 눈여겨볼 것은 보어의 모형이 원자번호 72인 원소(하프늄, Hf)에 대해 그 당시 다른 경쟁모형들과는 다른 성질들을 예측했다는 점이다. 하프늄이 발견되고 이름을 갖게 된 것은 예측 후 1년이 채 지나기 전이었으며, 보어가 예측했던 것과 똑같은 성질을 지니고 있음이 밝혀졌다(다른 '잃어버린' 원소들도 보어의 모형이 예측했던 성질을 지니고 있음이 밝혀졌지만, 그것들의 경우에는 보어의 예측과 다른 모형들의 예측 사이에 큰 차이가 없었다).

그 당시에는 전자파의 개념이 미처 창안되지 않은 상태였기 때문에, 이 모든 것은 전자파의 개념을 사용하지 않고 이루어진 것이었다. 기존의 설명방식에 따르면, 수소분자(H_2)는 두 개의 수소원자가 전자 하나씩을 제공하여 두 수소원자핵 사이에서 전자쌍을 이룰 때 각각의 원자핵이 그 전자쌍을 공유함으로써 결합된다. 그러나 전자파라는 개념은 좀더 이해하기 쉽게 분자를 살펴볼 수 있는 길을 제시하는데, 이를 위해서는 개별 전자가 원자핵 주위를 돌고 있는 하나의 점에 속박된 것이 아니라, 원자 또는 분자의 크기에 해당하는 부피 이상으로까지 퍼질 수 있다는 것을 받아들이는 것이 필요하다. 원자나 분자에서 전자 하나가 차지하는 부피를 오비탈(orbital, 전자궤도)이라고 하는데, 수소원자의 경우에 오비탈은 기본적으로 핵을 둘러싼 구형 전자껍질이다. 모든 오비탈은 최대로 서로 반대 스핀을 지닌 두 개의 전자들로 채워질 수 있다.

현재 수소에 대한 우리의 관점은 1922년 제시되었던 보어의 모형과는 다른 것이다. 점과 같은 전자들이 쌍을 이룬 채 두 원자핵 사이에 놓여 있다는 이미지 대신에 각 전자가 원자핵 두 개 '모두'를 감싸고 있는 새로운 이미지를 지니고 있는 것이다.

양전하로 인한 상호반발에 의해 일정한 거리를 유지한 채 놓여 있는 두 원자핵을 상상해보자. 두 개의 전자가 차지하고 있는 오비탈은 두 원자핵을 둘러싸고 있는 모래시계(목이 매우 두꺼운)와 같은 모양으로 그려질 수 있는데, 이때 원자핵들은 모래시계의 위와 아래 몸통 중심에 놓이게 된다. 각 원자핵은 오비탈에 의해 완전히 둘러싸이기 때문에 각각은 적당한 오비탈에 최내각 전자껍질을 채우는 두 개의 전자가 있음을 느낀다. 수소분자는 두 개의 원자핵을 포함하고 있는 하나의 원자와 같은 형태를 띠고 있는 것이다. 수소분자가 형성되는 이유는 이 구성 속의 두 전자가 떨어진 상태로 존재하는 두 수소원자 속에 남아 있을 때보다 낮은 에너지 상태에 놓이기 때문이다. 그것이 화학이 하고 있는 전부이다. 즉 전자들의 에너지를 최소화하는 것을 말한다.[2] 물론 반응과정에서 발생한 여분의 에너지는 어딘가로 가야만 하기 때문에 에너지가 최소화되는 방식으로 재배열하는 전자들을 지닌 두 수소원자들이 충돌하고 결합할 때 에너지의 일부는 전자기파(또는 여러분이 선호한다면 광자)로 방출되고, 나머지는 분자의 운동에너지로 전환되어 분자들의 운동량을 증가시킨다(즉 분자의 온도가 오른다).

낮은 에너지 상태가 존재한다고 해서 그것이 반드시 채워져야 하는 것은 아니다. 만약 내가 먼 곳을 보기 위해 산꼭대기에 서 있다면, 나는 지구의 중심으로부터 멀리 떨어져 있기 때문에(지구의 중력장에서 보다 바깥쪽에 위치하고 있기 때문에) 계곡에 있을 때보다 높은 에너

---

2) 화학반응을 반대방향으로 진행시켜 전자들을 높은 에너지 상태에 있도록 하는 것이 불가능한 것은 아니지만, 그렇게 하기 위해서는 외부에서 에너지를 투입해야만 한다. 이런 역반응은 지구에 존재하는 생체분자에게는 특히 중요한 것인데, 물론 이때 투입되는 에너지의 궁극적 원천은 태양이다.

지 상태에 놓이게 된다. 그러나 내가 떨어지지 않으려고 주의한다면, 나는 내가 있고 싶은 만큼 오랫동안 높은 에너지 상태에 머물 수 있다. 분자를 형성하기 위해 결합하는 수소원자들의 경우에는 낮은 에너지 상태에 도달하기가('언덕을 굴러 내려서') 매우 쉽기 때문에 상온에서 서로 충돌하는 수소원자들은 전자 재배열을 통해 거의 모두가 수소분자를 형성하게 될 것이다.

이와 비슷하게 산소원자들도 매우 쉽게 결합하여 2원자 분자인 산소분자(O_2)를 형성한다. 그렇지만 이 경우에는 미묘한 차이점이 존재한다. 산소원자의 최외각 전자껍질에는 여섯 개의 전자가 들어 있기 때문에 전자껍질을 채우기 위해서는 두 개의 전자가 더 필요하다. 그 결과, 보어의 모형을 사용하면, 각각의 산소분자에는 두 개의 원자들이 두 개의 전자쌍(모두 전자 네 개인데, 두 개는 다른 원자로부터 온 것이다)을 공유함으로써 이중결합(double bond)[3]을 형성한다. 양자파동 모형에서도 완전히 채워져 있는 내각 전자껍질들(그 수가 얼마든지)은 결합과정에서 거의 아무런 역할도 하지 않는 것이 밝혀졌기 때문에, 파동의 모형에 대하여 각 산소분자들이 목이 두꺼운 모래시계 구성에서 열두 개의 전자가 들어 있는 전자껍질에 의해 완전히 포위된 원자핵(이 경우에는 두 개의 전자들로 채워진 내각 전자껍질로 포장된) 두 개로 이루어져 있다고 생각할 수 있다.

만약 여러분이 수소원자와 산소원자의 혼합물이 자유롭게 섞여 있는 상태에서 손을 사용하여('매우' 정교한 핀셋으로!) 전자들이 가장 낮은 에너지 상태에 놓일 수 있도록 조작한다면 물분자(H_2O)가 형성될 것이다. 산소원자가 최외각 전자껍질을 채우기 위해서는 두 개의

---

3) 한편 단일결합(single bond)이란 수소분자와 같이 전자쌍 한 개를 공유하는 결합을 말한다 —옮긴이.

전자가 필요한 반면, 수소원자의 경우에는 한 개의 전자가 필요하다는 것을 상기해보도록 하자. 따라서 산소원자가 두 개의 수소원자와 결합하면 원자 세 개에 있는 전자들은 결합 전보다 낮은 에너지 상태에 놓이게 된다. 물분자의 에너지 상태는 산소분자 또는 수소분자보다도 낮다는 것이 밝혀져 있다. 파동모형에 따르면, 두 개의 수소원자핵과 한 개의 산소원자핵은 V자 형태를 이루고 있다. 이때 V자의 꼭대기에는 산소원자핵이, 양 끝에는 수소원자핵이 놓여 있고, 여덟 개의 전자들(여섯 개는 산소에서, 두 개는 수소원자에서)이 세 원자핵 모두를 둘러싸고 있는 전자껍질을 채우고 있다.

그러나 수소분자와 산소분자는 상대적으로 안정되어 있기 때문에 상온에서는 두 분자가 충돌하더라도 물분자를 형성하기 위해 결합하기보다는 서로를 밀어내고 말 것이다. 물분자가 더 안정적인 상태에 있는데도 이런 현상이 일어나는 이유를 설명할 수 있는 한 가지 방법으로는 언덕의 경사면에 위치한 웅덩이 속에 들어 있는 여러 분자들을 생각해보는 것이다. 수소분자가 차지하고 있는 웅덩이와 산소분자가 차지하고 있는 웅덩이는 모두 물분자가 차지하고 있는 웅덩이보다 높은 곳에 있다. 만약 수소분자들과 산소분자들이 걷어 채여서 웅덩이 밖으로 나온다면, 그것들은 굴러서 언덕 밑에 있는 물분자의 웅덩이 속으로 들어갈 것이다. 그러나 그러기 위해서는 그것들을 현재 들어 있는 웅덩이에서 밖으로 내보낼 수 있는 최초의 걷어차기(자극)가 필요하다. 수소분자들과 산소분자들의 구조가 깨질 정도로 충분히 빠른 속도로 충돌을 일으켜야만 하는데, 그런 다음에는 깨진 구조들이 물분자를 형성하기 위해 재배열될 것이다.

최초의 걷어차기에 의한 물분자의 형성을 가장 극적으로 볼 수 있는 것은 수소와 산소의 혼합물을 상온에서 스파크나 불꽃으로 점화시킬 때이다. 스파크나 불꽃의 열에 의해 몇 개의 분자들이 이런 재배열이 발생하기에 충분히 빠른 속도를 지닌 상태에 놓이게 된다. 그렇게 됨에 따라 근처의 분자들을 가열하는 더 많은 에너지가 방출되는데, 이것이 그 분자들이 같은 방식으로 반응하도록 촉발한다. 일련의 화학반응이 폭발적으로 수소와 산소 혼합물을 휩쓸고 지나가고 나면, 그 자리에는 몇 방울의 물이 남게 된다.

물분자가 산소원자 한 개와 수소원자 두 개로 이루어져 있는 반면, 수소분자와 산소분자는 각각 두 개의 원자(H_2와 O_2)로 이루어져 있기 때문에 수소와 산소의 양이 2:1인 조건에서 반응이 일어날 때, 즉 수소분자 두 개와 산소분자 하나가 결합하여 두 개의 물분자($2H_2O$)를 형성할 때(그리고 아무것도 남지 않을 때) 폭발이 가장 효율적으로 일어난다. 이렇게 되면 폭발은 매우 극적으로 일어난다. 물론 이 실험을 집에서 하는 것은 절대 금물이다.

더 약한 종류의 결합

양자역학의 가장 위대한 승리 중 하나로는 전자파로 화학결합을 완전히 이해할 수 있는 설명체계를 발전시켰다는 점을 들 수 있다. 이것은 주로 1920년대 말과 1930년대 초반 폴링(L. Pauling)의 업적에서 비롯된 것이었다. 화학에 대한 양자역학적 접근이 지닌 장점은, 물리학의 기본법칙들로부터, 앞에서 서술했던 방식으로 분자들이 재배열할 때 발생하는 에너지의 변화를 계산할 수 있고, 그 계산들이 해당 화학반응들이 실제로 일어날 때 측정되는 바로 그 에너지의 변화를 예측한다는 것이다.

1926년 슈뢰딩거(E. Schrödinger)는 전자파를 서술할 수 있는 방정식을 발표했고, 그로부터 1년이 채 지나지 않았을 때 두 명의 독일 물리학자 하이틀러(W. Heitler)와 런던(F. London)은 이 파동방정식을 사용하여 앞에서 서술했던 과정 중 하나, 즉 수소원자 두 개가 결합하여 수소분자를 형성할 때 발생하는 총에너지의 변화를 계산해냈다. 그들의 계산은 실험을 통해 얻은 측정치에 매우 근접한 것이었다. 폴링이 더욱 정밀하게 계산해낸 이후의 계산들에 의해 이론적 예측과 실험 데이터는 더욱 근접하게 되었다. 이것은 1927년에 있었던 획기적인 약진이었다. 그전에 화학자들이 할 수 있었던 일이라고는, 이유는 알 수 없지만 전자들은 원자 속에서 서로 짝을 짓고자 하고, 원자들은 전자껍질들을 채우려는 경향이 있다고 말하는 것이 전부였다. 1927년 이후에는 화학자들이 파동방정식을 통해 전자들이 왜 그래야만 하는지를 알 수 있게 되었다. 그것은 그런 배열들이 낮은 에너지 상태에 놓이고(계산될 수 있고 정량화될 수 있는 방식으로), 실험결과와 일치하기 때문이다.

원리적으로는 같은 방식의 계산을 모든 분자들에게 적용하는 것은 충분히 가능한 일이지만, 실제로는 계산이 복잡해서 복합분자를 계산하는 일은 매우 힘들다. 이런 이유로 화학자들은 다양한 근사치 계산법에 의지해야만 한다. 그 계산법에 대해서는 염려할 필요가 없다. 중요한 것은 분자들의 움직임을 떠받치고 있는 원리들을 매우 잘 이해하게 되었다는 점이다. 화학반응들에 대해서는 아직도 할 이야기가 많지만, 원리적으로는 앞에서 다루었던 것들의 반복에 불과하기 때문에 여기서는 화학에서 가장 흥미로운 분야로 방향을 돌리고자 한다. 우리 자신을 포함한 생물과 관련된 화학의 분야로 말이다. 출발하기에 앞서 먼저, 원자들과 분자들 사이에서 작용하는 인력의 몇 가지 다른 형태들, 즉 더 약한 종류의 결합들에 대해 간단히 살펴볼 필요가 있다.

어떤 화합물에서는 원자 전체 집단이 마치 염화나트륨(일반염)과 같이 단순한 화합물에 있는 하나의 원자(나트륨이나 염소)처럼 행동한다. 고전적인 예로는 탄산칼슘($CaCO_3$)을 들 수 있다. CO_3 집단은 2가의 음전하(두 개의 잉여전자)를 운반하는 원자처럼 행동하는데, 이것을 탄산이온(CO_3^{-2})이라 한다. 탄산칼슘에서 칼슘원자(Ca)들은 일반염(NaCl)에서 나트륨과 똑같은 역할을 수행한다. 다만 칼슘은 1가의 양전하가 아니라 2가의 양전하를 운반하고 있다는 점에서 나트륨과 다를 뿐이다(만약 여러분이 이런 사실로부터 칼슘원자가 최외각 전자껍질에 두 개의 전자를 지니고 있고, 따라서 칼슘이 적극적인 수용자를 만나면 기꺼이 자신의 전자들을 내줄 것임을 추론했다면, 그것은 타당한 추론이라고 할 수 있다).

칼슘원자는 두 개의 전자를 탄산이온에게 넘겨주며, 탄산이온은 하나의 탄소원자가 세 개의 산소원자와 칼슘원자에서 온 두 개의 전자들과 공유결합을 이루고 있다. 양자 계산——여기서 구체적으로 다루지는 않겠다——을 통해 이런 상태가 상대적으로 낮은 에너지 배열임을 입증할 수 있다. 실제로 탄산이온은 매우 안정적이기 때문에 결합을 맺고 있던 상대 원소로부터 탄산이온을 자유롭게 분리해내는 것은 비교적 쉬운 일에 속하고, 따라서 탄산이온은 하나의 단위로서 화학반응에 참여하게 되는 것이다. 탄산이온과 비슷한 방식을 취하는 또 하나의 대표적인 것으로는 암모늄이온(NH_4^+)을 들 수 있다. 암모늄이온은 하나의 질소원자가 네 개의 수소원소들과 공유결합을 이루고 있지만 전자 하나를 잃고 있기 때문에 전체적으로는 1가 양전하 상태로 남아 있다. 초과 전하에도 불구하고 암모늄이온이 안정적인 까닭은, 반복해서 말하지만, 암모늄이온이 특별히 낮은 에너지 배열을 이루고 있기 때문이다.

원자들과 분자들 사이에 작용하는 가장 약한 형태의 인력은 파인먼의 '작은 입자들'(Feynman's little particles)을 결합시키는 힘, 즉 '약간 떨어져 있는 입자들이 서로 끌어당기는 힘'이다. 이 힘은 원자핵(또는 분자의 원자핵)이 전자구름에 의해 불완전하게 차단되어 있기 때문에 발생한다. 이런 힘을 반데르발스 힘(van der Waals force)이라고 하는

데, 19세기 말에 이 힘을 연구했던 네덜란드 물리학자 반데르발스(J. van der Waals)의 이름에서 유래했다. 반데르발스 힘이 생기는 이유는 어떤 원자나 분자 내에는 음으로 대전된 전자구름이 양으로 대전된 핵 주위에 퍼져 있는데, 이로 이웃한 전자구름(다른 분자나 원자를 둘러싸고 있는)은 양전하를 '볼 수' 있고, 그것에 의해 어느 정도 끌어당겨지기 때문이다. 그러나 두 개의 원자/분자들은 일단 각각의 전자구름이 상호작용으로 충분히 가까워지면 서로 반발하게 된다.

수소결합과 물분자

여기서 반데르발스 힘 자체에 대해서 더 이상 자세히 살펴보지는 않겠지만 우리가 미처 언급하지 못했던 매우 중요한 결합이 하나 더 있다는 사실은 지적할 필요가 있을 것 같다. 이것은 생물 차원의 분자 이야기에서 특히 중요한데, 이 결합은 비록 일반적인 공유결합이나 이온결합에 비해서는 약하지만 일종의 초강력 반데르발스 효과라고 여겨질 만하다. 이 결합은 수소를 포함하고 있는 화합물에서만 일어나기 때문에 수소결합(hydrogen bond)이라고 불린다.

수소는 반응에 관여하는 전자껍질의 내부에 전자로 채워진 전자껍질이 전혀 없는 유일한 원자라는 점에서 화학반응에서 독특한 지위를 차지한다. 수소는 내각 전자껍질, 단 한 개의 전자껍질만을 가지고 있다. 물론 헬륨도 하나의 전자껍질만을 가지고 있다. 그러나 헬륨의 전자껍질은 완전히 채워져 있기 때문에 어떤 원소와는 좀처럼 반응을 하지 않는다. 즉 분자를 형성하기 위해 다른 원자들과 반응하지 않는다. 헬륨은 자신의 상태를 무척 만족스러워하고 있는 것이다. 수소와 가장 닮은 리튬의 경우에도 최외각 전자껍질에 전자 하나만 있을 뿐이지만 전자 두 개로 채워진 내각 전자껍질이 어느 정도는 외부세계로부터 원자핵을 가리고 있다. 수소원자가 자신이 보유하고 있는 단 하나의 전자마저 잃어버린다면, 수소원자핵은 완전히 발가벗겨진 상태로 남게 될 것이다. 이렇게 되면 부분적이나마 원자핵을 가릴 수 있는 것은 아무것도 남지 않게 된다. 즉 수소원자핵의 양전하의 힘을 가리는 것은 불가능해지는 것이다.

수소결합의 강력함과 화학에서의 역할은 물의 예를 통해서 가장 잘 살펴볼 수 있다. 생물들에게 꼭 필요한 물——'물이 없는 지역'을 뜻하는 사막은 '생명이 없는 지역'이라는 뜻이기도 하다——은 몇 가지 매우 독특한 특징들을 가지고 있는데, 그것은 모두 수소결합으로 말미암은 것이다. 상온에서 물질이 고체, 액체, 또는 기체 상태 중에 어떤 상태에 머무는가를 결정하는 가장 중요한 요소는 그 물질의 무게, 즉 분자량이다(분자량은 물질을 이루고 있는 원소들의 원자량을 모두 더한 것이다). 분자가 무거울수록(분자량이 클수록) 액체 또는 (심지어 더 자유로운) 기체가 되기 위해서는 더 많은 에너지를 필요로 한다(즉 온도가 더욱 높아야 한다).

물분자는 두 개의 수소원자(원자량 1)와 한 개의 산소원자(원자량 16)로 이루어져 있기 때문에 단위분자량 18(이때 단위원자량은 탄소 12를 기준으로 삼는데, 탄소 12의 단위원자량은 12이다)——이 무게는 18돌턴(dalton)과 같은 크기로서, 이 단위는 화학의 선구자 돌턴을 기념하기 위해 명명되었다——을 가진다. 물은 상온에서 액체상태인데, 이것은 물보다 분자량이 큰 많은 화합물들이 기체상태인 것과는 매우 대조적인 것이다. 예를 들면 분자량이 44돌턴인 이산화탄소, 분자량이 46돌턴인 이산화질소는 물론, 심지어 분자량이 32돌턴인 산소분자도 기체상태이다. 산소분자에서 산소원자 하나를 떼어내고 두 개의 수소원자로 대체하면 분자량은 약 50퍼센트가 감소하지만 놀랍게도 상식에 반하여, 생성된 물분자들은 기체가 되어 자유롭게 날아다니는 대신 자신들끼리 결합함으로써 액체상태에 머물게 된다.

수소결합이 물분자들로 하여금 액체상태에 머물도록 하는 원리는 물분자의 기하학과 전자의 양자 파동방정식을 통해 이해할 수 있다. 앞에서 살펴본 대로 물분자는 V자 구조를 띠고 있는데, 이때 양끝에 놓여 있는 두 수소원자핵 사이의 각도는 104.5도(직각보다 크다)이다. 전자파동모형에 따르면, 두 수소원자핵(발가벗겨진 양성자들)은 V자의 꼭대기에 있는 산소원자핵(전자 두 개가 있는 내각 전자껍질에 둘러싸여 있는 원자핵)과 결합되어 있고, 그와 함께 여덟 개의 전자들이 세 원자핵을 둘러싼 채 커다란 구에 두 군데가 부풀어오른 것 같은 덩어리진 전자껍질을 형성하고 있다. 산소원자핵은 여덟 개의 양성자를 지니고 있기 때문에 물분자의 전체 전자들에게 가장 큰 영향력을 행사한다. 두 수소원자핵이 지니고 있는 전자기 인력은 상대적으로 미약하기 때문에(각각 양성자 한 개씩만을 지니고 있기 때문에), 결과적으로 외곽에 있는 전자구름은 산소원자가 있는 쪽으로 몰리게 된다. 이런 쏠림 현상은 만약 수소원자핵(양성자)이 자신을 가릴 수 있는 일정한 내각 전자껍질을 가지고 있다면 그렇게 중요하지 않을 수도 있지만 수소원자핵들은 내각 전자껍질을 가지고 있지 않다. 만약 내각 전자껍질을 가지고 있다면, 그것은 이미 수소원자핵이 아닐 것이다.

다른 물분자에게 이웃 물분자의 모습—그리고 영향—은 그 끝이 어디를 향하고 있느냐에 따라서 달라진다. 만약 그 끝이 산소를 향하고 있다면, 다른 분자가 '보는'(또는 느끼는) 것은 전체가 음전하를 띠고 있는 전자구름이 될 것이다. 반면에 그 끝이 수소를 향하고 있다면, 다른 분자는 얇은 전자장막을 뚫고 발가벗겨진 양성자들의 쌍—양전하의 그물[4]—을 보게 될 것이다.

---

4) 이것은 양자효과의 좋은 사례이다. 단일 양성자(즉 수소원자핵)가 이런 방식으

따라서 물분자들이 서로 부딪치게 될 때 그들 사이에는 서로 결합하려는 경향이 자연스럽게 나타난다. 즉 한 물분자의 산소원자는 이웃한 분자의 수소원자들 중 하나와 결합하는데, 그때 결합 크기는 공유결합과 반데르발스 힘의 중간에 해당한다. 물분자에 있는 두 수소원자들 사이의 각도가 충분히 크기 때문에 각 수소원자들이 이웃한 다른 물분자의 산소원자와 결합할 수 있는 공간은 충분히 확보되어 있는 셈이다. 이제 물분자들은 자유로운 상태에서 각자 자신의 길을 갈 수 없는 상태에 놓이게 된 것이다.

물이 액체상태일 때 이 효과는 일시적인 것에 불과한데, 그것은 분자들의 운동에 의해 수소결합이 계속해서 형성되고 파괴되기를 반복하기 때문이다. 그러나 이 힘은 반쯤 무너진(semi-slippery) 상태 속에서 계속해서 서로를 스쳐 지나면서 물분자들이 붙어 있도록 만들기에 충분한 것이기 때문에 물분자들은 완전히 자유롭게 분리되어 기체가 되어 서로 독립적으로 자유롭게 날아다닐 수는 없다(최소한 상온에서 그리고 섭씨 100도에 도달할 때까지). 그러나 물이 얼어 얼음이 될 때 수소결합의 또다른 중요한 효과가 나타나게 된다. 분자운동이 느려짐에 따라 물분자들은 결정구조를 형성하게 되고, 각 분자들은 결정격자 속에 갇혀 자신의 위치에서 완만하게 진동하게 된다. 그런데 이때 결정격자의 형태는 수소결합에 의해 결정된다. 물분자 속에 있는 두 수소원자들은 물분자들이 개방된 배열을 이루기에 아주 적절한 각도를 유지하고 있다. 이런 배열에서 각 산소원자는 같은 분자에 있는 두 개

로 보이기 위해서는 그때 형성되는 전자장막이 전자 하나에 의한 것보다 얇아져야만 한다. 그러나 일정 정도의 전자 가림(electrical shielding)은 반드시 있어야만 하는데, 만약 그렇지 않다면 수소원자핵은 훨씬 강한 결합을 형성했을 것이기 때문이다. 그것은 마치 하나의 전자를 전기적으로 부분적인 투명이 되도록 하기 위해 문질러서 늘여놓은 것과 같다고 할 수 있다.

의 동료 수소원자들과 결합되어 있을 뿐만 아니라 수소결합을 통해 다른 두 물분자와도 결합되어 있다. 그리고 하나의 수소원자는 자신이 속해 있는 분자의 동료 산소원자뿐만 아니라 산소와 같은 방식으로 다른 분자의 산소와도 결합한다.

그 결과, 얼음은 비록 강도는 약하지만 다이아몬드의 결정구조와 비슷한 구조를 띠게 된다. 그것은 원자들 사이에 충분한 공간을 가지고 있는 열린 구조로서, 이런 규칙적인 격자 배열의 패턴으로 말미암아, 예를 들어 아름답고 규칙적인 눈송이 패턴의 기하학을 만날 수 있게 되는 것이다. 그러나 구조가 너무 개방적이기 때문에 얼린 물(얼음)은 같은 양의 액체상태의 물보다 조금 더 큰 부피를 차지하게 된다. 그래서 얼음은 물보다 밀도가 낮고, 물 위에 뜨는 것이다.

이것은 평범하고 일상적인 현상이어서 우리는 이런 사실을 당연한 것으로 여긴다. 그러나 잠깐만 주의를 기울여 이런 현상에 대해 생각해보자. 사실 이것은 실로 놀랍기 그지없는 일이다. 이것은 마치 녹아 있는 쇳물이 가득 든 커다란 통에 쇳덩어리를 떨어뜨렸는데, 쇳덩어리가 바닥에 가라앉지 않고 떠 있는 것과 같기 때문이다. 대부분의 고체는 같은 조성을 가진 액체보다 밀도가 큰데, 그것은 고체상태에서 원자와 분자들의 열운동이 느려짐에 따라 서로 가깝게 달라붙을 수 있기 때문이다. 그러나 물에서는 분자운동이 매우 완만한 속도로 느려짐에 따라 비교적 민감한 수소결합을 적절하게 형성할 수 있게 되고, 그에 따라 분자들은 열린 격자에서 각자의 위치를 차지할 수 있게 된다. 만약 얼음이 다른 화합물과 같이 고체상태일 때 액체상태일 때보다 밀도가 크다면, 얼음 조각은 음료수의 바닥으로 가라앉게 될 것이고, 얼음은 겨울에 물의 표면에 빙판을 형성하는 대신 연못이나 호수의 바닥에 가라앉게 될 것이다. 그랬다면 북극해를 얼음이 덮는 일은 발생하지 않았을 것이다. 그리고 그것은 지구의 기후에 엄청난 결과를 초래했을 것이다(이 점에 대해서는 제8장에서 살펴볼 것이다). 이것은 모두 양자역학으로 충분히 설명할 수 있는 수소결합에 의한 것이다. 즉 수소결합에 의해 눈송이의 결정격자에서의 결합력과 결합각도가 적절하게 유지될 수 있는 것이다.

수소는 특이한데, 그것은 수소가 전자 한 개만을 가지고 있는 유일한 원자이고, 수소결합을 이룰 때 양으로 대전된 짝으로 작용할 수 있는 유일한 원자이기 때문이다. 그러나 수소결합에서 음의 짝으로 작용할 수 있는 원자에는 산소를 비롯해서 여러 종류의 원소들이 있다. 산소와 함께 가장 중요한 음의 짝은 질소이다. 사실 수소원자(또는 수소원자핵)는 서로 다른 분자에 속해 있는 두 원자들 사이에—두 산소원자들 사이나 두 질소원자들 사이(또는 이 분자에 있는 산소원자와 다른 분자에 있는 질소원자 사이에)—다리를 형성할 수 있다. 이런 방식으로 수소원자들은 공유결합만큼 강하지는 않지만 서로 완전히 다른 분자들을 결합시킬 수 있다. 수소원자가 이런 능력을 가지고 있지 않았다면, 다음 장에서 설명하고 있듯이, 우리는 여기에 존재할 수 없었을 것이다. 우리 생명의 젖줄인 물의 성질을 결정하는 데서 갖는 중요성과는 완전히 다른 차원에서, 수소결합은 생명의 기본분자, 즉 DNA의 구조를 결정하기도 한다. 그러나 DNA를 포함한 생체분자와 물, 이산화탄소 등과 같은 비생체분자(non-living molecule)가 다른 것은 무엇 때문인가?

탄소의 네 개의 화학결합

생체분자와 비생체분자는 화학분야를 가르는 가장 기본적인 경계선인데, 이런 사실은 연금술사들에게 알려져 있었지만 19세기에 이르기까지는 수수께끼로 남아 있었다. 어떤 물질들—염화나트륨 또는 물과 같은 화합물들——은 가열시킨 다음 냉각시키면 원상태로 돌아온다는 점에서 항상 본질적인 동일성을 유지한다고 할 수 있다.[5] 염을 가열하면 붉은 불꽃이 일지만 그것은 여전히 염으로 남아 있고, 물은 증발하면 수증기가 되지만 수증기를 액화시키면 다시 물이 된다. 이와는 대조적인 부류의 화합물들이 있는데, 그것들은 가열하면 성질이 바뀌어 더 이상 같은 화합물이라고 할 수 없는 설탕 또는 나무와 같은 것들이다. 만약 설탕을 가열하면——매우 천천히 가열하더라도——설탕은 새까맣게 타는데, 그것을 다시 냉각시킨다고 탄 설탕이 다시 정상으로 돌아오지는 않는다. 그리고 우리 모두는 나무를 태웠을 때 어떤 일이 벌어지는지를 잘 알고 있다.

두 부류의 물질에 대한 구분은 1807년에 돌턴 원자론의 초창기 지지자였던 스웨덴의 화학자 베르젤리우스(J. Berzelius)에 의해 일정한 형태를 갖추게 되었다. 베르젤리우스는 첫번째 부류의 물질들이 모두 무생물계와 관련되어 있는 반면, 두번째 부류의 물질들은 직·간접적으로 생물계에서 유래한다는 것을 알아냈다. 그래서 그는 두번째 부류의 물질에는 '유기'(organic)물질, 첫번째 부류의 물질에는 '무기'(inorganic)물질이라는 이름을 붙였다. 이런 식으로 정의된 유기화합물들은 대체로 많은 원자들을 포함하고 있었기 때문에 무기화합물보다 훨씬 복잡했다. 이런 이유로 해서 초기에는 유기화합물들이 어떤 신비한 생명력의 작용에 의해 생물에서만 생산될 수 있는 것으로 여겨졌다. 그러나 1828년에 이르러 사정이 달라졌다. 이때 독일 화학자 뵐러(F. Wöhler)는 우연히 그 당시에는 무기화합물로 여겨지고 있던 시

5) 제한된 범위 내에서 그렇다는 것이다. 지금 우리는 만약 어떤 물질을 충분히 가열하면 그것이 결국은 자신을 이루고 있는 각 요소들로 쪼개지고 말 것이라는 사실을 알고 있다. 그러나 여기서 우리가 대상으로 삼는 것은 적당한 온도, 즉 섭씨 수백 도의 범위 내의 화학반응에 대한 것이다.

안화암모늄이라는 비교적 단순한 물질을 가열하여 요소(오줌의 성분 중 하나)를 만들 수 있다는 사실을 발견했던 것이다.

19세기 후반에 이르면, 점차 무기와 유기 화학과정에 똑같은 기본법칙들이 적용되며, 두 부류 사이의 차이는 전적으로 유기분자들 대부분의 복잡성에 기인한다는 것이 분명해지게 되었다. 또한 유기분자들이 어떤 공통점을 가지고 있음도 분명해졌다. 유기분자들은 모두 탄소를 포함하고 있다. 유기분자의 정의는 탄소를 포함하는 분자로 바뀌게 되었으며, 따라서 무기물질은 탄소를 포함하지 않은 분자를 가리키게 되었다. 이 정의에 따라 정확히 말하면, 이산화탄소(CO_2)와 같은 단순한 분자도 유기물질에 속한다. 비록 어떤 화학자들은 이산화탄소를 명예로운 무기화합물로 여길 테지만 말이다.

여기서 중요한 점은 유기화합물과 무기화합물의 구분과 그들의 이름이 탄소원소에 특별한 의미를 부가하고 있다는 것이다. 탄소원자들은 실제로 생체분자들의 토대이다. 탄소가 초자연적 생명력을 가지고 있기 때문이 아니라 현재 그것의 물리적 성질을 잘 이해한 결과 그렇다는 것이다. 유기화학을 매우 복잡하게 만드는 탄소원자의 핵심적인 특징은 탄소가 최외각 전자껍질(전자 두 개에 의해 닫힌 내각 전자껍질 하나에 추가로)에 네 개의 전자들(닫힌 전자껍질의 반)이 있다는 것이다. 이것은 탄소가 최대한 네 개의 화학결합을 동시에 형성할 수 있음을 뜻한다. 만약 최외각 전자껍질에 이보다 적은 전자들이 있었다면 적은 수의 화학결합만이 가능했을 것이고, 만약 더 많은 전자들을 가지고 있었다면 최외각 전자껍질은 거의 채워져버릴 것이기 때문에 중요한 것은 다른 원자의 전자들과 결합할 수 있는 '구멍들'의 수가 되었을 것이다. 최외각 전자껍질에 있는 네 개의 전자들은 탄소로 하여금 다른 탄소 원자와 결합할 수 있는 능력을 포함하여 최대한의 결합능력을 가질 수 있도록 해주었다.

주기율표에서 탄소를 지나치면, 규소와 같이 최외각 전자껍질에 네 개의 전자를 가진 또다른 원자들을 볼 수 있다. 그러나 그것들은 최외각 전자껍질과 원자핵 사이에 더 많은 닫힌 전자껍질들을 지니고 있기 때문에 최외각 전자껍질에 있는 전자들에 대한 원자핵의 영향력이 약화되어, 결과적으로 결합력이 약화된다. 탄소는 최외각 전자껍질에 정확히 네 개의 전자를 가지고 있는 가장 작은 원자이기 때문에 한 번에 네 개의 강한 결합을 형성할 수 있는 것이다. 그리고 그 결합은 생명의 열쇠이다.

생체분자를 살펴보기에 앞서, 탄소가 다른 원소들과 결합하는 방식에 비춰봤을 때 결합이 형성되는 방식에 또다른 특징이 있음을 알 수 있는데, 이것을 먼저 검토할 필요가 있다. 그것은 원자와 분자가 3차원 물체라는 사실과 관련되어 있고, 다시 한 번 강조하지만, 그것은 양자역학에 의해서만 이해할 수 있는 현상이다. 그것은 생명의 작동원리를 이해하는 데 중요한 단계이고, 우리의 존재가 양자세계의 행위에 궁극적으로 기초하고 있다는 사실을 알려준다.

기본적 양자역학에 따르면, 탄소원자의 최외각 전자껍질에 있는 네 개의 전자들은 모두 다른 오비탈을 차지해야만 한다. 각각의 전자들은 하나의 구형 오비탈(최내각 전자껍질을 형성하는 오비탈과 정확히 같다)과 세 개의 다른 오비탈을 가지는데, 세 개의 오비탈들은 각각 두툼한 모래시계 모양을 띠고 있고(원자핵을 중심으로 양쪽 끝에 둥근 돌출부 하나씩을 가졌다) 서로 수직상태로 배열되어야만 한다. 정확히 네 개의 전자들이 주어졌을 때, 각 오비탈에는 반대 스핀을 가진 두번째 전자가 첫번째 전자와 같은 오비탈에 들어갈 수 있는 공간이 있는데도 네 개의 전자들은 네 개의 오비탈을 차례로 채운다. 이것이 탄소가 네 개의 결합을 형성할 수 있는 이유이다. 이 모형에 따르면, 탄소가 다른 원소와 결합할 때 그것은 서로 직각 방향으로 뻗어 있는 세 개의 결합과 방향의 선호를 전혀 갖고 있지 않는 한 개의 결합을 가지고 있어야만 한다. 그러나 놀랍게도 결정들의 구조와 같이 대상에 대한 연구들은 이것이 사실과 다르다는 것을 보여준다.

여기서 더 이상 깊이 들어가지는 않겠지만, 결정(눈송이 형태와 같은)의 모양과 복잡성이 결정을 이루고 있는 기본적인 분자들의 형태를 반영해야만 한다는 것은 논리적으로 충분히 가능한 이야기이다. 일련의 연구를 통해 탄소가 다른 원자들과 네 개의 결합을 형성할 때, 각 결합들은 서로 동일하고, 대칭적으로 배열되기 때문에 결합된 각 원자들이 중심에 탄소원자를 둔 이상적인 사면체의 모서리를 차지한다는 사실을 알 수 있게 되었다(이런 현상을 잘 보여주는 가장 단순한 예로는 네 개의 수소원자들과 결합해 형성된 메탄분자(CH_4)를 들 수 있다).

이런 현상에 대한 설명은 전적으로 전자의 양자행위에 대한 더욱 세련된 이해에 근거한 것으로, 폴링이 1931년 발표한 화학반응의 성질을 밝힌 중요한 논문에 수록되었다. 구형 오비탈은 s 오비탈이라 하고, 세 개의 수직 오비탈들은 p 오비탈이라 한다. 폴링은 탄소의 내부에서 실제로 일어나고 있는 것은 서로 다른 두 종류의 오비탈이 나란히 작동하는 것이 아니라 각 오비탈 사이의 구분이 흐려지면서 하나의 s 오비탈이 세 개의 p 오비탈과 섞여서 sp^3 오비탈이라는 네 개의 동일한 혼성상태를 형성하는 것이라고 주장했다. 그의 주장은 전자를 파동과 입자 모두의 혼합물로 보는 일종의 양자이중성에 착안한 것이다. 탄소의 오비탈은 s 오비탈이거나 p 오비탈이 아니라 1:3의 비율을 가진 s 오비탈과 p 오비탈의 혼성이다.

물론 폴링이 단순히 이런 사실을 추론하는 데 그친 것은 아니다. 그는 양자규칙들을 사용하여 전체를 계산한 다음, 그 결과 형성된 결합들의 세기를 예측했는데, 그것은 실험에 의해 측정된 세기와 일치했다. 그리고 만약 여러분이 왜 이런 배열이 선호되어야만 하는가 하고 묻는다면, 그것은 sp^3 오비탈 구조가 탄소원자의 최외각 전자껍질에 있는 네 개의 전자구름들을 서로 가장 멀리 떨어지게 하여 가장 안정된 에너지 상태에 있게 하기 때문이라는 대답을 들을 수 있을 것이다.

이런 오비탈들의 혼성화는 서로 같은 에너지를 갖는 오비탈에서만 일어날 수 있다. 폴링이 설명했듯이, 오비탈들의 혼성화는 등가의 에너지 상태들 사이에서 일어나는 균등하게 전자들을 공유하는 현상으로서 유기화학의 근본적인 특징이다.[6] 이런 현상은 앞에서 살펴본 암모늄이온(NH_4)에서도 일어나고 있다. 질소는 주기율표에서 탄소 다음에 위치해 있는 원소로서 최외각 전자껍질에 다섯 개의 전자를 포함하고 있다. 따라서 질소는 다른 원자로부터 전자를 받아들여 세 개의 결합을 형성해야만 한다. 이런 예로는 질소가 암모니아(NH_3)를 형성하는 것을 들 수 있다. 그러나 질소원자가 전자 하나를 잃게 되면 질소원자는 핵에 잉여 양전하를 가진 탄소원자와 같아진다. 따라서 그것은 암모늄이온에서 일어나는 것과 똑같이 네 개의 결합이 사면체 배열을 형성할 수 있게 된다. 이것이 암모늄이온이 다른 원자들과 이온결합된 화합물에서 하나의 단위로 작용할 수 있는 이유이다.

---

6) 이것은 또한 예외적인 사례로서, 유기화학에서 탄소의 경우처럼 흥미를 끌고 있지는 못하지만 인(P)이 어떻게 해서 가끔씩 동시에 다섯 개의 결합을 형성하는지를 설명해준다. 인은 원자번호가 15인 원소로서, 최외각 전자껍질에 다섯 개의 전자를 포함하고 있다. 전자 네 개는 공유결합을, 나머지 하나는 이온결합을 형성하기 때문에 다섯 개의 결합을 이룰 수 있다. 그러나 모든 결합들은 동일한 성격을 띠고 있다. 즉 5분의 1은 이온결합의 성격을, 5분의 4는 공유결합의 성격을 띠고 있는 것이다. 이것은 완전한 양자과정의 예를 잘 보여주는 또다른 사례이다.

케쿨레의 벤젠고리

혼성화의 능력은 공명과 관련되어 있다. 공명에서는 분자구조가 두 개 또는 여러 개의 상태를 왔다갔다하는 것으로 여겨질 수 있기 때문에 공명이 일종의 그런 상태들의 평균을 생산한다. 이것은 다른 상태들이 본질적으로 같은 에너지를 지니고 있고, 가능한 가장 낮은 에너지 상태를 가진 서로 다른 버전일 때만 가능하다.

공명의 가장 단순한 예로는 수소분자(H_2)를 들 수 있다. 우리는 앞에서 수소분자를 형성하고 있는 수소원자들은 공유결합을 하고 있다고 말했는데, 이때의 이미지는 수소분자가 두 원자핵 사이에 공유된 전자쌍 또는 전자를 갖는 단일결합을 형성하고 있다는 것이었다. 그 다음 우리는 대체 이미지를 제시했는데, 그에 따르면 두 원자핵이 하나의 전자구름으로 둘러싸여 있다. 폴링이 1928년에 제시한 세번째 모형에 따르면, 수소원자들은 이온결합을 이루고 있지만 공명상태에 있다는 것이다. 만약 첫번째 수소원자가 두번째 수소원자에게 자신의 전자를 완전히 넘겨주면, 그 원자는 단위 양전하를 가진 상태로 남게 될 것이다. 반면에 두번째 원자는 단위 음전하를 얻게 되어, 두 이온은 서로 결합할 것이다(H^+H^-). 그러나 이것과는 완전히 역할(그리고 전하)이 역전된 결합이 일어날 수 있다. 두번째 수소원자가 첫번째에게 자신의 전자를 완전히 포기하는 경우이다(H^-H^+). 폴링은 수소의 결합이 공명을 통해서 이런 두 가지 가능성 사이를 빠르게 왔다갔다할 수 있음을 보였다.

우리는 생명의 작동원리를 살펴보는 데 공명과 다른 개념을 적용하기에 앞서 실제적인 공명의 두 가지 사례를 더 제시하고자 한다. 탄산이온(CO_3^{-2})을 기억해보자. 탄산이온은 전체적으로 2가 음전하를 지니고 있으며, 이온결합을 할 때 자신과 결합하는 모든 전자들로부터 두 개의 전자를 얻는다. 따라서 (최외각 전자껍질만을 고려했을 때) 탄산이온은 탄소원자에서 온 네 개의 전자, 각각의 산소원자에서 온 여섯 개씩의 전자에 잉여전자 두 개를 더 가지고 있다. 모두 스물네 개의 전자를 네 개의 원자들이 에너지 효율을 가장 높일 수 있는 방법으로 공유하고 있다. 전자들은 어떻게 배열되어 있을까?

화학적으로 바람직한 상태(낮은 에너지 상태)란 각 원자가 여덟 개의 전자로 채워진 최외각 전자껍질을 가지는 상태(또는 최소한 닫힌 최외각 전자껍질로 착각하는 상태)라는 것을 기억하자. 이것을 달성하는 방법은 산소원자 두 개가 잉여전자를 각각 하나씩 포획해서 일곱 개의 전자를 가진 다음, 탄소원자와 단일 공유결합을 이루어 산소원자 두 개가 여덟 개의 전자를 공유하는 것이다. 이렇게 되면 탄소원자에는 결합하지 않은 두 개의 전자가 남게 되는데, 이것은 남아 있는 산소원자와 이중결합을 형성할 것이고, 그렇게 되면 모든 원자들은 여덟 개의 전자들이 최외각 전자껍질을 채웠다는 착각에 빠질 것이다. 의심할 바 없이 탄산이온은 안정적인 단위이다.

그러나 여기서 이야기가 끝난다면, 탄산이온은 대칭성을 가질 수 없을 것이다. 탄산이온은 전체 음전하가 한쪽 끝에 몰리게 될 것이고, 산소와의 결합 중 하나(이중결합, 물론 이 결합은 단일결합보다 강하다)는 다른 두 개의 결합보다 길이가 짧게 될 것이다. 세 산소원자들 각각이 차례로 이중결합을 이루고, 초과 음전하를 가지지 않으면서 동일한 전자분포를 이루는 데는 세 가지 방법이 있을 수 있다. 이 세 개의 가능한 배열들은 정확히 같은 에너지를 가지고 있기 때문에 그들 사이에는 공명이 일어나고, 탄산이온은 하나의 선택에서 다른 선택으로 세 개의 변화과정을 순환하면서 빠르게 왔다갔다하는 것으로 생각될 수 있다. 전체적인 결론은 다음과 같은 것이 되어야 한다. 음전하들은 이온 전체에 고루 분포되어 있고, 산소원자들과 탄소원자의 결합 길이와 세기는 보통 단일결합의 1과 3분의 1로 같아야 하고, 이때 산소원자들은 탄소원자 주변에 균일하게 자리잡고 있어야 한다. 이 모든 것은 양자화학의 폴링 버전을 사용하여 계산할 수 있으며, 계산결과는 분광학과 다른 기술들을 사용한 실험의 측정결과와 거의 정확히 일치한다. 공명은 참으로 훌륭한 모형이다. 그리고 유기화학 전체에서 공명의 중요성이 가장 크게 부각되는 곳은 벤젠고리로 알려진 화학구조의 성질을 결정하는 데서다.

우리는 앞에서 탄소원자들이 다른 탄소원자들과 결합할 수 있다고 말했다. 가끔 탄소원자들의 긴 연쇄가 이런 방식으로, 즉 서로 '손에 손을 잡는' 방식으로 형성될 수 있다. 이때 연쇄의 뼈대를 이루고 있는 각각의 탄소원자로부터 (나무줄기에서 뻗어나와 있는 가지들처럼) 다른 원자나 분자와 결합할 수 있는 두 가닥의 결합들이 밖으로 뻗어나와 있다. 탄소끼리 결합할 때 자연스럽게 생기는 각도 때문에 여섯 개의 탄소들은 결합하여 탄소고리, 즉 벤젠고리를 형성할 수 있다. 벤젠이라는 이름은 벤젠화합물(1825년 패러데이가 발견했다)에서 비롯되었는데, 벤젠은 여섯 개의 탄소원자와 여섯 개의 수소원자로 이루어져 있다. 화학자들은 벤젠의 화학결합에 대해 많은 것을 알기 오래 전부터 벤젠(C_6H_6)이 여섯 개의 탄소원자와 수소원자로 이루어져 있다는 사실을 알고 있었다. 그것은 일정한 양의 벤젠을 얻기 위해서는 얼마만큼의 탄소와 수소를 결합시켜야 하는가를 측정하는 비교적 단순한 방법을 통해서 알 수 있었기 때문이다. 처음에는 단일분자에 같은 수의 탄소와 수소원자들이 있다는 것이 완전히 기괴한 일로 여겨졌다. 각각의 탄소원자들은 다른 원자 네 개와 결합할 수 있는 능력을 지니고 있고(1820년대에는 이미 많은 것이 분명해졌다), 따라서 여섯 개의 탄소가 고리를 이루고 있다고 해도, 핵산(C_6H_{14})에서 볼 수 있는 것처럼, 아직 열네 개의 수소원자들과 결합할 수 있는 '여지'가 있었던 것이다. 나머지 결합력은 어디로 간 것일까?

대답은 독일 화학자 케쿨레(F. Kekule)에게 일종의 환상, 즉 그가 '백일몽'이라고 불렀던 것으로 다가왔다. 그가 이 환상을 경험하게 된 것은 1865년에 말이 이끄는 런던의 버스를 타고 있을 때였다. 백일몽을 꾸고 있는 동안, 탄소원자의 연쇄들이 춤추면서 돌아다니는 것을 보고 있었는데 갑자기 연쇄 중 하나가 둥글게 원을 그리더니 연쇄의 반대편 끝을 붙잡고 원을 이루는 것이 아닌가! 케쿨레는 이런 경험으로부터 벤젠고리에 있는 탄소원자들이 원(또는 육각형)으로 배열되어 있다는 아이디어를 이끌어냈다. 각각의 탄소원자는 세 개의 결합을 사용하여 닫힌 원을 유지하며, 이때 한쪽에는 이중결합을, 다른 한쪽에는 단일결합을 형성한다. 이렇게 되면 여섯 개의 탄소원자들 각각이 자유롭고, 원에서 뻗어 나온, 그래서 수소원자와 결합할 수 있는 단 하나의 결합만을 남겨두게 된다.

이것은 매우 뛰어난 통찰이었지만, 양자역학이 구출해주기 전까지 여전히 풀리지 않은 문제를 남겨두고 있었다. 벤젠고리를 위해 케쿨레가 제안한 구조는 육각형의 측면을 따라 이중결합과 단일결합이 차례로 엇갈리는 것이었다. 그러나 이중결합은 단일결합보다 짧아야만 한다. 더욱이 이 제안에 의하면 이중결합 사이에 있는 단일결합은 비교적 쉽게 끊어지기 때문에 다른 반응에 자유롭게 참여할 수 있어야 한다. 그러나 벤젠고리를 비대칭이라고 볼 수 있는 어떤 징후도 없고, 이런 식으로 다른 어떤 결합들보다 쉽게 끊어져서 자유롭게 다른 반응에 참여할 수 있는 결합은 없다.

물론 그 원인은 공명으로 설명할 수 있다. 지금은 벤젠고리를 이루고 있는 탄소원자들의 여섯 개 결합이 모두 같은 세기, 즉 단일결합의 1과 6분의 1의 세기를 가지고 있다는 사실을 학교에게 배운다고 해서 놀랄 사람은 아무도 없을 것이다. 실제로 벤젠고리의 구조는 두 개의 가능성이 혼합된 공명상태에 있다. 즉 하나는 짝수번호의 결합이 이중결합(고리에서 임의로 선택된 탄소에서 출발하여)일 때 홀수번호의 결합은 단일결합을 이루는 구조이고, 다른 하나는 이중결합과 단일결합이 서로 뒤바뀐 상태이다. 그 결과, 벤젠고리는 많은 수의 더욱 복잡한 분자들의 기초로서 매우 안정적인 구조를 가지게 되었다. 즉 육각형의 고리를 이루고 있는 탄소원자와 결합되어 있는 수소원자 하나 또는 그 이상을 떼어내고, 메틸기(CH_3)처럼 더욱 복잡한 원자들의 집단으로 대체하더라도 벤젠은 매우 안정된 구조를 유지할 수 있는 것이다.

벤젠고리는 다른 벤젠과도 결합할 수 있다. 그 형태는 하나의 육각형이 다른 육각형과 각각의 모서리를 맞대고 있는 모습, 마치 육각형 타일들이 모서리끼리 서로 맞물려 있는 것과 같다. 그러나 벤젠화합물에 대해 살펴보는 것은 비교적 간단한 화학의 영역을 넘어서서 생명의 영역으로 들어가야 할 필요성을 제기한다.

우리 몸 속의 생체분자들

단백질과 같은 생체분자들은 지질학적 시간에 해당하는 매우 오랜 시간에 걸쳐 진화하면서 복잡한 구조를 형성하게 되었고, 생명유지 능력을 향상시킬 수 있었다. 생체분자들은 자연선택의 과정을 거치면서 자신들의 화학결합 방식에 따른 특수임무를 수행할 수 있도록 적응해온 것이다.

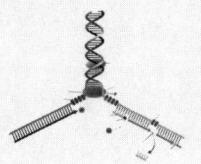

탄소원자의 연쇄능력

　지구의 모든 생물들의 기초가 되고 있는 분자들의 핵심적인 특징은 고리와 긴 (원자의) 연쇄(고리가 가끔 포함됨)를 형성할 수 있는 탄소원자의 능력에서 비롯된다. 실제로는 매우 긴 연쇄들이 있을 수 있지만, 여기서는 이해를 돕기 위해 간단한 연쇄 두 가지만을 살펴보도록 하자.

　탄소연쇄에서 연쇄의 뼈대를 이루고 있는 탄소원자들은 화학결합의 각도로 인해 일종의 지그재그 패턴을 이루고 있고, 지그재그의 돌출부에 위치하고 있는 탄소와 결합된 원자들(또는 원자집단들)은 밖을 향해 뻗어 있다. 이런 종류의 화합물 중에서 단순한 것으로는, 여섯 개의 탄소원자들이 연쇄의 뼈대를 이루고 있고 각각의 탄소에 두 개의 수소원자들이 붙어 있는 것을 들 수 있다. 이 분자의 양끝에는 탄소원자에 질소원자 하나와 수소원자 두 개로 이루어진 아미노기(NH_2)가 결합되어 있다. 그래서 이 화합물을 디아미노핵산(diamino-hexane, di는 '둘', amino는 NH_2, 그리고 hexane은 여섯 개의 탄소원자를 각각 뜻한다)이라고 부른다.

　같은 구조를 이루고 있지만 약간 더 짧은 분자로는, 네 개의 탄소분자가 연쇄의 뼈대를 이루고 있고 양끝에 카르복시기(COOH)가 붙어 있는 것을 들 수 있다. 이것을 아디프산(adipic acid)이라고 한다. 아디프산 분자가 디아미노핵산 분자를 만나면, 아디프산 한쪽 끝에 있는 수산기(OH)가 쉽게 방출되는(에너지 상태가 낮아지기 때문에) 동안 디아미노핵산 한쪽 끝에 있는 아미노기(NH_2)도 수소원자(H)를 방출하게 된다. 방출된 원자들은 결합하여 물분자(H_2O)를 생성하고, 그 결과 원자들이 떠나고 남은 공백을 가로질러 연결이 형성되는데, 이때 연쇄의 끝에 있는 산소원자가 다른 연쇄의 끝에 있는 탄소원자와 결합하게 된다. 이렇게 해서 열한 개의 원자들, 네 개의 탄소원자를 가진 하부연쇄와 여섯 개의 탄소원자를 가진 하부연쇄들이 공백을 가로지르는 산소원자에 의해 서로 '손을 잡고 있는' 형태로 길게 연결되어 있는 새로운 단일연쇄가 탄생하게 된다.[1]

만약 많은 양의 아디프산 분자와 디아미노핵산 분자들을 함께 섞으면 반응이 반복적으로 일어나 연쇄의 양쪽 끝에 계속해서 새로운 연쇄들이 결합되어 열한 개 원자들을 기본 뼈대로 한 매우 긴 연쇄를 형성하게 될 것이다. 기본단위 수천 개를 포함할 수도 있는 이런 합성물질을 중합체(polymer)라고 하며, 앞에서 살펴본 중합체는 많은 긴 연쇄분자의 한 가지 예에 불과하다. 아디프산과 디아미노핵산이 생성하는 중합체는 우리가 일상생활에서 흔히 접할 수 있으며 아주 유용하다. 일반적으로 이 중합체를 나일론이라고 한다. 또한 이 중합체는 연쇄의 뼈대에 해당하는 탄소원자에 결합된 대부분의 원자들이 수소이기 때문에 매우 단순하지만 이 수소들은 아미노기, 벤젠고리 또는 다른 연쇄 등과 같은 좀더 복잡한 구조들로 대체될 수 있다.

벤젠고리 자체는 완전히 평평한 구조이지만, 결합들 사이의 각도로

---

[1] 본문의 내용은 원문을 그대로 옮긴 것인데, 저자의 설명에는 문제가 있는 것 같다. 저자는 산소가 아디프산 분자와 디아미노핵산 분자를 연결하는 것으로 설명하고 있는데, 이것은 반응과정에 대한 잘못된 이해에 근거한 것이기 때문이다. 아디프산 분자와 디아미노핵산 분자의 결합과정은 다음과 같이 나타낼 수 있다.

$$HOOC(CH_2)_4COOH + H_2N(CH_2)_6NH_2 \rightarrow \underset{H_2O}{} -C(CH_2)_4C-\overset{H}{\underset{O}{N}}(CH_2)_6N-$$

출처: Robert T. Morrison and Robert N. Boyd(1987), *Organic Chemistry*(5th ed.), Boston: Allyn and Bacon, Inc., 1249쪽.

이상에서 보듯이 아디프산 분자의 탄소원자와 디아미노핵산 분자의 탄소원자 사이에 놓이는 원자는 산소가 아니라 '질소'인 것이다—옮긴이.

말미암아 고리 내부에는 작은 요동이 일고 있다. 그리고 이와 같은 탄소 화학결합의 바로 그 각도 때문에 벤젠고리에 붙어 있는 어떤 전자나 전자의 집단——이 집단은 벤젠구조에서 이중결합의 일부가 깨지면서 자유롭게 다른 원소들과 반응할 때 생길 수 있다——은 고리의 위와 밑에 놓이면서 대략적으로 샌드위치와 비슷한 삼층구조를 이룬다. 또한 고리에 있는 탄소원자들 중 하나가 다른 종류의 원자로 교체되는 많은 변종들이 존재한다. 이런 변종들 중에서 가장 단순한 몇 가지 화합물들은 고리를 이루고 있는 대부분의 탄소원자들이 각각 한쪽 면에는 수소원자와, 다른 한쪽 면에는 수산기와 결합되어 있고, 수소원자와 수산기가 고리를 따라 차례로 교차하면서 놓여 있다. 물론 수소원자와 수산기는 함께 물을 이루기 때문에 이런 부류의 화합물을 일반적으로 탄수화물—— '물을 머금은 탄소'(watered carbon)라는 뜻이다——이라고 한다.[2]

가장 단순한 탄수화물을 당(糖)이라고 한다. 그중 가장 단순한 화합물인 포도당(glucose)은 다섯 개의 탄소원자와 한 개의 산소원자가 고리를 이루고 있다. 네 개의 탄소원자들은 각각 산소원자와 수산기와 결합하고 있다. 다섯번째 탄소는 한쪽 면에는 수소원자와 결합하고 있지만 반대편에는 좀더 복잡한 원자집단(CH_2OH)과 결합하고 있다.

이런 고리들은 서로 매우 쉽게 연결된다. 만약 각각의 고리에서 하나씩 두 개의 수산기가 접근하면 그중 하나가 방출되면서 다른 수산기에 있는 수소원자와 결합하여 물(H_2O)이 된다. 이 과정에서 두번째 포

---

2) 좀더 구체적으로 살펴보면, 탄수화물이란 이름은 이런 화합물이 발견될 당시에 구조에 대한 오해에서 비롯된 것이다. 포도당의 분자식은 $C_6H_{12}O_6$인데, 이것은 $(C \cdot H_2O)_6$으로 표현될 수 있다. 따라서 탄소와 물이 같은 양을 가지고 있는 물질로 이해될 수 있었기 때문에 탄수화물이라고 불리게 된 것이다(앞의 책, 826쪽 참조)-옮긴이.

도당 분자에서 수소원자를 잃은 산소는 예비결합 상태로 남게 되고, 첫번째 포도당 분자에서 수산기를 방출했던 탄소원자와 결합하게 된다. 산소에 의해 이런 방식으로 연결된 이중고리의 설탕분자를 맥아당(maltose)이라고 한다.

포도당과 구조가 같지만 탄소원자 하나가 적은 오각형 고리 분자를 만드는 것 또한 가능하다. 이런 분자를 리보오스(ribose)라고 한다. 수산기들 중 하나가 수소원자와 대체된(OH에서 O가 제거되고 H만 남은 상태) 것을 제외하고는 리보오스와 동일한 구조를 가진 오각형 고리 분자를 디옥시리보오스(deoxyribose)라고 하는데, 디옥시리보오스란 '산소가 제거된 리보오스'라는 뜻이다. 모든 생체분자들 중에서 우리 생활과 관련하여 가장 중요한 지위를 차지하고 있는 디옥시리보핵산(deoxyribonucleic acid), 즉 DNA[3]라는 이름은 바로 이 디옥시리보오스에서 비롯된 것이다.

다양한 단백질

그러나 무게로 볼 때(우리 같은 생물체의 체중 3분의 2 이상을 차지하고 있는 물을 제외했을 때), 우리 몸에서 가장 중요한 분자는 단백질이다. 많은 단백질들은 매우 크고 복잡한 분자들이다. 그러나 복잡한 모든 생체분자들처럼, 많은 단백질들은 더 단순한 단위와 하부단위들

---

3) 어쨌든 산은 화학반응에서 비교적 쉽게 수소를 내주는 물질이고, 염기는 수산기를 쉽게 내주는 물질이라고 할 수 있다. 산과 염기를 반응시키면 물과 염이 생성된다(원주). (예로, 수산화나트륨(NaOH)과 염산(HCl)의 경우를 살펴보도록 하자. 염산은 수소를 쉽게 내주기 때문에 산이고, 수산화나트륨은 수산기를 쉽게 내주기 때문에 염기이다. 이 두 물질을 반응시키면 물과 염인 염화나트륨(NaCl)이 생성된다—옮긴이.

로 구성되어 있다. 그것은 마치 나일론이나 맥아당이 더 단순한 요소들로 구성[4]되어 있는 것과 같다. 단백질과 같은 생체분자들은 지질학적 시간(수십억 년)에 해당하는 매우 오랜 시간에 걸쳐 진화하면서 복잡한 구조를 형성하게 되었고, 생명유지 능력을 향상시킬 수 있었다. 생체분자들은 자연선택의 과정을 거치면서 자신들의 화학결합 방식에 따른 특수임무를 수행할 수 있도록 적응해온 것이다. 진화와 관련된 논의는 이쯤에서 줄이고, 여기서는 그런 구조들에는 어떤 것들이 있으며, 그 구조들은 어떻게 자신의 임무를 수행하는지에 대해서만 집중적으로 다루도록 하겠다.

생체분자에서 가장 중요한 원자로 단연 탄소를 들 수 있지만, 질소의 중요성도 결코 작다고 할 수 없다. 사실 질소도 탄소와 마찬가지로 여러 원자들과 다양하게 흥미로운 결합(보통, 동시에 세 개)을 이룰 수 있다. 지구의 지각 암석에 가장 많이 포함된 원소들로는 산소(중량을 기준으로 했을 때 47퍼센트), 규소(28퍼센트), 알루미늄(8퍼센트) 등을 들 수 있다. 그리고 우리 몸에서 물을 뺀 중량의 50퍼센트를 탄소가, 25퍼센트를 산소가 차지하고 있는 반면, 질소가 차지하는 비율은 10퍼센트에 조금 미치지 못한다. 그러나 단백질에는 몸 전체와 비교했을 때(중량을 기준으로 했을 때) 약 16퍼센트라는 많은 양의 질소가 포함되어 있다.

단백질에 상대적으로 많은 질소가 포함되어 있는 이유는 모든 단백질이 더 단순한 단위인 아미노산으로 이루어져 있고, 모든 아미노산에는 질소가 포함되어 있기 때문이다. 모든 아미노산의 기본구조는 같다. 탄소원자 하나에 각각 네 개의 원자집단들이 결합되어 있는 것이다. 그중 하나가 아미노기(NH_2)이다. 아미노산이라는 이름은 아미노기

---

4) 나일론은 아디프산과 디아미노핵산으로, 맥아당은 포도당으로 구성된다−옮긴이.

에서 비롯된 것이다. 다른 하나는 카르복시기이며, 이 때문에 아미노산 분자가 산성을 띠는 것이다. 세번째로는 항상 수소원자가 온다. 네번째로는 아미노산 각각에 고유한 성질을 부여하는 다양한 종류의 화학적 성질을 띤 원자집단들이 붙을 수 있다.

화학자들은 복잡한 분자의 세부구조를 자세하게 알기 훨씬 전부터 단백질이 아미노산으로 이루어져 있다는 사실을 알고 있었다. 단백질을 강산 또는 강염기 용액에 넣고 끓이면[5] 사슬에 있는 아미노산들을 서로 연결하는 화학결합이 깨지면서 아미노산 수프가 남게 되는데, 전통적인(가끔 지루한 과정을 동반하는) 화학적 방법을 사용하여 아미노산을 탐구하는 것이 가능했기 때문이다.

공통 아미노산들의 이름은 그것들이 최초로 발견된 물질의 이름이나 아미노산이 가지고 있는 특징을 반영하여 붙었다. 최초로 확인된 아미노산은 1806년에 아스파라거스에서 추출되었기 때문에 아스파라긴(asparagine)이라는 이름이 붙었다. 1820년대에 젤라틴(gelatin)에서 추출된 또다른 아미노산은 달콤한 맛을 가지고 있는 것이 밝혀져 글리신(glycine, '달콤하다'는 뜻의 그리스어)이라고 부르게 되었다(이것은 우연히도 '여분의'〔네번째〕 탄소결합에 수소원자가 붙어 있는 가장 단순한 아미노산이 되었다).

이론적으로 엄청나게 다양한 아미노산들이 존재할 수 있는데, 실제로 그것들 중 많은 것들이 화학자들에 의해 합성되었다. 그러나 생명현상과 관련해서 봤을 때, 중요한 것은 23개의 아미노산에 불과하다. 그 중에서 20개의 아미노산은 모든 단백질에 공통으로 들어 있는 반면, 다른 두 개의 아미노산은 일부 단백질에만 들어 있다. 그리고 23번

---

5) 이런 과정은 에너지를 투입해서 원자와 분자들을 가장 낮은 에너지 상태에서 더 높은 에너지 언덕에 위치한 웅덩이, 또는 일련의 웅덩이들 속으로 움직이도록 하는 것이다.

째 아미노산은 20개의 아미노산들 중 하나인 시스테인(cysteine)의 완전히 다른 버전이다. 시스테인 분자에서 기본적인 아미노산 핵[6]은 두 개의 수소원자와 하나의 황원자와 결합되어 있는 또다른 탄소원자와 느슨한 결합을 이룬다. 이때, 황원자는 시스테인 분자 끝에서 밖으로 뻗쳐 있고, 수소원자가 결합되어 있다.[7] 두 개의 시스테인 분자가 만나면, 황원자에 매달려 있는 수소원자들은 매우 쉽게 결합하여 수소분자(H_2)를 이루면서 빠져나간다. 그 결과, 두 개의 황원자들 사이에 이황화결합(disulphide bond)이 형성된다. 이것이 23번째 종에 해당하는 시스틴(cystine) 분자이다.

같은 종류의 결합이 다른 형태의 아미노산들을 포함하고 있는 다른 아미노산들 간에도 일어날 수 있다. 같은 아미노산들 간의 결합인 시스테인/시스틴의 경우와는 달리, 서로 다른 아미노산들끼리의 결합인 경우에는 한 아미노산의 아미노기가 다른 아미노산에 있는 아세트기(COOH)의 OH와 반응하여 물을 생성하며 빠져나갈 때, 질소원자를 가교로 하여 두 아미노산 사이에 연결——펩티드 결합(peptide bond)이라고 알려져 있다——이 형성된다. 이렇게 해서 생성된 분자들은 같은 방식으로 양쪽으로 계속해서 또다른 펩티드 결합을 이룸으로써 폴리펩티드(polypeptide)라고 알려진 연쇄를 형성한다. 폴리펩티드의 구조는 지그재그 형태를 띠고 있는데, 그것의 뼈대는 같은 패턴이 반복되는 특징을 지닌다. 즉 두 개의 탄소원자가 오고, 이어서 질소원자가 오고, 그리고 다시 두 개의 탄소원자가 오고, 이어서 질소원자가 오는 식이다. 그리고 폴리펩티드의 긴 연쇄를 따라 엄청나게 다양한 잡동사니(고리 구조를 포함하여)들이 달라붙어 있을 수 있는데, 그 종류

---

6) 탄소원자에 아미노기, 아세트기, 수소가 결합되어 있는 것 – 옮긴이.
7) 황원자는 탄소원자, 수소원자와 결합되어 있다 – 옮긴이.

는 어떤 아미노산들이 결합하여 폴리펩티드를 형성하는가에 따라 달라진다.

폴리펩티드 연쇄가 가지는 두드러진 특징 중 하나로는 펩티드 결합——이 결합에서는 질소원자가 수소원자와 탄소원자(항상 산소원자와 결합된)와 단일결합을 이루고 있다(이때 질소와 세번째로 결합하고 있는 것이 무엇인지는 그렇게 중요하지 않다)——이 양자역학 공명에 의해 위치가 고정된 움직이지 않는 고정된 구조라는 점을 들 수 있다. 연쇄 전체가 다른 결합들 주위를 일정한 축을 따라 회전할 수 있지만 펩티드 결합 자체는 비틀리지 않는다. 따라서 폴리펩티드 연쇄를 일정한 방식으로 감아서 촘촘한 구조(실로 만든 공처럼)를 형성하는 것이 가능하다. 폴링은 양자역학의 원리들을 이런 구조에 적용시킴으로써 단백질이 어떻게 말려 있는지를 찾고, 단백질의 구조를 분석할 수 있었다. 그 결과, 다른 연구자들이 생체분자를 연구할 수 있는 길이 열리게 되었다.

말려 있는 연쇄를 완전히 편 다음, 뼈대를 이루고 있는 지겹게 반복되는 원자들의 패턴(CCNCCNCCN……)을 무시하고 나면 폴리펩티드 연쇄가 가지는 가장 중요한 또다른 특징을 살펴볼 수 있다. 즉 연쇄를 따라 뼈대의 측면에 붙어 있는 원자집단들로 이루어진 다양한 하부단위의 순서에 의해 특정 폴리펩티드 연쇄(특정 단백질)가 고유한 특징을 가진다는 것을 알 수 있다. 작용기(radicals)라고 알려진 이런 부착물들은 다른 아미노산들의 일부로서 각 아미노산들이 독자성을 갖도록 해준다. 결국 단백질로 하여금 독자성을 띠게 하고, 특수한 방식으로 둥글게 말리도록 함으로써 특정 화학반응에는 참여를 허용(강제)하는 반면, 나머지 반응에는 참여하지 못하도록 하는 것은 늘어서 있는 이런 작용기들의 순서이다.

20여 종의 아미노산으로부터 만들 수 있는 단백질은 실로 다양하다.

이것은 영어의 알파벳을 사용하는 것과 자연스럽게 비교될 수 있다. 알파벳의 수는 단지 26개에 불과하지만, 그 철자를 조합하여 만들 수 있는 단어의 수는 이 책에 있는 단어들을 모두 합친 것보다 훨씬 많다. 만약 각 아미노산을 알파벳이라고 한다면, 아미노산 알파벳을 사용하는 연쇄에 있는 연결들을 '판독함으로써' 만들 수 있는 단백질의 수는 가장 많은 단어를 수록하고 있는 영어사전의 단어 수보다도 많을 것이다. 그것은 폴리펩티드 연쇄들이 평균적인 영어 단어보다 훨씬 길 수 있기 때문이다(평균 크기의 단백질 분자인 헤모글로빈의 분자량은 약 6만 7000이다). 그러나 알고 있다시피, 판독을 통해 임의로 만들 수 있는 가능한 연쇄들 중에서 실제로 단백질 속에서 발현되는 것은 단지 소수에 불과할 뿐이다.

브래그와 폴링의 경쟁

단백질 탐구에 대한 이야기는 두 갈래로 나뉜다. 첫번째는 분자들의 물리적 구조(폴리펩티드 연쇄들이 어떻게 말려 있는가)를 결정하는 것과 관련되어 있었고, 두번째는 특정 단백질의 연쇄에 있는 아미노산의 하부단위들과 그것들의 순서를 확정하는 것과 관련되어 있었다.

1912년, 결정들의 구조(처음에는 염화나트륨 결정과 같은 매우 단순한 구조들을 대상으로)를 연구하기 위해 X선을 최초로 사용한 사람은 브래그(L. Bragg)였다. X선을 전자기파처럼 다뤄서 결정에 쪼이면 파동들은 결정을 이루고 있는 원자들에 의해 반사되면서 연못에 생기는 파문들이 서로 간섭을 일으키듯 간섭현상을 일으키는데, 이때 간섭의 패턴을 살펴봄으로써 결정구조의 비밀을 밝힐 수 있는 것이다. 브래그는 X선 결정학을 창시했고, 1915년에는 그의 아버지 윌리엄 브래그 (W. Bragg)와 함께 그 분야에서의 공동연구 업적을 인정받아 노벨 물리학상을 받았다. 1920년대에 브래그는 더욱 복잡한 결정에서 나타나는 X선 패턴들을 해석하기 위한 규칙들을 만드는 작업에 착수했다. 그러나 대서양 반대편에서 연구했던 폴링은 같은 규칙들을 만들었고, 그것을 1929년에 최초로 발표했다. 이 일을 계기로, 브래그의 팀과 폴링의 팀 사이의 오래고도 항상 우호적이지는 않았던 라이벌 관계가 시작되었다.

다음 단계는 X선 기술을 생체분자 구조의 탐구에 적용하는 것이었다. 가장 일반적인 단백질에서부터 출발하는 것은 당연했다. 단백질은 기본적으로 두 종류로 나뉜다. 하나는 가늘고 긴 구조를 지니며, 일반적으로 사슬과 관련된 길게 늘어선 구조를 유지하고 있다(머리카락이 좋은 예이다). 다른 하나는 구형 구조를 지니며, 이런 구조에서는 기본 단백질 사슬이 공 모양으로 말려 있다.

1930년대 초반, 영국 리즈 대학교의 애스트버리(W. Astbury, 윌리엄 브래그의 제자였다)는 최초로 케라틴(keratin)의 일종인 섬유질의 구조 단백질의 X선 회절 패턴을 찍었다. 케라틴은 우리의 털, 머리카락, 발톱 등에 있는 단백질이다. 애스트버리는 X선 사진들을 판독하여 섬유질의 구조 단백질 속에 규칙적이고 반복적인 패턴이 있음을 발견했는데, 그것은 곧 케라틴이 규칙적이고 반복적인 패턴을 가지고 있음을 뜻하는 것이다. 좀더 구체적으로, 이때 발견된 반복패턴은 하나가 아니고 두 개였다. 하나는 수축된 섬유질(애스트버리는 이것을 알파 케라틴이라고 불렀다)이고, 다른 하나는 이완된 섬유질(베타 케라틴)이다. 비록 애스트버리가 사용했던 기술이 각질 속에 있는 분자구조를 정확히 밝히는 데는 충분치 못했지만, 많은 가능성들을 배제시킴으로써 가능한 선택범위를 좁히는 효과를 거두기에는 충분했다. 그의 발견은 여러 과학자들(특히 케임브리지 대학의 브래그가 이끌던 연구팀과 칼텍의 폴링이 이끌던 연구팀)에게 X선 사진에 알맞도록 단백질 사슬을 감는 방법을 찾기 위한 노력을 촉발시켰다.

이에 관한 연구는 오랜 시간을 끌면서도 별다른 성과를 내지 못했다. 그것은 연구자들이 기본으로 돌아가서 개별 아미노산들 사이의 결합구조를 조사한 다음, 결합구조의 어떤 특징으로 인해 폴리펩티드 연쇄가 감길 수 있는지(없는지)를 연구해야만 한다는 연구 자체의 어려움 때문이기도 했지만, 제2차 세계대전이 일어나 연구가 중단될 수밖에 없었던 연구 외적인 이유 때문이기도 했다. 전쟁 후, 연구자들은 훨씬 정교해진 X선 기술 덕분에 특정 단백질 구조를 결정하기 위한 매우 유리한 고지를 점할 수 있게 되었고, 이를 바탕으로 마지막 남은 고지를 향한 치열한 경주를 벌였다. 이 경주의 최종 승자는 폴링이었다. 폴링은 알파 케라틴의 분자구조를 밝혀냈고, 단백질 분자들이 어떻게 결합하여 머리카락, 털, 근육, 명주실, 뿔과 같이 다양해 보이는 구조들을 형성하게 되는지를 설명한 일련의 논문들을 1951년에 발표했다. 폴링의 연구팀이 발견한 분자구조는 알파 헬릭스(alpha-helix)로 명명되었는데, 이 기본구조가 가지는 핵심적 특징은 펩티드 결합이 고정된다는 것이다. 알파 헬릭스가 안정화되는 또다른 이유로는 펩티드 결합의 NH 부분의 고정성으로 말미암아 폴리펩티드 연쇄가 특수하게 배열된다는 것을 들 수 있다. 즉, 펩티드 결합의 고정성으로 인해 NH 부분의 수소원자가 질소원자(N)로부터 네번째 밑에 위치한 탄소원자와 결합되어 있는 산소원자와 나란히 놓이게 되고, 그 결과 수소원자와 산소원자가 수소결합을 이루게 됨으로써 독특한 폴리펩티드 연쇄가 형성되는 것이다. 알파 헬릭스에 있는 모든 펩티드 결합은 수소결합에 의해 이웃하고 있는 펩티드 결합과 결합되어 있는데, 이것은 각질의 분자가 독특한 반복구조——즉 X선 회절 사진에서 볼 수 있는 바로 그 구조——를 갖게 되는 이유를 설명해준다.

각질의 종류가 서로 다른 것은 연쇄에 포함된 특정 아미노산들의 배열에 존재하는 미묘한 차이 때문이다. 예를 들면 발톱과 같이 딱딱한 구조를 가지고 있는 각질에는 시스테인 성분들이 많이 들어 있다. 앞에서 보았듯이, 두 개의 시스테인 분자들이 만나면, 그것들은 수소를 내놓고 황원자 사이에 공유결합을 이루게 된다. 딱딱한 단백질에서 알파 헬릭스 가닥들은 서로 나란히 놓이게 됨에 따라 황원자 사이의 공유결합이 이루어지고, 그 결과 가닥들은 강하게 연결되어 물체의 꺼칠꺼칠한 층을 형성하게 된다.

머리카락에서 황원자 사이의 결합은 조금은 다른 방식으로 작동한다. 알파 헬릭스 세 가닥이 서로 결합되어 꼬여 있는 것은 새끼를 꼬아서 튼튼한 새끼줄을 만든 것과 같은 원리이다. 황원자 사이의 결합을 깰 수 있는 화학물질로 머리카락을 처리하면 (시스테인 분자 사이의 결합이 깨짐에 따라) 알파 헬릭스 가닥이 풀리면서 머리카락이 부드러워지며, 이렇게 되면 쉽게 머리카락을 원하는 대로 말아올릴 수 있게 된다. 그러고 나서 다시 황원자 사이의 결합을 회복시켜주는 화학물질로 머리카락을 처리해주면, 원하는 형태로 머리카락을 고정시킬 수 있다. 이것이 미용사들이 소위 '퍼머' 머리를 할 수 있는 이유이다.

베타 케라틴에서 폴리펩티드 연쇄들은 나선형 구조 대신, 서로 이웃하고 있는 지그재그 상태에 놓여 있다. 연쇄 내부에서 수소결합을 통해 나선형 구조를 형성하여 말리는 대신, 이웃하고 있는 단백질 가닥과 수소결합을 이룸으로써 훨씬 부드러운 구조를 형성한다. 사실 이런 구조를 가진 대표적인 물질들 중 하나인 비단은 부드러움으로 잘 알려져 있다.

DNA 분자의 연구

폴링이 알파 헬릭스의 구조를 밝힘에 따라, 생체분자에서 나선형 구조를 찾을 수 있다는 생각에 다른 연구자들의 상상력은 한껏 고조되었다. 연구자들의 초미의 관심사는 DNA 구조를 결정하는 것이었는데, 그때(1950년대 초반) DNA는 부모로부터 다음 세대로 유전정보를 전달하는 분자로 알려져 있었다. DNA는 생물의 세포핵에서 발견되기 때문에 뉴클레인(neclein, 핵질)이라고 부른다. 그리고 약한 산성을 띠고 있는 까닭에 핵산(nucleic acid)이라 부르고, 디옥시리보오스를 포함하고 있기 때문에 디옥시리보핵산(즉 DNA)이라고 부른다.

1920년대 말에 들어서면서 폐렴을 일으키는 세균의 활동방식에 대한 연구를 통해 생명과정에서 DNA가 차지하는 중심적 역할이 본격적으로 연구되기 시작했다. 매우 힘들고 어려운 작업 끝에 1944년에는 폐렴균들 사이에 차이가 나타나는 이유가 세포 속에 들어 있는 DNA의 차이 때문이라는 사실이 비교적 분명하게 밝혀졌다. 달리 말하면, 세균들이 서로 다른 까닭은 세균들이 서로 다른 DNA를 지니고 있기 때문이라는 사실이 밝혀졌던 것이다. 모든 생물의 세포에는 DNA가 포함되어 있고, 종들을 다르게 만드는 무엇인가가 세포 속에서 운반되고 있다는 사실은 이미 오래 전부터 밝혀져 있었기 때문에 DNA가 생명의 비밀을 담고 있다는 사실은 비교적 분명해 보였다. 그러나 DNA란 정확히 무엇인가? 세포핵 내부에서 분자들은 어떻게 감겨 있는가? DNA는 한 세대에서 다음 세대로 어떻게 정보를 전달하는가?

거대한 약진은 케임브리지 대학에 있는 브래그 실험실의 두 연구자, 크릭(F. Crick)과 윗슨(J. Watson)에게서 비롯되었다. 마침내 케임브리지 그룹이 폴링을 물리쳤다. 지금은 이런 사실이 역사학 논문의 주석에서나 가끔 볼 수 있는 그렇고 그런 것처럼 보일지 모르지만 그 당시에는 (최소한 케임브리지를) 열광의 도가니로 몰아넣기에 충분했다. 그들은 브래그와 폴링이 단백질 구조를 밝히기 위해 사용했던 접근법과 같은 방법을 사용하여 위대한 약진을 이루어냈다. 즉 해당 단백질

구조를 밝히기 위한 X선 회절 사진들에 대한 연구와 해당 분자의 다양한 요소들이 어떻게 그런 구조를 이룰 수 있는가를 밝히기 위해 고안되었던 모형을 결합했던 것이다.

1930년대만 해도, 유기화학자들은 DNA의 구성요소들은 밝혀낼 수 있었지만 생명과정에서 DNA가 담당하고 있는 역할에 대해서는 완벽하게 알지 못했다. 20세기 들어 30년 동안, 일반적으로 DNA는 세포핵 내부에서 기본적인 생체분자들로 여겨지고 있던 일부 단백질 분자들의 생성에 일종의 발판 역할을 한다고 여겨지고 있었다. DNA 분자의 구성요소는 단 세 가지이지만, 각각의 구성요소에 대해서는 많은 구체적인 예들이 있다. 첫번째 구성요소는 탈(脫)산소 오탄당(deoxygenated ribose sugar)——네 개의 탄소원자와 한 개의 산소원자가 오각형 고리 모양의 분자를 이루고 있다——인데, DNA라고 불리게 된 것은 이 요소로 말미암은 것이다. 두번째 요소는 네 개의 산소원자에 의해 둘러싸인 인산원자로 이루어진 인산기의 형태를 띠고 있다.[8] 그리고 세번째 요소는 염기이다. 그렇지만 DNA 분자에는 네 개의 염기——아데닌(Adenine), 시토신(Cytosine), 구아닌(Guanine), 티민(Thymine)이며, 일반적으로 간단하게 첫 문자만을 따서 부른다——가 있다.

1930년대 중반이 되면, DNA가 당 분자, 인산기, 염기를 포함하는 각각의 단위들로 쪼개질 수 있다는 사실이 분명해진다. 이런 하부단위 중 하나가 뉴클레오티드(nucleotide)였다. 아미노산 하부단위들이 서

---

8) 덧붙이자면, DNA 분자 내에서조차 각 인산기는 초과 음전하를 지니고 있는데, 그것은 결합들이 분포되는 독특한 방식에 기인한 것이다(제4장의 각주 3)를 참조할 것). 따라서 모든 DNA 분자들은 실제로 음전하를 운반하고 있는 셈인데, 따라서 정확히 말하자면 DNA분자들은 '분자 이온들'(molecular ions)이라고 불려야만 한다. 우리는 이와 같은 명명법의 정확성에 대해서는 문제삼지 않을 것인데, 그렇게 부르는 사람은 거의 없기 때문이다.

로 결합하여 단백질 분자 내에서 연쇄를 이루는 것과 비슷한 방식으로 뉴클레오티드와 같은 하부단위들이 서로 결합하여 연쇄를 형성한다고 추론하는 것은 논리적으로 타당해 보였다. 지금 우리는 매우 긴 연쇄들에 대해 말하고 있다. 현재 우리는 하나의 DNA 분자에 수백만 개의 원자들이 있다는 것을 알고 있다(그러나 이런 수백만 개의 원자들이 단지 다섯 개의 원자들—탄소, 질소, 산소, 수소, 인—에 의해 흥미로운 패턴을 이루고 있음을 주목할 필요가 있다). 그러나 뉴클레오티드들은 DNA 분자를 형성하기 위해서 어떻게 배열되어 있는가?

토드(A. Todd)가 이끌고 있던 케임브리지의 생화학 연구팀은 1940년대 말에 뉴클레오티드가 매우 독특한 방식으로 결합하여 연쇄를 이루고 있다는 사실을 밝혀냈다. 연쇄의 중추는 서로 교차하면서 결합하고 있는 당과 인산기로 이루어져 있고, 각 당의 측면에서 하나의 염기가 밖으로 뻗어나와 있다. 1953년, 크릭과 윗슨은 DNA의 전체구조를 밝히기 위해 X선 회절 사진들과 함께 바로 이런 정보를 토대로 삼았다.

최초의 DNA X선 회절 사진들은 1938년에 애스트버리가 찍었다. 그러나 런던의 킹스 칼리지(King's College) 연구팀에 의해 본격적으로 DNA의 구조에 대한 연구가 재개된 것은 1950년대에 들어서였다(또다시 제2차 세계대전이 두 시기의 사이에 가로놓여 있었다). 크릭과 윗슨은 절대적으로 중요한 정보인 X선 회절 사진들을 젊은 연구자 프랭클린(R. Franklin)으로부터 제공받을 수 있었다. 크릭과 윗슨이 아니었다면 아마도 프랭클린이 직접 DNA의 구조문제를 풀어냈을지 모른다.[9] 그러나 그녀가 요절(1958년)하면서 1962년에 크릭, 윗슨과 함께 노벨상의 공동 수상자가 될 수 있는 기회를 잃었고, 따라서 DNA

---

9) 반면에 크릭과 윗슨은 그녀의 회절 사진들이 없었다면 DNA의 구조를 밝혀낼 수 없었을 것이다.

이야기에서 그녀의 역할에 대한 평가는 항상 정당하다고 할 수는 없는 것이었다.

X선 회절 사진들은 DNA의 분자구조가 나선형이어야 한다는 것을 보여주었다. 케임브리지 연구팀에게 노벨상을 안겨주었던 중요한 통찰력으로는 다음과 같은 두 가지를 들 수 있다. 첫째, X선 회절패턴을 해석하여 DNA가 두 가닥이 서로 꼬여 있는 이중나선이라는 사실을 밝혔다(프랭클린 역시 이런 사실을 알고 있었는데, 그녀의 실험노트에 이런 사실이 적혀 있다). 둘째, DNA 분자가 이중나선 구조를 이룰 수 있는 이유를 염기의 배열에서 찾았는데, 이에 따르면 DNA 분자의 뼈대를 이루고 있는, 당에서 옆으로 뻗어나와 있는 염기들의 배열에 의해 DNA 분자들은 마치 단백질의 알파 헬릭스 구조가 수소결합에 의해 단단히 묶여 있는 것처럼 두 개의 DNA 가닥이 나선형으로 자연스런 방식으로 결합할 수 있는 것이다.

이 모든 것은 각 염기들의 세부적인 분자구조에서 기인한다. 티민과 시토신은 모두 네 개의 탄소원자와 두 개의 질소원자가 육각형 고리를 이루고 있으며, 이때 고리의 바깥쪽으로 다른 물질들(수소, 메틸기 등)이 붙어 있다. 아데닌과 구아닌도 비슷한 육각형 고리를 이루고 있지만, 고리의 한 측면에는 (두 개의 타일이 서로 맞붙어 있는 것처럼) 오각형 고리—육각형 고리와 같지만 탄소원자가 하나 부족한—가 붙어 있다. 여기에도 수소와 메틸기 같은 몇 가지 다른 물질들이 경계를 따라 붙어 있다. 따라서 대체적으로 A(아데닌)와 G(구아닌)는 C(시토신)와 T(티민)에 비해 지름이 두 배 정도가 크다.

만약 분리된 두 개의 DNA 가닥이 나란히 놓이고, 염기를 가운데 두고 결합한다면 모든 A에 대해 반대편에는 T가 오게 될 것이고, 모든 C의 반대편에는 G가 오게 될 것이다. 이렇게 되면 각 염기쌍(AT와 CG)이 차지하는 공간은 서로 같을 것이기 때문에 이중나선에는 비틀림이

없을 것이다.[10)]

만약 이렇게 분자들을 정렬시키면 놀라운 일이 일어난다. A와 T의 분자들의 형태는 그들 사이에 두 개의 수소결합을 이루기에 매우 적합하다. 그리고 C와 G의 형태는 그들 사이에 세 개의 수소결합을 이루기에 안성맞춤이다. DNA 분자의 두 가닥은 전체가 수소결합에 의해 A는 T와, C는 G와 잘 맞물림으로써 함께 묶여 있는 것이다. 이것은 마치 맞는 열쇠를 자물쇠에 끼우는 것이나, 두 개의 핀과 세 개의 핀이 있는 전기 플러그를 맞는 콘센트에 끼우는 것과 같은 것이다. TA 결합은 크기와 형태에서 CG 결합과 정확히 일치한다. 현재 우리가 DNA의 이중나선 구조에 대해 가지고 있는 그림은 평행으로 놓여 있는 철길의 레일과 비슷한 것인데, 기차 레일들은 침목과 같은 가로대에 의해 서로 연결된 채 일정한 거리를 유지하면서 길게 뻗어 있다. 만약 여러분이 그 기차 레일을 비트는 장면을 떠올린다면, 여러분은 지금 DNA 이중나선 구조에 대한 이미지를 가지고 있는 셈이다.

물론 이것은 우연이 아니다. DNA의 구조는 운에 의해 결합되는 임의의 두 가닥으로 구성된 것이 아니라 뉴클레오티드 단위들에 의해 확실히 A는 T의 반대편에, G는 C의 반대편에 오는 방식으로 이루어져 있다. 이런 사실은 세포가 복제될 때 DNA가 복사되는 과정에서 가장 잘 드러난다. 화학적 세포 장치는 매우 쉽게 꼬여 있는 DNA의 한쪽 끝에서부터 수소결합(상대적으로 약하다는 것을 기억해야 한다)을 깨면서 DNA 가닥을 풀 수 있다. 끝에서부터 풀리기 시작한 DNA는 자신의 주변에 있는 화학물질의 수프에서 적절한 상대를 찾아 자연스럽게 다시 결합을 형성하기 시작할 것이다. 풀린 DNA 가닥의 노출된 A

---

10) 물론 염기의 각각의 형태(A, C, G, T)는 '양쪽' 가닥 모두에 있다. 우리가 "A의 반대편에 T가 온다"고 말할 때, 그것은 그 반대의 상황, 즉 "T의 반대편에 A가 있다"는 것도 포함한다. 이것은 GC와 CG의 경우도 마찬가지이다.

는 주변에 있는 T 뉴클레오티드와 결합할 것이고, 노출된 모든 T는 지나가는 A를 붙잡을 것이다. 노출된 C가 있다면 G를 잡을 것이고, 노출된 G는 C와 결합할 것이다. 최초의 이중나선이 풀리게 됨에 따라, 두 가닥은 각각 새로운 상대가닥을 구축한다. 이때 새로운 가닥은 주형으로 작용하는 원(原)가닥을 따라 차례대로 형성된다.[11] 풀림이 완료되었을 때, 각각의 가닥은 이미 새로운 상대를 구성하는 작업을 완료한다. 이전 것과 동일한 DNA 분자가 생성되는 것이다. 세포분열이 일어날 때, 각 DNA 분자는 복사되어 두 딸세포에게 전달되는데, 이렇게 해서 생명의 연속성을 보장받는 것이다.

메신저 RNA와 효소

크릭과 왓슨의 연구결과에 따라, DNA 가닥에 연속적으로 배열되어 있는 염기들(A, C, G, T의 패턴)이 알파벳 철자들이나 단백질 내부에서 연쇄를 이루고 있는 아미노산들처럼 정보를 전달할 수 있다는 사실도 곧 명확해졌다. 얼핏 보면, 네 개의 문자로 만들 수 있는 글자는 매우 한정되어 있는 것처럼 보일지도 모른다. 그러나 모르스 기호나 컴퓨터는 두 개의 문자만으로 이루어진 이진 알파벳을 사용한다(모르스 기호인 경우에는 점과 선을, 이진 컴퓨터 알파벳의 경우에는 켜짐(on)과 꺼짐(off)). 각 단어의 길이를 충분히 길게 할 수만 있다면 이진 알파벳으로 원하는 단어를 만드는 것은 그리 어려운 일이 아니다. 따라서 네 문자 알파벳의 경우에는 더 말할 필요도 없다. 우리 몸 속에 있는 세포 하나의 핵 속에 있는 DNA는 많은 정보—인체의 구성, 보호,

---

11) 이것은 조금은 단순화한 것이다. 사실 새로운 상대가닥은 원가닥을 따라 동시다발적으로 여러 곳에서 형성된다. 즉 DNA의 새로운 조각들이 원가닥을 따라 자라나고, 자라난 조각들이 서로 결합하는 것이다.

유지에 대한 완벽한 기술(記述)——를 운반하고 있는 것이다.

DNA는 세포조직에게 단백질 제조법에 대한 정보를 전달하는 일을 한다. 실제로 유전부호(genetic code)가 세 문자들(세 개의 염기들)로 이루어진 단어들 속에 쓰여 있다는 사실이 밝혀졌는데, 각 단어들이 모두 개별 아미노산을 구체적으로 지정하고 있기 때문이다. 따라서 DNA 가닥의 짧은 마디에 포함되어 있는 염기서열은 ACG TCG TCA GGC CCT와 같은 '메시지'로 읽히게 될 것이다. 이런 메시지는 세포 조직에게 단백질 연쇄를 만들 때 일정한 순서에 따라 특정 아미노산들을 배열하라는 명령으로 작용한다. 네 문자의 알파벳을 조합하면 64개의 서로 다른 세 문자 단어들을 만들 수 있기 때문에 20여 개의 아미노산을 부호화하는 데는 충분할 뿐만 아니라 심지어 '중지'(지금 단백질 연쇄의 생산을 멈추라는 명령)를 뜻하는 세 문자 단어와 같이 몇 개의 특수한 마침표를 갖기도 한다. 사실 '중지'는 매우 중요한 메시지이기 때문에 이를 위한 부호가 UAA, UAG, UGA 세 가지나 존재한다(우라실[Uracil]을 뜻하는 U에 대해서는 다음에 살펴볼 것이다).

물론, "세포는 DNA에 부호화된 명령들과 일치하는 아미노산으로부터 폴리펩티드 연쇄들을 만든다"고 말하는 것은 실제로 단백질을 만드는 것보다 훨씬 쉬운 일이다. 아직도 전과정을 완벽하게 이해할 수 있게 된 것은 아니다. 그러나 핵심적인 단계들은 명백하게 밝혀졌다.

특정한 단백질이 필요하게 되면(세포가 그 필요성을 어떻게 정확히 아느냐 하는 것은 아직도 수수께끼로 남아 있다) 세포핵 속에 말려 있는 DNA의 관련 부분이 풀리면서 적절한 메시지가 복사되는데, 이것을 주형으로 사용하여 또다른 핵산가닥을 만들기 위해 노출된 가닥에 따라 뉴클레오티드 연쇄를 구축한다. 이때 생기는 새로운 가닥은 DNA가 아니라 RNA(ribonucleic acid)이다. RNA는 DNA와 거의 같은 긴 연쇄 분자이지만, 당의 단위가 디옥시리보오스가 아니라 리보오스이

고, 염기에서도 티민이 아니라 우라실을 포함하고 있다는 점에서 DNA
와 다르다. RNA에도 네 개의 염기가 있지만, DNA에서 T가 있던 모든
곳을 U가 대신 차지한다(U가 유전부호에서 중지 명령을 내릴 수 있는
것은 이런 이유 때문이다. 이에 대해서는 앞의 내용을 참고할 것).

　이렇게 만들어진 RNA 가닥——메신저(messenger) RNA라고 부른
다——은 세포핵 밖으로 이동하여 세포의 부피 대부분을 차지하고 있
는 화학물질 수프 속으로 들어가는데, 그곳에서는 리보솜(ribosome)
이라는 세포조직이 행동에 돌입한다. 리보솜은 메신저 RNA 가닥을 따
라 움직이면서 녹음기의 자석 헤드가 녹음 테이프가 지나갈 때 테이프
의 내용을 읽어내는 것처럼 RNA 가닥을 읽어낸다. 즉 리보솜은 부호
화된 메시지에 기록되어 있는 각 세 문자 단어를 특정 아미노산으로
해석한 다음, 그것을 바탕으로 아미노산들을 올바른 순서대로 결합시
켜 특정 단백질을 만들어내는 것이다. 역할을 다한 메신저 RNA는 쪼
개지기 때문에 그 구성요소들은 재사용될 수 있다.

　일부 분자생물학자들이 유전부호에 주목하여 그것의 작동방법에 몰
두해 있는 동안(당연한 일이지만, 유전부호는 1960년대에도 계속 관심
의 대상이 되고 있었다), 다른 연구자들은 감겨 있는 폴리펩티드 연쇄
에 의해 만들어진 구형 단백질을 포함하여 단백질들의 구조를 밝히는
데 주력하고 있었다. 단백질은 우리 몸의 구조를 제공할 뿐만 아니라
거의 모든 것에 영향을 미친다. 생명과정에서 가장 중요한 역할을 하
는 것으로는 효소(enzyme)라고 불리는 단백질을 들 수 있는데, 모든
효소들은 원형 단백질이다. 효소는 일정한 방식으로 다른 분자들의 반
응을 촉진시키는 역할을 담당하고 있는 분자들이다. 화학용어에 따르
면, 효소는 촉매로 작용한다.

　효소가 가진 중요성은 간단한 예를 통해 살펴볼 수 있다. 크고 거친
둥그런 분자(효소)를 생각해보자. 이 분자 표면에는 오목하게 패인 두

개의 불규칙한 톱니모양이 있다. 톱니 하나는 자신보다 작은 다른 생체분자(조각그림 맞추기에 맞게 끼워지는 조각처럼)를 붙잡기에 적합한 형태를 띠고 있고, 다른 톱니모양은 다른 생체분자를 붙잡기에 적절한 형태를 지니고 있다. 두 분자가 이 구멍들을 차지하면, 그것들은 화학결합을 형성하기에 적절한 방식으로 나란히 놓임으로써 서로 연결이 이루어진다. 이렇게 해서 두 분자는 짝을 이루게 되고, 단일한 단위로 세포 속으로 다시 방출됨으로써 자신들이 해야 할 생화학적 작업을 수행하게 되는 것이다.

효소가 이 모든 것들에 의해 변화를 일으키지 않는 것은 중요한데, 이로 말미암아 효소는 같은 과정을 여러 번 반복할 수 있다. 효소는 끊임없이 같은 화학적 임무를 반복하는 충실한 로봇과 같다. 어떤 효소들은 분자들(폴리펩티드 연쇄를 포함하여)을 결합시키고, 다른 효소들은 아미노산 사이에 있는 결합을 화학 가위로 잘라냄으로써 분자들을 분리시킨다. 또 어떤 효소들은 유용한 분자들을 필요한 곳으로 운반하거나 불필요한 노폐물들을 폐기처분하고, 심지어 어떤 것들은 에너지를 이곳에서 저곳으로 옮기기도 한다.

효소들은 중요하지만 몸의 구성요소 중 단지 한 가지에 불과하다. 다른 모든 것들처럼, 효소들의 구조는 세포 내부의 DNA 속에 갇혀 있는 유전부호의 네 문자 알파벳으로 부호화되어 있다. 좀더 거시적 차원으로 옮겨가서 전체 효소가 서로간에, 그리고 환경과 어떻게 작용하는가를 살펴보기에 앞서, DNA의 또다른 역할을 간단히 살펴보고자 한다. 즉 DNA가 복사되고(보통 세포가 둘로 분열될 때와는 약간은 다른 방식으로), 다음 세대로 전달되는 방식에 대해 살펴보고자 한다.

세포, 생명의 기본단위

지금까지 우리는 세포의 구조에 대한 구체적인 설명 없이 세포핵과 그것을 둘러싸고 있는 외부에 대해 말해왔다. 우리가 이미 원자구조를 묘사하는 것과 비슷한 방식으로 '핵'이라는 단어를 사용했다는 점을 고려했을 때, 이 단어의 핵심적 의미는 세포의 구조에 대한 자세한 설명 없이도 분명히 드러났다고 할 수 있을 것이다. 사실 러더퍼드가 원자의 '핵'이라는 용어를 사용한 것은 그 용어가 비슷한 맥락으로 세포생물학에서 이미 사용되고 있어서 그것을 반영하고자 했기 때문이다. 그렇지만 생식에 대한 이해를 높이기 위해서는 세포의 작동방법을 좀더 분명히 하는 데서 다시 시작해야 한다.

세포는 생명의 기본단위이다. 개별세포들은 생식을 비롯한 생명의 모든 속성들을 지니고 있고, 복잡한 생물의 모든 기관들은 기능에 관계 없이 세포로 이루어져 있다. 수정한 동물의 알이나 식물의 씨앗은 분할을 통해 성체로 성장할 수 있는 능력을 보유하고 있는 단세포이다. 여기에는 수많은 분할과 증식과정이 포함된다. 우리 몸에는 약 100조 개의 세포가 있는데, 이 수치는 우리 은하 전체에 있는 밝은 별의 수보다 약 1000배 많은 것이다(제10장을 볼 것).

세포들은 막으로 둘러싸여 있다. 세포막은 외부로부터 세포를 격리시키고 화학물질의 흐름을 제한하는 역할을 담당하고 있다. 세포막의 내부는 젤리와 같은 물질인 시토졸(cytosol)로 채워져 있고, 그 속에서 다양한 생물학적 하부단위들이 자신의 위치에서 주어진 임무를 수행하고 있다. 이런 하부단위의 예로는 식물세포에 들어 있는 엽록체를 들 수 있는데, 엽록소를 포함하고 있는 엽록체는 광합성과 관련되어 있다. 또다른 막 너머에 위치한 세포의 중심에는 핵이 자리잡고 있다. 핵의 바깥쪽에 있는 모든 것을 세포질이라 부르는데, 이곳에서 세포의 활동이 일어난다. 그리고 DNA 속에 부호화되어 있는 지시와 일치하는 생체분자들을 물과 이산화탄소 같은 단순한 요소들을 재료로 하여 만들어내기도 한다. 그러나 우리는 이 모든 것들을 무시하고 핵 내부의 염색체 속에 저장되어 있는 DNA로 우리의 관심범위를 좁히도록 하겠다.[12)]

생물이 성장하는 것은 생물 속에 있는 세포들이 두 개로 분할하면서 수가 증가하고 있기 때문이다. 이 과정에서 세포핵 속에 들어 있는 모든 염색체가 복사된다. 그렇게 되면, 세포핵과 원형질 사이의 경계가 사라지면서 두 벌의 염색체는 세포의 양 끝으로 한 벌씩 이동하고, 그곳에서 염색체는 새롭게 형성된 핵막 내부에서 다시 모이게 된다. 마침내 세포는 각각 완전한 염색체를 지닌 두 개의 딸세포로 분리되는 것이다. 이때 어떤 하나의 염색체를 '원형'이라고 말할 수 없다(실제로, 앞에서 서술했듯이 복사의 작동방식 때문에 두 벌의 염색체 사이에는 차이가 없다). 하나의 세포가 있었던 곳에 지금은 두 개가 있고, 두 개는 서로에 대해 무엇이 오래 되었다(새롭다)고 할 수가 없다. 이런 세포분열을 유사분열(有絲分裂)이라 한다.

각각의 염색체에는 많은 DNA가 들어 있기 때문에 세포가 유사분열을 하는 동안 그 많은 DNA를 풀고 복사하는 것은 실로 아슬아슬한 순간의 연속이다. 유성생식(有性生殖)을 하는 종들이 가진 두 벌의 염색체는 부모에게 한 벌씩 물려받은 것이다. 예를 들어 인간은 정확히 스

---

12) 지금까지 살펴본 세포는 인체와 동물이나 식물의 몸 속에 있는 모든 것을 총망라한 것이다. 윤곽이 뚜렷한 핵을 지니고 있는 세포를 진핵세포라고 한다. 한편, 세균은 이런 세포들과는 달리 윤곽이 뚜렷하지 않은 세포구조를 지니고 있다. 세균의 세포 속에는 핵이 없고, DNA는 염색체 속에 배열되어 있지 않으며 소위 핵산으로 싸여 있을 뿐이다. 이런 세포를 원핵세포라 하는데, 이것이 진화적으로 초기단계를 대표한다는 사실은 비교적 분명하다. 그렇지만 원핵세포가 진화에 실패한 것은 결코 아니다. 세균은 아직도 지구의 생태계에서 매우 큰 부분을 차지하고 있다.

물세 쌍의 염색체를 지니고 있다. 이 염색체에는 신체를 구성하고 운영하는 방법에 관한 모든 정보가 실려 있다. 그리고 이 정보들은 유전자라고 알려진 DNA의 짧은 영역들에 부호화되어 있다(유전자와 진화에 대한 자세한 내용은 다음 장에서 다룰 것이다). 이렇게 부호화된 모든 정보가 염색체에 저장되는 방식은 포장의 진수와 다름없다.

염색체는 DNA와 단백질의 혼합물이다. 그러나 과학자들이 처음에 가졌던 생각과는 반대로, DNA가 저장될 수 있는 토대를 마련해주는 것은 단백질이다. 이런 특수 단백질들을 히스톤(histon)이라고 통칭하는데, 여덟 개의 히스톤 분자들은 결합하여 둥그스름한 공의 형태를 띠게 된다. DNA 이중나선은 이 공을 두 바퀴씩 감고 있고, 공의 양쪽 측면에 붙어 있는 두 개의 다른 히스톤 분자들에 의해 고정되어 있다. 이것을 기본으로 하여 히스톤 공들이 염주처럼 길게 늘어서게 된다. DNA에 의해 두 바퀴씩 감겨 있는 구슬 같은 공 각각을 뉴클레오솜(nucleosome)이라고 하는데, 하나의 뉴클레오솜을 다른 것과 연결시키기 위해 짧게 뻗어나와 있는 DNA의 연결부위가 신축성을 가지고 있기 때문에 구슬들의 전체 가닥은 더욱 촘촘히 말릴 수 있다. 이것은 마치 염주가 좁은 공간 속으로 더욱 촘촘히 말릴 수 있는 것과 같다. 심지어 이렇게 말린 코일들은 더욱 촘촘히 말려 슈퍼코일을 형성할 수도 있다.

인체 속의 모든 세포(난자와 정자 세포는 제외하고)들은 이런 식으로 이루어진 46개의 작은 원통을 지니고 있다. 끝과 끝을 모두 이어 일렬로 늘어놓으면 46개 염색체의 길이는 단지 0.2밀리미터에 불과하다. 그러나 만약 염색체에 저장된 모든 DNA를 풀고 끝을 이으면, 그 길이는 대부분의 사람들의 키보다 큰 1.8미터에 이를 것이다. DNA는 펼쳤을 때 길이의 약 1만분의 1에 해당하는 길이 속에 말려 있는 것이다. 그런데도 세포기관은 촘촘하게 말려 있는 모든 DNA 중에서 특정 단백질을 만들기 위해 필요한 DNA 조각을 찾아낼 수 있고, 촘촘히 감겨 있는 염색체에서 필요한 마디를 풀어서 DNA의 메시지를 메신저 RNA에게 복사해줄 수 있다. 그리고 나서 모든 것을 솜씨 있게 제자리로 돌려놓을 수 있다. 유사분열이 일어날 때는 DNA의 모든 마디가 풀리고 복사되며, 몇 분 동안에 두 벌의 염색체로 다시 꾸려진다. 그렇지만 유성생식과 관련 있는 분화된 세포들이 분열할 때 그들은 재조합이라고 알려진 더욱 인상적인 묘기를 펼쳐 보인다.

정자 또는 난자 세포는 유사분열과는 다른 종류의 세포분열, 즉 감수분열(減數分裂)에 의해 생성된다. 유성생식을 하는 모든 종들에게 이 과정은 매우 비슷한데, 여기서는 인간 세포에 국한하여 살펴보고자 한다.[13] 간단하게 복사되는 모든 염색체들과는 달리, 감수분열에서는 분리되어 있던 46개의 염색체들이 먼저 쌍을 이루기 때문에 23종의 염색체(염색체 한 벌)는 반대편 짝과 나란히 놓이게 된다(23종의 염색체 한 벌이 부모 중 한 사람에게서 전해졌다는 것을 기억하라).

염색체들이 복사된 후, 짝을 이룬 DNA의 조각들은 각 염색체에서 쌍으로 잘리고 교환되면서 새로운 염색체들이 형성되는데, 그 각각에는 부모로부터 물려받은 유전물질(유전자)의 혼합물이 포함되어 있다. 이런 과정을 재조합이라 한다. 이제 세포는 두 개의 딸세포로 분열되며, 각 딸세포에는 46개의 염색체들이 한 세트를 이루고 있다. 그러나 그 뒤에, DNA 복사를 포함하지 않는 두번째 단계의 분열이 일어나서 각각 23개의 염색체 한 벌—재조합에 의해 생성된 '새로운' 염색

---

13) 인간과 다른 종과의 실제적인 차이는 단 한가지, 해당 염색체의 개수이다. 사람은 23쌍의 염색체를 지니고 있지만, 다른 종이 보유하고 있는 염색체 쌍의 수는 염색체가 거주하는 '몸'의 종류와 관련이 없는 것처럼 보인다. 예를 들면 완두는 7쌍의 염색체를 가지고 있고, 감자의 각 세포는 24쌍(여러분이 가지고 있는 것보다 한 개가 더 많다)의 염색체가, 그리고 가재의 각 세포는 100쌍 정도의 염색체가 있다.

체──만을 포함하는 세포 네 개가 만들어진다.

　남성의 경우에는 네 개의 세포 중 세 개가 정자로 발전하고, 여성의 경우에는 단지 하나만이 난자로 발전하고 나머지는 폐기된다. 여기서 중요한 점은 정자와 난자는 모두 한 벌의 염색체만을 지니고 있고, 이 염색체들은 부모 각각으로부터 물려받은 유전자를 포함하고 있다는 것이다. 남성의 정자와 여성의 난자가 결합하여 염색체 23쌍이 완전히 채워진 새로운 세포를 형성하면, 수정한 난자는 새로운 인간으로 성장할 수 있는 능력을 지니게 된다. 새로 태어난 인간의 모든 세포에 들어 있는 23개의 염색체 한 벌에는 조부모로부터 물려받은 유전정보의 혼합체가 포함되어 있고, 또다른 한 벌에는 외조부모로부터 물려받은 유전정보의 혼합체가 포함되어 있다. 그러나 성세포를 제외한 인체의 모든 세포에는 모두 똑같이 46개의 염색체가 포함되어 있고, 각 염색체는 몸 속에 있는 다른 모든 세포 속에 있는 동등한 염색체와 똑같은 유전정보를 보유하고 있다.

　대체적으로 23개의 인간 염색체들 각각에는 7만 5000개의 분리된 유전자들이 퍼져 있기 때문에(어떤 것은 많이, 어떤 것은 조금 운반한다) 성교와 재조합에 의해 유전자의 혼합체가 지닐 수 있는 다양성의 정도는 매우 커진다. 이것이 완전히 똑같은 사람이 없는 이유이다(일란성 쌍둥이는 예외적인 경우에 속하는데, 그것은 이들이 난자 세포가 수정된 다음에 완전히 같은 두 개의 딸세포로 분열되면서 각각이 새로운 인간으로 성장하기 때문이다). 그러나 모든 세포에는 두 벌의 염색체가 있기 때문에 모든 유전자에는 두 개의 버전이 있는데, 이런 사실로 말미암아 유전 이야기는 더욱 복잡해진다.

　신체적 특징, 예를 들어 눈의 색깔을 결정하는 단일 유전자가 있다고 가정해보자. 이 유전자는 매우 단순한 작은 조각이다. 일반적으로는 신체의 특징(전문용어로 말하자면 표현형〔phenotype〕의 세목들)이 여러 개, 또는 많은 유전자들(유전자 전체 꾸러미를 유전형[genotype]이라 한다)의 상호작용에 의해 생성된다고 알려져 있지만, 여기서는 이해를 돕기 위해서 문제상황을 단순화하고자 한다. 부모 중 한 사람에게서 유전된 염색체에서는 눈 색깔 유전자가 신체에게 파란 눈을 가지라고 '말할' 것이다. 그러나 같은 곳에 위치한 다른 부모로부터 유전된 동일한 염색체는 갈색 눈을 가지라고 지시할 것이다. 같은 유전자의 이런 다른 버전들을 대립형질이라 한다. 이 경우에는 한 벌의 염색체에 갈색 눈 대립형질을 지니고 있는 사람은 갈색 눈을 띠게 될 것이다. 파란 눈을 띠는 경우는 두 염색체들이 모두 파란 눈 대립형질을 지니고 있을 때뿐이다.

사실상 모든 유전자에게는 다른 대립형질들(종종 여러 개의 다른 대립형질들)이 있고, 다른 대립형질들은 성교와 재조합에 의해 세대를 거듭하는 동안 계속해서 섞이면서 새로운 배열을 이루게 되고, 자연은 다른 유전자(유전형)의 조합들을 계속 시험하면서 아주 작은 차이를 가진 표현형들을 만들어낸다. 동시에 자연은 새로운 유전자들, 또는 적어도 기존에 있었던 유전자의 변형들을 '창안해내기'도 한다. 세포 분열이 일어날 때 복사의 모든 과정은 완벽하지 않기 때문에 가끔 DNA 메시지의 일부 조각들이 변이를 일으키기도 한다. 가끔 감수분열이 일어나는 동안 DNA의 조각이 끊겨서 분실되거나, 잘못된 위치에 재결합되거나, 여기저기에 잘못된 방식으로 다시 붙는다. 이것은 일반적으로 불길한 징조이다. 손상된 DNA를 가진 세포는 적절하게 자신의 작업을 수행하기가 어렵기 때문에 아마도 새로운 종류의 신체(표현형)를 형성할 수 있는 단계로 발전하기 훨씬 전에 죽고 말 것이다. 그러나 변화의 정도가 충분히 작다면, 그것은 좋거나 나쁘거나 작은 영향만을 미치게 되어 결국은 새로운 개체의 표현형에서 서서히 모습을 드러낼 수 있게 될 것이다.

이런 변화의 예로, 폴리펩티드 연쇄를 이루고 있는 아미노산의 순서가 바뀌어 몸에서 생산되는 단백질의 구조가 변화되는 일이 발생하는 경우를 들 수 있다. 만약 그 단백질이 헤모글로빈(우리 피 속에서 산소를 운반하는 단백질)이라면, 단백질 구조의 작은 차이는 헤모글로빈의 효율성을 더욱 높여주거나 떨어뜨릴 것이다. 만약 효율성이 높아진다면, 새로운 대립형질을 '보유한' 몸은 효율성이 더욱 높아지게 될 것이고, 따라서 쉽게 숨쉴 수 있게 되어 생존과 자손형성에서 유리한 위치를 차지하게 될 것이다. 그리고 새로운 대립형질을 보유하고 있던 조상의 자손들 절반은 자신들의 염색체에 새로운 대립형질을 보유하게 될 것이다. 만약 단백질의 새로운 버전이 작업(여기서는 산소를 운반하는 것)의 효율성을 떨어뜨린다면, 아마도 그 버전을 보유하고 있는 몸은 병을 앓을 뿐만 아니라 항상 숨이 가쁜 상태에 놓이게 되어 많은 자손을 남길 정도로 오래 살 가능성은 그리 높지 않을 것이다.

이것이 바로 분자 차원에서의 진화이다. DNA 메시지의 작은 차이(DNA 부호에서 문자 하나의 차이는 단백질 분자의 특정한 위치에 들어가는 아미노산을 변화시키기에 충분할 수 있다)에 의해 서로로부터 조금씩 다른 표현형들(몸들)이 나타나게 되고, 이 표현형들은 단일한 기준에 의해 서로 경쟁하게 된다. 경쟁에서 승리한 표현형을 지닌 자손들(즉 그 표현형을 가진 유전자의 복제물들)이 대부분 살아남게 된다. 성교는 유전자의 상이한 조합들에 기초한 새로운 표현형을 만들기 위해 주변에 있는 유전자들을 섞음으로써 진화과정을 돕는 것에 불과하다. 그러나 여기에는 '닭과 계란의 문제'가 없다. 먼저 분자들이 있었고, 그것들의 진화에 따라 자신의 생식을 돕기 위해 몸(인간의 신체를 포함한)의 모든 장치가 창안되었음이 분명하기 때문이다. 생물학자들은 "닭은 더 많은 계란을 생산하기 위해 선택한 계란의 길"이라는 경구를 가지고 있다. 이와 비슷하게 인간은 단순히 더 많은 자신의 유전자를 복제하기 위해 선택한 유전자의 길이다.

우리는 지금까지 진화에 대한 일반론과는 반대방향에서 진화에 접근해왔다(하향식보다는 상향식이다). 이런 접근법은 모든 표현형(인간을 포함하여)을 스포트라이트의 중심에서 잠시 멀리 떨어뜨림으로써 원하는 것만을 살펴보는 데는 더 적절하다고 할 수 있다. 그러나 이런 장점은 생체분자에 국한하여 이야기를 하는 경우에만 실제로 유효하다. 진화가 거시세계에서 어떻게 작동해왔는가를 이해하기 위해서는 규모를 한 단계 끌어올려서 몸 전체가 서로에 대해, 그리고 환경과 어떻게 상호작용하고 있는지를 살펴봐야만 한다.

생명의 진화

"자연주의자가 어떤 다른 젖먹이 포유류를 보는 것처럼 인간을 본다"는 사상이야말로 진화론에 대한 현대적 이해의 핵심을 이룬다. 사람은 동물이고, 따라서 다른 동물들과 같은 종류의 진화적 힘들에 의해 형성되어왔다. 이런 방식으로 인간을 포함한 모든 동물들에게서 나타나는 모든 형태의 사회적 행위를 연구대상으로 삼고 있는 분야를 사회생물학이라 한다. 그런데, 자연선택의 개념과 결합된 유전학과 유전에 대한 현대적 이해가 다윈 자신이 1839년에 혼란스러워했던 '이타적 행위'의 기원을 설명할 수 있게 된 것은 진화론의 성공을 말해주는 것이다.

멘델의 완두 연구

진화는 유전자 수준에서 작동한다. 세포의 작동 메커니즘들은 틀림없이 진화해왔고 유전자들은, 알고 있다시피, 진화의 결과로 발전해왔다. 그러나 여기서는 이 점에 대해서 더 자세히 살펴보지는 않을 것이다. 만약 여러분이 왜 어떤 사람은 파란 눈을, 다른 사람은 갈색 눈을 가졌으며, 왜 인간은 다른 유인원들과 다르며, 왜 모든 유인원들은 도마뱀과 다르며, 왜 콩들은 다양한 모습을 띠게 되었는지를 알고자 한다면, 그때 중요한 것은 그들의 유전자이다. 진화(동물이나 식물의 개체 수준에서)는 유전자들이 복사되고 다음 세대로 전달되는(유전되는) 방식과 이런 복제과정이 (우리가 앞에서 살펴봤듯이) 거의 완벽하지만, 결코 완벽하지는 않다는 사실에 기초를 두고 있다. 자손들이 부모를 닮고 같은 종의 일원이라는 사실을 확신할 수 있는 이유는 바로 이 '거의 완벽에 가까운' 복제 때문이다. 그러나 진화의 메커니즘이 작동하여 가끔씩 새로운 종을 탄생시키는 것 또한 바로 이 '결코 완벽하지 않은' 복제 때문이다.

유전의 작업방식을 최초로 이해한 사람은 모라비아의 수도사, 멘델(G. Mendel)이었다. 멘델은 다윈과 동시대인으로서 다윈이 자연선택에 의한 진화론의 정교화 작업에 몰두하고 있던 때에 유전에 관한 연구를 진행하고 있었다(특히 완두를 대상으로 한 세대에서 다음 세대로 특성들이 전달되는 방식을 탐구하고 있었다). 불행하게도, 다윈은 멘델의 작업을 전혀 모르고 있었고,[1] 멘델은 다윈의 작업을 말년에서야 겨우 알았을 뿐이다. 그때는 이미 수도원장으로 선출된(1868년) 멘델

---

1) 멘델이 살아 있는 동안 그의 작업에 대해 알고 있었던 사람은 거의 없었다. 그는 과학계의 주류에 포함되어 있지 않았고, 핵심적인 연구성과가 1866년에 '자연과학 연구를 위한 브륀학회'(Brünn Society for the Study of Natural Science)

이 과학연구를 포기한 채 관리자의 의무를 충실히 수행하고 있었다. 따라서 현대 진화론에서 핵심적 위치를 차지하는 두 요소들은 20세기의 시작과 더불어 비로소 알려지게 되었다. 그때 멘델의 연구가 재발견되었고, 독립적으로 연구를 수행하고 있었던 여러 명의 연구자들도 유전의 성질에 대해 멘델과 같은 결론에 도달했던 것이다. '유전자'라는 용어가 처음 사용된 것 역시 20세기의 처음 10년 동안의 일이었지만, 우리는 어쨌든 유전의 기본단위를 서술하기 위해 이 용어를 사용할 것이며, 멘델과 다윈의 19세기 작업을 살펴볼 때조차 그렇게 할 것이다.

멘델이 보통 수도사가 아니었음은 충분히 강조할 필요가 있다. 그는 가난한 집 출신이었지만 매우 총명했고 과학에 관심이 높았다. 고등교육을 받을 수 있는 길이라곤 성직자가 되어 교사가 되기 위한 교육을 받는 것이 유일했다. 그 과정에서 그는 특히 물리학에 몰두했는데, 그것은 그가 자신의 유전에 관한 연구에 물리학적 접근방법을 도입하는 데 많은 도움을 주었다. 즉 그는 매우 조심스럽게 번식계통을 분리했고, 결과를 통계적으로 해석할 수 있는 방법—심지어 물리학자들도 19세기 중반에야 겨우 터득할 수 있었고, 그 당시 생물학에는 거의 알려지지 않았던 방법—을 완벽하게 이해하고 있었던 것이다. 이런 표현에는 빈정거림을 담고 있다고 할 수 있는데, 그것은 지금으로부터 몇 년 전에 멘델의 데이터를 재조사한 통계학자들이 그의 결과는 "너무 훌륭해서 사실일 수 없고", 멘델이 데이터를 조작했음이 분명하다고 주장했기 때문이다. 그러나 그 통계학자들이 생물학을 적절히 이해하지 못했고, 멘델이 심은 열 개의 콩 중에서 한 개 정도가 발아하지

에서 발간하고 있던 비교적 유명하지 않았던 잡지인 『프로시딩스』(*Proceedings*)에 발표되었기 때문이다.

못했을 가능성이 있다는 사실을 인정하지 않았음이 밝혀졌다! 따라서 이 이야기는 멘델이 생물학과 통계학 모두를 이해하고 있었다는 사실을 매력적으로 보여주고 있는 셈이다.

그렇지만 브륀(현재의 브르노(Brno))에서 교사로 근무하던 멘델은 생물학 연구를 위해서 많지 않은 여유시간을 쪼개서 사용해야만 했다. 그리고 물질적으로도 어려움을 겪었는데, 그가 사용할 수 있는 공간이란 수도원 정원에 있었던 자그마한 땅이 전부였다. 물론 수도원장이 되었을 때 그가 더 많은 시간과 공간을 자신의 연구를 위해 할당할 수 있는 유리한 위치에 있었던 것은 사실이지만, 연구를 수행하기에는 너무도 많은 다른 일들이 그를 가만히 내버려두지 않았다.

완두 연구는 멘델이 수행했던 유일한 연구라기보다는 그때까지 그가 했던 실험 중에서 가장 중요한 분야였고, 멘델의 현대적 명성은 이 연구를 기반으로 하고 있다. 그는 대략 총 2만 8000종의 식물들을 조사대상으로 삼았는데, 그의 말에 따르면 그 중에서 1만 2835종의 식물들을 "주의 깊게 조사했다". 이 작업은 주로 멘델이 30대였던 1850년대 중반에 이루어졌다. 그 이전에도 다른 연구자들이 많은 식물들을 교배하고 그 자손들을 연구했다. 그러나 그들의 연구는 다소 임의적으로 이루어졌는데, 식물들이 자연적으로 교배하도록 놓아둔 상태에서 그 결과 발생한 다양한 이종교배를 이해하려고 노력하는 식이었다. 멘델은 각각의 식물을 개체로 취급하여 각각에 고유번호를 매겨 관찰노트에 기록하고, 그것들을 분리시킨 다음 한 식물의 꽃가루를 다른 식물의 꽃에 붓칠하여 자신이 직접 가루받이를 수행했기 때문에, 그는 모든 경우에서 어떤 식물들이 그 다음 세대의 식물의 부모인지를 알 수 있었다.

그는 이런 연구를 통해 매우 풍부하고 구체적인 정보들을 모았다. 유전의 작동방식을 설명하기 위해서는 그 중에서 대표적인 사례 하나만을 살펴봐도 충분할 것이다. 유전연구에서 완두가 지닌 가장 큰 매력(멘델 자신이 연구를 시작하기 전에 잘 알고 있었듯이)은 한 세대의 특성이 그 다음 세대로 전해질 때 그 특성을 쉽게 추적할 수 있다는 것이다. 예를 들면 어떤 콩의 씨앗은 녹색이고, 다른 것은 노란색이다. 그리고 어떤 것은 표면이 매끄러운데, 다른 것은 표면에 주름이 잡혀 쪼글쪼글하다. 일련의 연구에서, 멘델은 매끄러운 씨앗들을 가지는 품종에서 완두들을 고른 다음, 쪼글쪼글한 씨앗을 가지는 품종에서 선택한 완두들을 교배했다. 이렇게 해서 성장한 딸세대의 완두에서 받아낸 모든 씨앗들의 표면은 매끄러웠고, 따라서 쪼글쪼글한 것들은 퇴화된 것처럼 보였다. 그러나 이 딸세대의 완두들끼리 다시 교배했을 때, 그 다음 세대(처음 식물의 손녀들)에서는 씨앗의 75퍼센트가 매끄러웠던 반면, 쪼글쪼글한 씨앗도 25퍼센트나 차지하고 있었다(멘델의 실제 데이터에 의하면, 매끄러운 씨앗의 개수는 5474개였고, 쪼글쪼글한 씨앗의 개수는 1850개였다).

유전적 관점에서 볼 때 설명은 간단하다(물론 단순성이 분명해지기 위해서는 더 많은 실험이 필요하다). 매끄러운 씨앗을 가진 원(原)식물들에서, 각 식물은 씨앗들 속에 매끄러움을 특정하는 두 개의 유전자 복사물(명확히 말해서, 두 개의 대립형질)을 보유한다. 쪼글쪼글한 씨앗을 가진 원식물들에서, 각 식물은 씨앗들 속에 쪼글쪼글함을 특정하는 두 개의 대립형질을 보유한다. 각각의 경우에, 유전자의 어떤 버전이 표현형으로 표현될 것인지는 의심의 여지가 없다.

그러나 딸세대의 식물들은 각 부모로부터 대립형질 하나씩을 물려받는다. 딸세대의 식물은 자신의 세포에 쪼글쪼글함을 위한 대립형질의 복사물과 매끄러움을 위한 대립형질의 복사물을 하나씩 보유하게 되는 것이다. 이 경우에는 매끄러움 유전자가 지배적 위치를 차지하게 된다. 식물이 매끄러움 대립형질을 운반하고 있는 한, 그것은 다른 대립형질을 지배하게 된다. 따라서 두 대립형질을 하나씩 물려받아 태어난 모든 딸세대의 식물들은 매끄러운 씨앗만을 가지게 된다(유전체〔게놈〕속에는 존재하지만 그 유전자 한 쌍이 모두 존재하지 않는 한 표현형으로 표현되지 않는 대립형질을 열성형질이라 한다).

그렇지만 손녀세대에서는 유전자들이 딸세대와는 약간 다른 방식으로 섞이게 된다. 손녀세대의 각 식물은 부모인 딸세대의 식물 각각으로부터 하나씩의 대립형질을 물려받는데, 이때 딸세대의 식물은 자식에게 물려줄 서로 다른 두 개의 대립형질을 지니고 있다. 손녀세대의 식물이 각 부모로부터 하나의 대립형질을 물려받을 가능성은 50:50이다. 만약 우리가 쪼글쪼글함 대립형질을 R라 하고, 매끄러움 대립형질을 S라 하면, 각 딸세대의 식물들이 갖게 되는 유전형(이런 특수한 특성만이 관련되는 경우에)은 간단하게 RS로 표현할 수 있다. 딸세대의 각 식물들은 손녀세대의 식물들에게 R 또는 S를 전달할 수 있기 때문에 손녀세대는 두 개의 대립형질에 의해 이루어지는 네 가지 조합 RR, RS, SR, SS(물론 여기서 RS와 SR는 실제적인 차이가 없다) 중 한 가지 유전형을 지닐 것이다. 네 가지 조합 중 세 가지(75퍼센트)에는 최소한 한 개의 매끄러움 대립형질이 포함되어 있기 때문에 이런 유전형을 가진 식물들은 매끄러움이 표현형으로 발현될 것이다. 네 개의 조합 중 오직 하나(손녀세대의 식물에서 25퍼센트가 발생하는)에서만 각 세포에서 모두 쪼글쪼글함을 특정하는 두 개의 대립형질을 가진다. 따라서 손녀세대 식물의 4분의 1만이 쪼글쪼글한 씨앗을 갖게 될 것이다.

많은 수가 여러 개의 상이한 대립형질들 속에 포함되어 있는 수천 개의 유전자들이 우리 자신처럼 복잡한 개체들 속에서 한 세대에서 다음 세대로 전해지고 있다는 점과 매우 종종 우리의 키와 같은 표현형을 결정하는 특성들이 상이한 여러 유전자가 결합된 결과라는 점을 제외하고, 이것이 유전에 대한 모든 것이다. 여기서 절대적 중요성을 갖는 것은 유성생식에서는 각 부모의 특성들이 뒤섞이지 않고, 유전정보를 양자(quantum)와 거의 같은 분리된 단위로 다음 세대로 전달된다는 사실이다. 가끔 섞임 현상(키 큰 남성과 키 작은 여성의 아이가 중간 키를 가지는 경우처럼)이 나타나기도 하지만 이것은 어디까지나 많은 개별 유전자들의 작업결과에 따른 것일 뿐이다. 이런 현상은 마치 캔버스에서 멀리 떨어진 곳에서 점묘화를 볼 때는 그림들이 부드럽게 연속적으로 표현되어 있는 것처럼 보이지만, 가까이에서 보면 수많은 작은 점으로 이루어져 있음을 알 수 있는 것과 같은 이치라고 할 수 있다.

그렇지만 아주 우연히 유전자가 불완전하게 복사되어 새로운 대립형질이 만들어지는 경우도 생겨난다. 그 결과 새롭게 형성된 표현형이 몇 가지 유리한 점을 갖게 되면 그 대립형질은 퍼지게 될 것이고, 만약 그 표현형이 덜 효율적이라면, 그 대립형질은 사라지고 말 것이다.[2] 여기서 다윈이 발견했던 자연선택에 의한 진화가 등장하게 된다. 비록 다윈이 세대간 정보전달에 대해서는 정확히 알지 못했다는 한계를 지니고 있었지만 말이다.

다윈, '자연선택'의 진화론

멘델처럼, 다윈도 정당한 평가를 받은 것은 아니었다. 멘델과는 달리, 다윈의 명성은 그의 생전에 확고하게 굳어졌지만 말이다. 자연선

---

2) 물론 새로운 대립형질이 중립적일 수도 있다. 여기서 '중립적'이란 새로운 대립형질이 표현형에 이익이나 손해를 끼치지 않는 경우를 말한다. 이 경우에 새로운 대립형질은 종의 유전자 풀의 주변에 대충 매달려 있게 될 것이다. 그러나 미래의 어느 날, 외부환경에 어떤 변화가 일어나서 그 대립형질이 종에게 이로운 것이라는 사실이 밝혀지게 되면, 그 대립형질은 퍼지기 시작할 것이다.

택에 의한 진화 개념의 발견에 대한 통속적인 설명들에서는 다윈을 비글호에 승선하여 세계를 일주하면서 엄청난 행운을 거머쥔 부유층 출신의 건달로 그리는 경우도 있다. 그러나 이것은 확대 해석된 것이다. 다윈이 부유한 특권층 출신으로, 공식적인 대학교육을 게을리했던 것은 사실이다. 그러나 그가 받아야 했던 공식교육이란 처음에는 의학(성공한 의사였던 아버지의 명령으로)이었는데, 비위가 약한 그로서는 의학을 포기할 수밖에 없었다(그 당시는 수술할 때 마취제가 사용되기 전이었는데, 처음이자 마지막으로 수술장면을 지켜보던 다윈은 더는 수술실에 머물지 못하고 밖으로 뛰쳐나와 그 충격으로 앓아눕고 말았다). 그 다음에 그에게 주어졌던 것은 시골 교구의 사제로서 조용한 삶이었다. 그 당시 젊은 신사의 최후의 방편이기도 했지만, 신학은 그에게 어쨌든 흥미로운 분야는 아니었다. 이처럼 자신에게 주어졌던 교육에 게으름을 피웠던 다윈이 그것과는 다른 분야, 특히 지질학과 식물학에 커다란 관심을 지니게 되었던 것은 어쩌면 당연한 일이었는지도 모른다. 다윈이 선장의 길벗이자 비글호의 자연주의자로서 선장 피츠로이(R. Fitzroy)에게 추천된 것은 케임브리지 대학의 교수들이 그가 지질학과 식물학 두 분야에서 모두 최고의 성적(비록 신학에서만큼 우수한 성적은 아니었지만)을 얻었다는 것을 알고 있었기 때문이다.

비글호의 항해는 1831년 12월 27일부터 1836년 10월 2일까지 계속되었다. 22세에 여행을 떠난 다윈은 27세에 영국으로 돌아왔다. 세계일주를 하면서 다윈은 진행되고 있는 지질학적 힘들을 관찰하고, 엄청나게 오랫동안 그 힘들이 어떻게 지구를 형성해왔는지를 관찰하는 기회를 가질 수 있었다. 그 기간은 1830년대 대부분의 사람들이 생각하고 있던 것보다 훨씬 길었다. 당시는 성서의 연대기에 바탕을 두어 창세기가 기원전 4004년에 있었다는 것이 폭넓게 받아들여지고 있었다. 또한 다윈은 도처에 있는 동식물의 서식지에서 풍부함 속에 놓여 있는 생명의 다양성을 볼 수 있었다. 다윈 이전에도 많은 사람들이 그가 본 것과 비슷한 것들을 보아왔다. 그렇지만 흩어져 있던 조각그림들을 맞춰 생명의 풍부함이 어떻게 진화해왔는지를 설명할 수 있었던 것은 오로지 다윈의 영민함 덕분이었다. 자연선택이론을 수립하기 위해서는 지질기록에 의해 뒷받침되는 엄청난 기간이 필수적이었다. 지질학은 다윈에게 자연선택에 의한 진화가 자신의 임무를 수행할 수 있는 충분한 시간을 선물로 주었다.

다른 사람들보다 먼저 증거를 알아볼 수 있는 눈과 조각그림을 짜맞추기에 충분한 영민함을 지니고 있었던 또 한 사람이 있었다. 다윈은 자기 이론의 대체적인 윤곽을 확실히 파악하고 있었고, 1930년대 말 이전에 그 대부분을 기록해두었다. 다윈은 절친한 친구들에게 조금씩 자신의 생각과 몇 가지 연구성과들을 알리기는 했지만 그것이 대중적으로 확산되는 것은 꺼리고 있었다. 아내인 엘마에게 미칠 영향에 대해 우려했기 때문이었다. 그의 아내는 전통적인 신앙을 고수하던 기독교인이었던 데 반해 그는 점차 무신론으로 기울고 있었던 것이다. 그렇지만 1850년대에 지역에서의 연구를 바탕으로 박물학자 월리스(A. Wallace)는 다윈이 20년 전에 도달했던 것과 같은 결론을 도출해내고, 다윈과 거의 같은 용어를 사용하여 자연선택 이론을 제시했다. 그때 다윈은 월리스의 관심을 끌 정도로 저명한 박물학자였기 때문에 월리스는 그에게 자신의 이론에 대한 개요를 보냈다. 다윈이 비로소 밀실에서 빠져나와 자신의 서사적 대표작 『종의 기원』(The Origin of Species)을 쓰게 된 것은 바로 이 젊은 박물학자에게서 온 편지 때문이었다. 『종의 기원』은 1859년에 최초로 출간된 이래 지금까지 절판되지 않을 정도로 선풍적인 반응을 불러일으켰다. 월리스가 인정했듯이, 자연선택에 의한 진화를 처음으로 생각해낸 것은 다윈이 분명하지만, 다윈이 인정했듯이, 월리스도 그 이론의 동시 발견자로 당연히 기억되어야 할 것이다.

'자연선택에 의한' 진화라는 표현은 중요하다. 1850년대에는, 종들이 매우 오랜 기간에 걸쳐 진화되어왔음을 보여주는 풍부한 화석증거들이 이미 존재하고 있었다. 진화 이야기에 인간을 포함하는 것을 반대하는 사람들이 있기는 했지만 진화라는 개념 그 자체는 더 이상 놀랍거나 논쟁거리가 되지는 못했다. 다윈과 월리스가 크게 기여했던 것은 진화 메커니즘의 제시였다. 즉 자연선택이라는 개념이다. 사과가 나무에서 떨어진다는 것이 사실인 것처럼 진화도 분명한 사실이다. 중력이론(수많은 증거에 의해 풍부하게 뒷받침되는)이 사과들이 나무에서 밑으로 떨어진다는 사실에 대한 설명(또는 모형)인 것처럼 자연선택이론(수많은 증거에 의해 풍부하게 뒷받침되는)은 진화라는 사실에 대한 설명(또는 모형)이다.

다윈과 월리스가 자연선택이라는 개념에 도달하게 된 데는 맬서스(R. T. Malthus)의 『인구론』(*Essay on the Principle of Population*)이 적지 않은 영향을 미쳤다. 이 책은 1798년에 처음 익명으로 출판되었는데, 후에 저자의 이름을 밝히고 개정 증보판으로 다시 출간되었다. 맬서스는 인간을 포함한 개체군이 기하급수적—일정한 시기가 지날 때마다 개체수가 두 배씩 늘어나는 것—으로 증가하는 방식에 주목했다. 예를 들어 만약 한 세대에서 각 부부가 네 명의 자식을 낳고, 그 자식들이 자라서 네 명씩의 자식을 낳는다면, 인구는 각 세대마다 두 배씩 증가할 것이다. 이런 일은 맬서스가 글을 쓰고 있던 당시에 개척자들이 '새로운' 땅을 가로질러 퍼지고 있던 아메리카의 인간 개체군에서 실제로 일어나고 있었다. 북아메리카의 인구는 25년마다 두 배씩 늘고 있었는데, 그것은 이민 때문이 아니라 급속한 출산의 결과였다. 이와는 달리, 구대륙에서는(최소한 농촌사회에서) 인구가 성장하지 않고 대략적으로 같은 상태를 유지하고 있었다. 왜?

같은 질문을 사람만이 아니라 모든 종들에게 해볼 수 있다. 육상 포유동물들 중에서 가장 느린 출산율을 보이는 코끼리조차 기하급수적으로 증가했다면 750년이 지나기 전에 한 쌍의 코끼리는 1900만 마리의 새끼를 출산했을 것이다. 그러나 놀랍게도 1790년대의 세계는 코끼리들로 넘쳐나지 않았다. 오히려 1050년에 살고 있던 모든 쌍의 코끼리들은 대체로 한 쌍의 코끼리들만을 남겨놓고 있었다. 비슷한 주장이 참나무나 개구리들에게도 적용된다. 장미 또는 벌새에게도 적용되고, 지구의 모든 생물종에게 적용된다. 맬서스는 인구증가를 억제하는 요소들로 병, 포식자의 활동, 식량의 제한 등을 지적했다. 식물과 동물 모두 똑같이, 모든 종들은 수용될 수 있는 것보다 훨씬 많은 자손들을 낳는다. 그러나 이렇게 태어난 자손들 거의 대부분은 어른이 될 때까지 생존할 수 없기 때문에 자손을 남길 수 없게 된다.

맬서스는 이 모든 것을 우울한 시각으로 그리면서, 영국의 산업도시에 살고 있는 가난한 사람들이 처한 황폐한 환경은 자연적인 것이고, 기아와 질병도 자연적이며, 따라서 그것은 인구를 통제하기 위한 메커니즘으로서 '옳은' 것이라고 주장했다. 만약 가난한 사람들이 처한 환경을 개선한다면, 그들은 단지 기아와 질병이 다시 그들을 통제할 때까지만 증가할 수 있을 뿐이다. 따라서 자연이 자율적으로 움직이도록 현상태를 있는 그대로 내버려두는 것이 실제로는 더 적은 사람들을 굶주림과 병으로 인한 고통 속에 빠뜨릴 것이라는 주장이 제기되었던 것이다.[3] 다윈과 월

---

3) 놀랍게도 맬서스의 책이 출판된 지 200년이 지난 오늘날에도 가난한 나라에 원조를 제공할 이유가 없다고 주장하는 무식한 사람들이 그의 주장을 되풀이하고 있다. 그러나 오늘날에는 쉽게 맬서스적인 함정에서 빠져나올 수 있는 방법들이 이미 존재하고 있다. 효과적인 피임법이 대표적인 예이다. 이것은 생활수준의 상승으로 더 많은 비율의 아이들이 성인이 된다고 하더라도 그것이 곧 자동적으로 인구의 기아급수적 증가를 뜻하는 것이 아님을 잘 보여준다. 사람들은 아주 쉽게 적은 수의 아이들을 낳고 있는데, 그것이 가능한 이유는 유아기 사망률이 매우 낮다는 것을 잘 알고 있기 때문이다.

리스는 이런 피상적인 주장 이상을 보았다. 그들은 실제로 태어나는 개체수와 비교해서 어떤 종의 젊은 개체들의 과잉은 "같은 종의 개체들 사이에서" 자원을 둘러싼 격렬한 투쟁, 즉 생존을 위한 투쟁이 벌어지고 있음을 뜻한다는 것을 깨달았다. 다윈은 맬서스의 글을 최초로 읽었던 1838년 가을에 이렇게 적었다.

　평균적으로 모든 종들은 매나 추위 등과 같은 것들에 의해 해마다 같은 수만큼씩 죽임을 당해야만 한다. 심지어 한 가지 종의 수적 감소조차 즉시 나머지 모든 종들에게 영향을 미쳐야만 한다. 이런 모든 고정의 최종적 원인은 적절한 구조를 가려내기 위한 것이어야만 하는데 (……) 모든 종류의 개조된 구조를 자연의 경제에 있는 틈새(공백) 속으로 밀어넣으려 하거나, 약한 종들을 밀어내고 틈새를 형성하는 수많은 쐐기들과 같은 힘이 있다.

　종들은 생태학적 틈새라고 알려진 것에 자신을 알맞게 변화시킴으로써 다윈이 '자연의 경제'(the economy of nature)라고 부른 것에 적응하게 된다. 잉어는 수중생태계의 틈새에 적응하는 것이 유리하고, 곰은 특수한 육상생태계의 틈새에서 유리한 위치를 차지할 수 있다. 곰이 잉어를 잡아먹는다고 해서 곰과 잉어가 서로 경쟁관계에 있는 것은 아니다. 그들 각각에게 상대방은 기후와 같이 단순히 환경의 일부에 속할 뿐이다. 곰이 다가올 때 둑에서 멀리 떨어진 깊은 물 속으로 잠수할 수 있는 감각을 발달시킨 가상의 잉어는 둑 근처를 맴돌다 잡아먹히고 마는 다른 잉어와의 경쟁에서 더 잘 생존할 수 있을 것이다. 또한 특수한 잉어 사냥기술을 터득한 곰은 기술이 부족하여 굶주림에 허덕이는 다른 곰과의 경쟁에서 우위를 차지할 수 있을 것이다. 각각의 경우에, 그런 잉어들 또는 그런 곰들의 성공을 보장해주는 유전자들은 넓게 퍼질 것인데, 그것은 각각의 경우에 그 개체들이 더 오래 살고, 번성하기 쉬워서 같은 종의 다른 개체들보다 더 많은 자손들을 남길 것이기 때문이다.

이것이 바로 다윈적 의미에서 적합성이 뜻하는 바이다. 이때 적합성이란 신체적 힘과 빠르기를 갖춘 '적격'인 육상선수라는 의미에서의 적합성이 아니라(비록 이것도 이 이야기에 포함되지만), 자물쇠 속에 꽂혀 있는 열쇠의 적합성 또는 전체 그림에 알맞은 그림조각 맞추기 조각의 적합성이다. 개별적인 종, 그리고 그 종의 개체들은 그들의 생태적 틈새에 자신을 맞춘다.

갈라파고스 군도의 핀치

지구의 모든 생명의 역사과정에서 진화는 종들이 생태계의 틈새에 계속적으로 자신들을 적응할 수 있도록 정교화하는 방향으로 작동해 왔다. 진화의 밑천은 우리가 앞에서 이미 살펴볼 유전의 변이성인데, 이것은 유전자들이 복사되고(가끔 불완전하게), 뒤섞이고, 세대에서 세대로 전해질 때 발생한다. DNA 복제가 항상 완벽하지는 않기 때문에, 무성생식을 하는 박테리아와 같은 종에서는 진화가 진행형으로 존재한다. 각 세대마다 진화가 이루어지는 것은 아닌데, 어쨌든 이런 사실은 우리로서는 무척 다행스런 일로서 만약 그렇지 않았다면 우리는 여기에 존재할 수 없었을 것이다. 그러나 개체들 사이의 경쟁은 각 세대마다 조립된 변이를 지닌 개체들을 자연선택이라는 메커니즘에 몰아넣음으로써 환경에 가장 적합한 것들만 가장 잘 생존하고 가장 많은 자손을 남길 수 있도록 한다. 예를 들어 기다란 부리를 가진 벌새가 과즙을 많이 확보해서 생존과 번식에 성공했다면 세대를 거치는 동안 긴 부리를 가진 새들은 아주 작은 길이의 차이에도 불구하고 짧은 부리를 가진 새들보다 유리한 위치를 점하게 될 것이다. 이렇게 해서 여러 세대가 지난 후에는 그 종의 개체에서 부리의 길이는 평균적으로 증가할 것이다.

그렇다면 새로운 종들은 어디에서 출현하는가? 진행되고 있는 자연선택에 의한 진화의 위력을 가장 잘 확인할 수 있는 것은 환경이 변할 때나 개체들이 새로운 환경으로 이동할 때이다. 다윈이 갈라파고스(Galapagos) 군도에서 보고 진화에 대한 생각을 구체화하는 데 도움을 주었던 고전적인 사례로는 군도 내의 여러 섬에서 발견된 다양한 종류의 되새류(finch, 다윈핀치라고도 한다)를 들 수 있다.

여러 섬에 있는 새들이 모두 되새류임은 분명하지만, 그 새들은 자신들이 살고 있는 섬의 환경에 적응한 결과 조금씩 다른 특징을 지니고 있다. 갈라파고스 군도에는 많은 섬들이 있고, 많은 종의 되새류가 있지만, 여기서는 그 중에서 두 가지 사례만을 살펴보고자 한다. 섬마다 되새류가 먹을 수 있는 음식은 서로 다르다. 이 섬에서는 길고 가는 부리를 가진 되새류가 음식을 찾고 쪼는 데 유리하다. 반면에, 다른 섬에서는 넓적하고 두툼한 부리를 가진 되새류가 씨앗을 부수는 데 유리하다. 되새류들은 자신이 거주하고 있는 섬에서 음식을 먹기에 가장 유리한 부리를 지니고 있었던 것이다.

다윈은 갈라파고스의 되새류들이 본토에서 날아와 갈라파고스 군도에 도착했던 새들의 자손으로서 모두 가까운 혈연관계에 있음을 확신했다(그리고 이 점은 DNA 분석을 통해 증명되었다). 많은 세대를 거치는 동안, 생존투쟁이라는 맬서스적인 압력이 주어지면서 조상 되새류로부터 서서히 다른 종들이 탄생하게 되었던 것이다. 다윈은 만약 충분한 시간이 주어진다면 되새류의 진화를 설명했던 것과 동일한 방식으로 공동의 조상으로부터 진화하여 지구의 모든 생명들(인류를 포함하여)이 현재까지 이르게 된 전과정을 설명할 수 있을 것이라고 주장했다.

아직도 우리 주변에는 아서 아저씨가 좋은 장미를 기르는 법에 대한 일종의 기발한 아이디어를 가질 수 있다는 것과 동일한 의미에서 진화를 '단지 하나의 이론'으로 치부하려는 사람들이 있다. 그들은 "어디에 증거가 있는가"라고 묻는다. 증거는 풍부하지만 주로 전문잡지나 책들 속에 파묻힌 결과, 의혹의 눈길을 보내고 있는 토머스 씨들이 쉽게 접근할 수 없도록 하고 있다. 그러나 여기에 그런 분들을 위해 소개할 만한 책 한 권이 있는데, 와이너(J. Weiner)가 쓴 『핀치의 부리』(The Beak of the Finch)가 바로 그것이다. 와이너는 이 책에서 다윈이 가정했던 바로 그 방식대로, 말 그대로 생물학자들의 눈앞에서 진행 중인 진화를 그려내고 있다. 다행스럽게도 환경변화에 적응하여 진화하고 있던 종들은 다윈에 의해 유명해진 바로 그 갈라파고스 군도의 되새류들이었다.

진행 중인 진화를 밝혀냈던 20년 동안의 연구 프로그램에 관한 일화는 너무도 극적인 것이어서 거의 윤색할 필요가 없다. 로즈마리 그랜트(R. Grant), 그의 남편 피터 그랜트, 그리고 그들의 동료들은 1970년부터 갈라파고스 군도를 철마다 방문하였기 때문에 말 그대로 육안으로 하나의 섬에 서식하고 있던 모든 되새류를 알아볼 수 있었다. 그들은 그 섬을 방문할 때마다 새들의 족보를 계속 관찰했고, 어떤 새들이 성공적으로 번식하고 어떤 새들이 실패했는지를 알 수 있었다. 그리고 그들은 거의 모든 종류의 새들을 한두 마리 잡아 그것들을 야생으로 되돌려보내기 전에 측정하고 사진촬영을 해두었다. 또한 그들은 개체수가 가뭄에는 감소했다가 먹이가 풍부할 때는 증가하는 것을 관찰했고, 특정한 하나의 종에서 1밀리미터에도 채 못 미치는 부리의 길이 차이가 번성하여 많은 자손을 남기는 새와 번식의 기회를 갖기도 전에 죽는 새들을 구분짓는 경계선이 된다는 사실도 알 수 있었다. 가장 큰 부리를 가진 가장 큰 새들만이 가장 거친 씨앗을 먹을 수 있었기 때문에 가장 최악의 가뭄에서도 생존할 수 있었던 것이다.

이 이야기는 되새류의 혈액을 추출하여 그 속에 들어 있는 DNA를 연구해왔던 보아그(P. Boag)의 작업과 만나면서 기술적으로 활력을 얻게 된다. 그리고 이런 만남을 통해 유전부호의 차이야말로 서로 다른 디자인을 가진 부리들이 출현하고, 어떤 되새류는 선인장 꽃에서 꽃가루를 빨아먹을 수 있도록 전문화된 반면 또다른 되새류는 씨앗을 깨먹는 데 유리하도록 진화하게 된 이유라는 사실을 실제로 알 수 있게 되었다.

와이너는 또한 다윈의 진화개념을 둘러싼 계속되는 저항과 심지어 과학자들 중에서도 생물학자가 아닌 경우 가끔 진화의 작동원리를 제대로 이해하지 못하고 있는 실정을 다루고 있다. 새로운 살충제를 발명한 화학자들은 곤충 개체들이 살충제에 대한 저항력을 키운다는 사실을 놀라움 속에서 바라보지만, 진화를 제대로 이해했다면 새로운 살충제가 그 종을 완전히 쓸어버리지 못하는 한 그 살충제에 저항력을 지닌 새로운 개체가 출현했다는 사실이 그리 놀라운 것이 될 수는 없었을 것이다. 진화에 대한 불충분한 이해로 말미암아, 다윈의 진화론에 가장 강하게 반발하고 있는 나라인 미국의 목화재배 농민들은 철마다 그들의 밭에서 진행 중인 진화에 의한 피해에 맞서 힘겨운 투쟁을 벌이고 있다.

같은 이유로 병원에서는 페니실린과 같은 항생제에 내성을 보유한 세균들이 점차 자신의 위력을 떨치기 시작했다. 항생제는 수용성이 강한 박테리아들은 모두 죽일 수 있지만, 그렇지 않은 것들에게는 별다른 효과를 거둘 수 없다. 수용성이 강한 박테리아를 많이 죽일수록, 그것은 곧 그렇지 않은 것들이 퍼질 수 있는 기회를 그만큼 많이 제공하는 셈이다. 그리고 박테리아들은 유성생식을 했으면 받았을 불이익을 상쇄하면서 인간보다 훨씬 빠른 속도로 번식한다. 진화생물학자들이 놀라워하는 사실은 페니실린이 출현한 지 반 세기 만에 효과를 잃게 되었다는 것이 아니라 어쨌든 그 기간 동안이나 효과를 계속해서 유지할 수 있었다는 점이다.

그렇다면 왜 어떤 사람들은 진화의 개념에 그렇게 커다란 증오감을 품고 있는가? 어쩌면 그들이 증오하는 것은 그 개념 자체가 아니다. 그의 책에서 와이너는 갈라파고스에서 진화에 대해 연구하고 있던 과학자들 중 한 명이 장거리 비행 동안 그의 옆 좌석에 앉은 사람과 자신의 연구에 대하여 이야기하는 과정을 자세히 그리고 있다.

비행기를 타고 있던 시간 내내, 옆 좌석에 앉은 승객은 점점 더 흥분하기 시작했다. "참으로 훌륭한 아이디어입니다! 정말로 멋져요!" 마침내 비행기가 착륙했을 때, 나는 그에게 그 아이디어를 진화라고 한다는 사실을 알려주었다. 그러자 그의 얼굴은 새빨개졌다.

만약 여러분이 모든 것을 받아들일 준비가 되어 있다면, 『핀치의 부리』가 진화에 대해 배울 수 있는 가장 적합한 책은 아니다. 도킨스(R. Dawkins)의 책들이 그 목적에는 더 적합하다. 그러나 이 책은 "진화의 증거가 어디 있는가"라고 묻는 의심론자들에게는 가장 권할 만한 책으로, 지난 20여 년 동안 생물학 분야에서 가장 중요한 연구들 중 하나를 들여다볼 수 있는 흥미로운 통찰력을 제공하고 있다. 이것이 내가 여기서 와이너의 책을 길게 다룬 이유이다. 이 책은 말 그대로 진행 중인 진화를 그리고 있는데, 그것은 다윈과 월리스가 제시했던 바로 그 방식을 따르는 것이다.

갈라파고스 군도의 경우, 되새류의 분화가 이루어진 것은 그들의 선조가 새로운 환경으로 이주했기 때문이다. 그러나 때때로 지구의 오랜 지질학적 역사에서 종들에게 '들이닥쳐', 그들에게 진화냐 멸종이냐를 선택하도록 강요했던 것은 바로 새로운 환경이었다. 지구역사상 여러 번에 걸쳐 종들의 절멸 사건들이 있었는데, 그때마다 생존자들은 사방으로 흩어지면서 이용할 수 있는 새로운 생태적 틈새에 적응하고자 진화의 길로 들어섰다. 가장 유명하고, 우리 자신과도 가장 관련이 깊은 대절멸은 6500만 년 전에 있었던 사건이었다. 모든 공룡들의 멸종을 초래했던 그 사건이 혜성이나 소행성의 충돌로 말미암은 것임은 거의 틀림없는 사실이다. 포유류는 그로 인해 생긴 새로운 생태적 틈새를 차지하면서 (마침내) 호모 사피엔스(*Homo sapiens*)를 포함한 새로운 형태로 진화할 수 있는 자유를 얻게 되었다.

포유류는 약 6500만 년 전인 백악기 말엽에 공룡시대를 마감케 했던 대재앙이 발생하기 1억 년 이전부터 여기저기에 흩어진 채 힘들게 생명을 보존하고 있었다. 공룡이 너무도 성공적인 존재들이었기 때문에 포유류가 가질 수 있는 기회는 제한되어 있었다. 지금의 코끼리와 사슴과 같은 거대 초식동물에 해당하는 공룡들이 있었고, 사자나 늑대와 같이 지금의 포식자에 해당하는 공룡들도 있었다. 포유류는 쥐와 같이 작은 동물의 수준에 머무른 채 낮은 풀숲에서 주로 곤충들을 사냥하면서 여기저기를 두리번거리고 있었다. 그러나 '백악기 최후의 사건'은 모든 커다란 종들을 쓸어버렸고, 그들이 차지하고 있던 생태적 틈새는 공백상태로 남게 되었다. 따라서 포유류가 확대될 수 있는, 생태적으로 말해 공룡의 부재로 말미암아 공백으로 남게 된 역할을 채울 여지가 생겼다. 6500만 년 전에 생존하던 쥐와 같은 포유류의 일부가 개 정도의 크기를 가진 동물로 진화하는 데는 정확히 300만 년이 걸렸다. 곧바로 박쥐, 설치류 그리고 소나 말과 같은 발굽동물들도 자신들의 진화바퀴를 급하게 돌리면서 그 뒤를 따랐다. 지금으로부터 5000만 년 전에는 지금의 돼지 크기인 코끼리의 조상들이 나타났다.

그 당시 포유류의 빠른 초기 확산과 적응 속도는 주로 공룡의 멸종에 따른 다양한 기회로 말미암은 것이었다. 포유류의 한 지류인 영장류에서 우리 자신이 탄생되기에 이르는 과정 역시 지구의 지형변화(대륙들이 위치를 바꿀 때 발생한)와 그에 따른 (부분적인) 기후변화의 영향을 받았다. 지구 전체에 영향을 미쳤던 이런 변화들에 대한 자세한 내용은 다음 두 개의 장에서 다룰 것이다.

가장 복잡한 계

진화에서 우리 자신의 위치, 그리고 특히 우리와 가장 가까운 사촌인 아프리카 유인원들과 우리의 관계는 화석기록에 의해서뿐만 아니라 우리 몸에 있는 DNA와 그들의 DNA를 직접 비교해봐도 알 수 있다. 이에 따르면, 인간, 고릴라 그리고 침팬지가 보유하고 있는 DNA의 98퍼센트 이상이 똑같다. 우리 인간이 유일한 존재임을 주장하기 위해서는 바로 1퍼센트가 조금 넘는 우리 DNA의 차이를 근거로 들 수밖에 없는 것이다. 근래의 진화행로에서 DNA가 얼마나 빠르게 변해왔는가를 살펴보기 위해 많은 종들의 DNA 분자에 대한 연구들이 이루어졌다. 이에 따르면, 지금으로부터 약 500만 년 전에 현재의 인간, 침팬지, 고릴라로 이어졌던 세 갈래의 분열이 일어나야만 했다.[4] 그때 인류의 선조들이 거주했던 동아프리카의 삼림지대는 가뭄이 들면서 그 범위가 줄어들고 있었고, 그런 조건은 인류의 조상들로 하여금 새로운 생활에 적응하고 생존을 위해 변화된 조건에 적응하도록 강제했다.

인간은 우리가 이 책에서 목표로 삼고자 하는 우주에 대한 과학적

---

[4] DNA 분자를 이용한 연대결정은 화석증거와 훌륭하게 일치한다.

개관에서 거의 중간지점에 자신의 모습을 드러내고 있는데, 이것은 우연이 아니다. 그것은 우리가 다른 크기 척도를 가지고 있는 사물들을 살펴보기 위해 선택했던 방법, 즉 작은 대상에서 출발하여 위로 올라가는 방법에 기인한 것이다. 원자핵의 반지름은 10^{-15}미터이고, 인간의 길이는 약 1미터이다. 따라서 사람은 원자핵보다 약 10^{15}배가 크다. 1광년은 약 10×10^{15}미터이다. 따라서, 원자핵의 크기가 사람의 크기와 같다고 했을 때, 우리 인간은 거대우주 속에, 즉 별들의 영역에 있게 된다. 이런 점에서 사람은 크기에서 원자핵, 입자들의 세계와 별들의 세계 사이에서 중간 위치를 차지한다고 할 수 있다.

또한 인간은 지구의 표면에서 활동하기에 적합한 크기를 유지하고 있다. 사과를 나무에 붙들어매고 있는 전자의 결합들을 파괴함으로써 사과를 땅으로 떨어뜨리기 위해서는 전체 지구의 인력을 필요로 한다. 사실 지표면의 중력은 이런 방식으로 전자의 결합들을 파괴하기에 충분히 강하다. 이와 비슷하게 만약 여러분이 넘어져서 팔다리가 부러졌다면, 그것은 지표면의 중력——여러분이 몸무게를 지닐 수 있도록 하는 힘——이 여러분의 뼈에 있는 원자와 분자들을 결합시키는 전자의 힘들을 파괴하기에 충분할 정도로 강하기 때문이다. 어린이들이 자주 넘어지면서도 큰 상처를 입지 않는 것은 어린이들의 키가 작아 땅에서 멀리 떨어져 있지 않기 때문인데, 키가 2미터 이상인 어른이나 동물인 경우에는 사정이 다르다. 포유류가 커다란 몸을 지니기 위해서는 튼튼하고 육중해지거나(코끼리처럼) 물의 도움(고래처럼)을 받아야 한다.

그렇지만 인간의 크기를 우주와 관련지어서 살펴볼 수 있는 또다른 방법이 있다. 이 책의 주제와 관련해 가장 중요한 점은 인간은 우리가 만나게 될 여러 대상들 중에 가장 복잡한 계라는 사실이다. 실제로 인간은 우주에서 지금까지 알려진 대상들 중에서 가장 복잡한 계이다. 그리고 이것 역시 주로 중력과 자연의 다른 힘들 사이에서 균형을 취하려고 한 결과이다. 앞에서 살펴봤듯이, 우리의 몸 속에는 약 100조 개의 세포들이 있고, 이 모든 세포들의 활동에 의해 생명현상이 유지된다. 세포들의 활동은 모든 화학반응들을 떠받치고 있는 전자기 작용이 있기 때문에 가능한 것이다. 몸 속에 있는 엄청난 수의 세포들로 인해 복잡화와 전문화의 가능성이 열렸으며, 그 세포들 중 많은 수는 크고 복잡한 뇌를 형성하는 임무를 비롯한 특수임무를 수행하는 데 적합하도록 적응했다. 그러나 우리가 의식적으로 벌이는 모든 활동은 전자기력에 의해 추동되는 화학작용의 산물이다. 곧 알게 되겠지만, 여러분이 행성이나 별과 같이 거대규모의 물체세계로 들어서는 순간, 중력은 모든(또는 많은) 흥미로운 전자기 구조를 으깨서 없애버릴 것이다. 이런 까닭에 행성은 인간보다 훨씬 많은 원자들을 가지고 있는데도 인간과 같은 복잡한 구조를 띨 수 없는 것이다.

원자핵이나 입자들의 규모에서 사물들은 비교적 단순한 구조를 지니고 있는데, 그것은 동시에 반응에 참여할 수 있는 입자들이 단지 몇 개에 지나지 않기 때문이다. 반면에 인간의 규모에서 사물들은 복잡하고 흥미로운 구조를 지니고 있다. 그것은 100조 개의 세포들로 이루어진 다소 정교한 구조가 하나의 단위로서 함께 모여서 상호작용을 하고, DNA와 같이 복잡한 분자들이 활동할 수 있기 때문이다. 그러나 행성이나 별과 같은 물체들은 다시 비교적 단순한 구조를 지니게 되는데, 행성과 그 이상의 규모에서는 분자의 복잡성이 중력에 의해 파괴되어 우리에게 남아 있는 길이란 무기화학의 단순함으로 돌아가는 것밖에 없기 때문이다. 별의 내부에서도 인간이 지니고 있는 정도의 복잡성은 불가능하기 때문에 우리는 즉시 입자물리학의 단순함으로 되돌아가야 한다.

이타적 유전자

이 모든 것의 대부분은 적절한 것이다. 첫째, 우리는 우주에서 가장 복잡한 계—우리 자신—를 포함한 상호작용의 일부를 묘사하고자 한다. 인간은 지구둘레를 도는 달의 궤도를 알려주는, 즉 예측할 수 있도록 해주는 과학규칙들로 설명하기에는 너무나 복잡한 계를 이루고 있다. 외부에서 오는 특정한 영향에 대해 개인이 어떤 반응을 보일지를 예측하는 것은, 그것이 중력에 대한 물리법칙과는 달리 의식적인 행위가 되는 한 결코 불가능하다. 그렇지만 자연선택에 의한 진화는 우리의 행위방식에 대한 이유를 개괄적으로 설명할 수 있을 정도로 충분히 강력하다. 예를 들어 다음과 같은 질문에 대한 답을 제시할 수 있는 것이다. 사람들은 어떻게 그리고 왜 자신들의 배우자를 선택하는가, 왜 이타주의는 진화적으로 성공해야만 했는가, 왜 많은 가정에서 부모와 10대 자식들 사이에 갈등이 존재하는가?

다윈은 인간 행위의 이해에 대한 시도에 진화론을 적용했던 최초의 사람인데, 그는 이렇게 쓰고 있다(이 글은 1839년에 출간되지는 않았지만, 최소한 그때 쓰였다).

자연주의자가 어떤 다른 젖먹이 포유류를 보는 것처럼 인간을 본다면 인간이 부모의, 부부의, 그리고 사회적 본능을, 어쩌면 다른 본능들도 지니고 있다는 결론을 내리게 될 것이다. 모든 인류의 역사가 이것을 보여주는데, 만약 우리가 인간을 다른 동물들처럼 그의 습관으로 판단한다면 말이다. 이런 본능들은 사랑 또는 연민의 감정 또는 관련된 대상에 대한 박애로 이루어져 있다. 기원을 고려치 않는다면, 우리는 다른 동물들에게서 이런 본능들이 적극적 연민으로 이루어져 있어서, 개체들이 자신을 잊고 자신을 희생하여 다른 개체들을 위한 원조 행동과 방어 행동을 취한다는 것을 알 수 있다.

"자연주의자가 어떤 다른 젖먹이 포유류를 보는 것처럼 인간을 본다"는 사상이야말로 진화론에 대한 현대적 이해의 핵심을 이룬다. 사람은 동물이고, 따라서 다른 동물들과 같은 종류의 진화적 힘들에 의해 형성되어왔다. 이런 방식으로 인간을 포함한 모든 동물들에게서 나타나는 모든 형태의 사회적 행위를 연구대상으로 삼고 있는 분야를 사회생물학(sociobiology)이라 하는데, 자연선택의 개념과 결합된 유전학과 유전에 대한 현대적 이해가 다윈 자신이 1839년에 혼란스러워했던 이타적 행위(인간과 다른 종 모두에서)의 기원을 설명할 수 있게 된 것은 진화론의 성공을 말해주는 것이다.

지면이 부족한 관계로 여기서 사회생물학의 작동방식에 대한 대략적인 윤곽 이상을 살펴볼 수는 없지만 최소한 그 개념은 주목할 만하다는 것은 확실히 말할 수 있다.[5] 이른바 이타주의는 자연에서 여러 가지 방식으로 나타나지만, 여기서는 두 가지 예만을 살펴보도록 하겠다. 첫째, 왜 땅 위에서 먹이를 먹고 있는 무리 속의 새 한 마리는 포식자가 다가올 때 경보 울음소리를 내는 것일까? 여러분은 이렇게 생각할 수 있을 것이다. 그 새가 경보 울음소리를 내면 포식자의 관심이 그 새에게 집중되어 잡아먹히기 쉬울 것이고, 따라서 자신의 유전자를 다음 세대에 전달하는 데 실패하게 될 것이다. 둘째, 왜 인간은 가끔 낯선 타인을 돕기 위해 자신이 위험을 기꺼이 감수하도록 동기부여를 받는가? 어떤 사람이 물에 빠진 어린아이를 구하기 위해 강물에 뛰어들 때처럼 새의 경우와 마찬가지로, 이 행동은 얼핏 보기에 여러분의 유

---

5) 자세한 내용에 대해서는 그리빈 부부(Mary and John Gribbin)가 쓴 『인간』(*Being Human*, Phoenix, 1995)을 참조할 수 있을 것이다.

전자를 다음 세대에 전달하는 것을 보장해주는 좋은 방법은 아닌 것처럼 보인다.

그러나 새의 무리에서 그런 행동이 나올 가능성은 모든 새들이 서로 혈연관계에 놓여 있기 때문에 새 한 마리가 보유하고 있는 유전자의 많은 부분을 무리의 다른 새들도 보유하고 있을 가능성이 높다는 사실과 관련이 있다. 만약 그 유전자들 중 하나(또는 함께 작용하는 여러 개의 유전자)가 어떤 새로 하여금 다른 새들을 구할 수 있는 경보 울음소리를 내도록 한다면, 그 새는 잡아먹히겠지만 그 유전자 꾸러미의 많은 복사물들은 달아나서 언젠가는 번식할 다른 새들의 몸 속에 살아남게 될 것이다.

혈연관계가 아닌 제3자가 물에 빠진 어린아이를 구출하는 경우는 위의 경우보다 좀더 복잡하지만, 우리의 행위가 우리의 진화적 과거에 의해 어떻게 형성되어왔는지를 보여준다. 비록 사회가 최근 몇 세기 동안 급격하게 변해왔지만 말이다.

진화적으로 봤을 때, 아주 최근까지 인류의 대부분은 부족이나 촌락에서 살고 있었다. 따라서 위험에 처해 있는 그 아이가 혈연관계에 있을 가능성은 매우 높았을 것이다.[6] 만약 이익(어린아이가 살았을 때 유전자 꾸러미가 퍼지게 될 가능성이 증가한다면 점에서)이 비용(구조자가 익사했을 때 유전자 꾸러미가 퍼질 가능성을 잃게 된다는 점에서)을 능가하면, 구조를 위해 물에 뛰어들도록 하는 본능적인 반사작용을 촉진하는 유전자 꾸러미가 부족 또는 마을의 구성원들 사이에 퍼지게 될 것이다. 물론, 이것은 물에 빠진 어린아이와 구조자가 이 '이타주의' 유

---

6) 작은 공동체에서는 여러분이 이런 방식으로 어떤 사람을 도왔을 경우, 나중에 여러분이 위험에 처하게 되었을 때 주변으로부터 도움을 받게 될 가능성이 그만큼 높아질 것이라는 점 또한 중요하게 고려되어야 할 것이다. 이것은 여기서 약술된 주장을 강화시켜줄 것이다.

전자를 포함한 그들이 보유하고 있는 많은 유전자들이 충분히 관련을 맺을 정도로 아주 가까운 혈연관계에 놓여 있을 때 가장 잘 작동한다. 그렇다면 이것으로부터 얻을 수 있는 기회들이란 무엇인가?

충분히 예상할 수 있듯이, 많은 유전자들은 많은 개체들(푸른 눈을 발현하는 대립형질 같은)에 의해 운반된다. 그러나 우리 자신을 기준으로 했을 때, 여러분은 여러분의 아버지와 어머니로부터 각각 절반씩의 유전자를 물려받았기 때문에, 여러분 어머니나 아버지의 유전자가 여러분에게 전달될 가능성은 50:50이다. 여러분이 여러분의 형제자매와 특정 유전자를 공유할 가능성 또한 50:50이고, 여러분이 이종사촌(이모의 자식)과 어떤 특정의 유전자를 공유할 가능성은 8분의 1이 될 것이다. 혈연관계에 의해 유전자의 공유의 비율은 이와 같은 방식으로 계속 확대될 수 있다. 이것은 홀데인(J. B. S. Haldane)이 1950년대에 어느 선술집에서 했던 것으로 알려져 있는 이야기를 떠올리게 한다. 동료들과 맥주를 마시면서 이타주의에 관한 문제를 이야기하던 중, 형제를 위해 죽을 수 있느냐는 질문을 받게 된 홀데인은 잠깐 동안 생각을 정리하고 난 다음, 이렇게 대답했다.

"형제 한 명을 위해서 죽을 수는 없지만 두 명의 형제나 여덟 명의 사촌을 위해서는 그럴 용의가 있다."

문제의 핵심은, 평균적으로 볼 때, 여러분의 형제 두 명 또는 여덟 명의 사촌의 목숨을 구하는 행위를 통해 여러분 자신이 가지고 있는 모든 유전자의 생존이 보장된다는 사실이다! 더욱이 실제로는 물에 빠진 형제나 사촌을 구하려고 강물에 뛰어든다고 해서 반드시 여러분의 생명을 포기해야만 하는 것은 아니다. 위험의 요소가 있는 것은 사실이지만 여러분이 모두를 구할 수 있는 가능성이 높은 것 또한 사실이다. 통계적으로 봤을 때, 여러분이 생존할 가능성이 50퍼센트보다 높다면 물에 빠진 형제나 사촌 등을 구하기 위해 여러분 자신을 위험에 빠뜨릴 만한 가치가 충분한 것이다.

사람들에게 구조작업에 뛰어들기 전에 강둑에 서서 물에 빠진 아이가 그들과 얼마나 가까운 혈연관계에 있는지 계산한 다음, 성공 가능성에 기초한 비용과 이익을 따져보라고 제안할 사람은 아무도 없을 것이다. 대부분의 일이 그렇듯, 위험에 대한 인간의 반응에도 일정한 범주가 있다. 어떤 사람들은 못 본 척하고, 어떤 사람들은 당황해서 어쩔 줄 몰라하고, 어떤 사람은 주저 없이 뛰어들 것이다. 여기서 요점은 개인들의 반응에는 일정한 패턴이 존재하는데, 그것은 우리가 작은 공동체에서 살고 있던 시기에 존재했던 유전적 차이를 고려하도록 진화한 결과라는 점이다. 사람들을 지나치게 맹목적으로 만드는 유전자들이 사라졌던 것과 마찬가지로, 일정 정도 사람들을 너무 신중하게 만드는 유전자들 또한 사라졌던 것이다.

이런 과정에서 나타났던 중요한 저울추는 대부분의 실제적 구조노력에서 구조자는 생존할 가능성이 높았던 반면, 조난자는 도움 없이 생존할 수 있는 가능성이 높지 않았다는 사실이었다. 이렇게 해서 균형은 이런 종류의 이타심이 장려되도록 하는 유전자(또는 유전자들)의 확산에 우호적으로 작용한다. 사실 이타심이란 도킨스가 '이기적 유전자'(the selfish gene)라고 불렀던 것이 작동하고 있는 훌륭한 사례이다. 이 경우에 '이기심'이란 유전자가 자신의 생존에 관심을 가진다는 것을 의미할 뿐, 누구의 몸 속에서 생존하느냐는 고려사항이 아니다. 따라서 어떤 환경에서는, 유전적 이기심이 개인적 차원에서 우리를 이기적이지 '않게'(unselfish) 만들 때도 있게 마련이다. 이런 유전적 이기심을 고려하지 않는다면, 물에 빠진 아이를 구하려고 스스로 위험에 몸을 던지는 행위는 완전히 비정상적인 것으로밖에는 보이지 않을 것이다.

진화 안정화 전략

섹스는 어떤가? 왜 인간뿐만 아니라 다른 포유류에서도 남성(수컷)과 여성(암컷)의 비율이 거의 1:1에 근접하는가? 어쨌든 수컷은 원리적으로 많은 암컷을 임신시켜서 많은 자손들이 태어나도록 할 수 있다. 종들이 한 세대에서 다음 세대로 자신의 개체수를 유지하기 위해서라면 '반드시' 암컷과 같은 수의 수컷이 있어야 할 필요는 없다. 이 점을 유전자들의 시각에서 살펴보도록 하자. 성공적인 수컷들이 열 마리의 암컷들로 이루어진 하렘(harem)[7]을 가지고 있어서, 그 외의 수컷들은 생식을 전혀 할 수 없는 종을 상상해보자(이것은 실제로 사슴과 같은 종에서 볼 수 있는 것과 크게 다르지 않다). 여러분은 이런 상황이라면 태어날 때 수컷과 암컷의 비율은 1:10이 되어야 하고, 따라서 성장하더라도 생식을 할 수 없는 수컷들을 키우기 위해 어미들이 쓸데없는 노력을 하지 않아도 될 것이라고 생각할지 모르겠다. 당연히 어미는 자신의 유전자를 후대에 확실히 전달해줄 암컷을 키우는 것이 더 유리하지 않을까? 그러나 수컷 한 마리가 낳을 수 있는 자손의 수는 암컷 한 마리가 낳는 것의 열 배나 된다. 따라서 개체군이 어미 한 마리가 수컷 자식 한 마리당 암컷 자식 열 마리를 낳는 상태에 있다면 어미로 하여금 여분으로 몇 마리의 수컷 자손들을 낳게 하는 변이는 장점으로 작용할 수 있다. 그것은 그런 수컷 자식들이 매우 성공적으로, 암컷 자손들 각각보다 훨씬 성공적으로 어미의 유전자를 퍼뜨릴 것이기 때문이다.

그런 까닭으로 변이는 퍼질 것이고, 자연선택은 우리가 사슴과 같은

---

7) '이슬람 국가의 여자의 방' 또는 '다혼성 동물의 수컷을 따라다니는 암컷의 무리'를 뜻한다-옮긴이.

종에게서 실제로 보는 그런 패턴들이 나타날 수 있도록 해줄 것이다. 각 세대에서 태어난 수컷과 암컷의 자손들의 수는 같은데, 그것은 수컷들이 단지 10분의 1의 생식 기회를 가지면서도(우리가 가설로 삼았던 예에서 살펴봤듯이) 수컷이 낳을 수 있는 자손의 수가 암컷이 낳을 수 있는 자손의 수보다 열 배가 많기 때문이다(따라서 유전자의 수도 열 배가 많다). 이런 현상을 진화 안정화 전략(evolutionarily stable strategy, ESS)이라 한다. 이에 따르면, 어미로 하여금 계속해서 수컷이나 암컷 자손을 많이 낳도록 하는 어떤 변이도 단점으로 작용할 것이기 때문에 결국에는 사라지고 말 것이다. 임신상태에 있을 때, 자손이 수컷이 될 확률은 항상 50:50이고, 따라서 암컷이 될 확률도 50:50이 될 것이다. 이것이 곧 어미 개체들이 수컷 자식만을 낳거나 암컷 자식만을 낳을 수 없음을 의미하지는 않는다. 그것은 마치 동전을 던졌을 때 앞면과 뒷면이 나올 확률이 50:50이라고 해서 연속적으로 앞면이나 뒷면이 나올 가능성을 배제할 수 있다는 것을 뜻하지 않는 것과 같다고 할 수 있다.[8]

비슷한 주장을 현재 많은 가정에서 벌어지고 있는 세대간의 전쟁을 설명하는 데도 적용할 수 있다. 부모는 자녀들에게 자기 유전자의 절반을 전달하기 때문에, 평균적으로 한 부부가 자신의 유전자를 모두

---

8) 인간과 그와 유사한 종에서, 성은 특정한 염색체 쌍에 운반되는 유전자에 의해 결정된다. 모든 여성들은 XX로 표현되는 동일한 염색체 쌍을 지니고 있기 때문에 어머니들은 그녀의 자손들 각각에게 X를 전달해야만 한다. 모든 남성들은 XY로 표현되는 동일하지 않은 염색체 쌍을 지니고 있다. 남성들은 염색체 쌍에서 임의로 선택된 하나의 염색체를 자신의 자손들에게 전달하기 때문에 그 자손이 XX 또는 XY 염색체를 가질 가능성은 정확히 50:50이다. 진화적으로 보았을 때, 남성이 자손에게 X 염색체 또는 Y 염색체만을 전달할 수 있도록 해주는 변이가 일어나는 것은 지극히 쉬운 일일 수 있다. 그러나 인간 유전자 풀에는 그런 변이가 퍼져 있지 않은데, 이런 사실은 성의 50:50 균형이 하나의 진화 안정화 전략임을 입증하는 것이다.

다음 세대로 전달하기 위해서는 두 명의 자녀면 충분하다. 한편, 그들 자신의 이기적 유전자의 관점에서 볼 때, 이미 낳은 두 자녀에게 좋지 않은 일이 일어날 때를 대비하기 위한 일종의 대비로 더 많은 자식을 낳는 것은 분명 바람직한 일이 될 것이다. 그러나 이것은 만약 '여분의' 자식을 기르는 데 힘을 쏟은 나머지 부모들이 지쳐서 처음에 낳은 두 자녀를 돌보지 못하고, 그로 말미암아 두 자녀가 유아기 때 죽는 불행한 사태가 발생하지 않는다는 것이 보장될 때에만 비로소 바람직한 일이 될 것이다. 그렇지만 부모들은 오직 자신들의 유전자의 생존에만 '관심'(진화적 관점에서)을 보일 뿐이다. 처음에 태어난 자녀들이 성장해서 그 자녀들을 기르는 데 여유가 생기게 되면 나중에 태어난 자녀에게 신경을 기울인다고 해도 처음에 태어난 자녀들이 죽게 될 가능성은 낮아질 것이다. 부모의 진화적 성공이라는 관점에서 봤을 때, 자녀들이 스스로를 보살필 수 있을 때가 되었을 때 자녀들을 내보내고 어린 자녀를 키우는 것이 최선의 선택이 될 것이다. 그러나 자녀의 관점에서 보면 사정은 정반대가 된다. 부모의 주변에 머물면서 계속해서 부모로부터 도움을 받는 것이 가장 큰 이익이 될 것이기 때문이다. 이런 갈등은 새들은 물론 인간사회에서도 일어나며, 특히 '영장류' 사회에서 많이 일어난다. 현대사회에서도 이런 본능적 갈등은 여전히 남아 있다. 물론 이와 동시에 현대사회의 문화적 환경으로 말미암아 부모들이 많은 자식을 갖지 않으려는 경향이 존재하는 것도 고려되어야 하지만 말이다.

인간에게 사회생물학을 적용하는 것은 아직도 결코 쉬운 일이 아니며, 이를 둘러싼 논쟁이 심심찮게 벌어지고 있는 실정이다. 그 이유로는 단순한 진화패턴들이 현대사회가 발전하면서 복잡해졌다는 사실을 들 수 있을 것이다. 우리는 항상 본능적으로 행동하기보다는 (최소한 일정한 시간 동안은) 자신의 행위에 대해 생각한다. 그러나 사고가 명백히 성공을 거둔 진화의 산물이라는 점을 고려했을 때, 원리적으로 사고 또한 사회생물학의 탐구주제가 되어야 한다는 주장은 타당한 것이라고 할 수 있을 것이다. 앞에서 이미 말했듯이, 인간은 매우 복잡한 창조물이다. 우리에게 알려진 가장 복잡한 단일계이다. 지금까지 아원자 세계의 단순함에서 이런 복잡성의 극단을 향해 왔다면, 앞으로는 거대규모의 세계로 나아가서 지구와 우주에서 지구가 차지하고 있는 위치를 살펴볼 것이다. 기쁜 소식은 우리가 거대우주로 나아갈 때 기초과학이 다시 한 번 이해하기 쉬워질 것이라는 사실이다.

한때 아인슈타인은 이렇게 말한 적이 있다.

"세계의 영원한 수수께끼는 세계를 이해할 수 있다는 것이다. (……) 세계를 이해할 수 있다는 것은 기적이다."

그러나 지금 우리는 우주—아인슈타인이 '세계'라는 용어를 사용하여 의미하고자 했던 것—를 이해할 수 있는 것이 우주가 단순하다는 사실 때문임을 알고 있다. 우주가 단순한 이유 자체는 여전히 신비로움에 싸여 있지만, 우주가 가진 단순성으로 말미암아 우리 자신처럼 단순한 창조물들(우주의 관점에서 보면 우리가 매우 복잡하지만)도 우주를 이해할 수 있는 것이다. 앞으로 우리가 하게 될 우주여행의 출발점은 우리 발 밑에 있는 단단한 지구가 될 것이다. 그러나 지구는 여러분이 생각했던 것처럼 항상 단단하지만은 않다.

변화하는 지구

대륙이동설이 40년 동안 별다른 관심을 불러일으킬 수 없었던 것은 무엇보다도 대륙들이 어떻게 표류할 수 있었는지에 대한 믿을 만한 이유를 아무도 제시하지 못했기 때문이다. 대륙이 바다를 뚫고 나가는 거대한 정기선처럼 해저지각을 힘들게 헤쳐나간다는 생각은 쉽게 받아들여질 수 없었던 것이다. 만약 지구가 팽창하고 있었던 행성이라면 틈이 벌어지는 지구와 잡아당겨지고 있는 대륙들을 상상할 수 없는 것은 아니지만, 그렇다고 해도 도대체 지구의 무엇이 약 2억 년 동안에 이런 식으로 지구를 확장시킬 수 있었단 말인가?

7

지구의 내부

인간에게는 지구가 크다. 지구는 지름이 약 1만 2800킬로미터이고, 둘레가 대략 4만 킬로미터인 매우 큰 행성이다. 그러나 우리의 삶에 직접적인 영향을 미치는 거의 모든 일들은 지구 표면 근처의 매우 얇은 층—단단한 행성의 지각과 그것을 둘러싸고 있는 얇은 대기—에서 일어난다. 이와 같은 생명지대를 자세히 들여다보기 위해, 양파를 반으로 쪼갠 것처럼 지구를 자르고 우리 발 밑에 놓여 있는 지구의 다층 구조를 들여다본다고 상상해보자.

우리는 지진에서 발생하는 파동의 연구를 통해 지구의 내부구조에 대한 얼마간의 지식을 축적하고 있다. 지진파는 빛이 거울 표면에서 반사하고 굴절하는 것처럼 서로 다른 암석층의 경계에서 반사하거나 굴절하면서 전파된다. 물리학자들이 프리즘에 빛을 쪼인 다음 굴절현상을 연구함으로써 프리즘을 이루고 있는 유리의 성질을 알아내듯이, 지구물리학자들은 지진파를 추적함으로써 지구 내부의 성질 중의 일부를 파악한다. 그러나 이것은 지진파를 만들기 위해 자연적으로 발생하는 지진파에 의존해야 하고, 전혀 통제할 수가 없고, 지진파를 관측하기 위해 전세계 곳곳에 지진관측소를 설치해야 하는 매우 거친 일종의 'X선' 방법이다. 많은 점에서 우리는 지구의 내부에 대해서보다는 하늘에 떠 있는 별들에 대해 더 많은 것을 알고 있다. 어쨌든 별들은 직접 눈으로 볼 수 있다!

현재 우리 인간이 땅 밑으로 뚫고 들어갈 수 있는 최대깊이는 가장 깊은 광산의 밑바닥인 셈인데, 그 깊이는 겨우 4킬로미터에 불과하며, 드릴을 이용했을 경우에도 그 깊이는 20킬로미터를 넘을 수 없다. 지구의 중력장과 자기장 연구를 통해 지구 내부에 대한 얼마간의 정보를 얻고는 있지만, 지구 내부에 대한 대부분의 정보는 여전히 지진파에 의한 것이다.

과학자들은 지진파 연구를 통해 지구 중심에서 약 1600킬로미터에서 층이 형성되어 있으며, 그 내부가 고체로 이루어져 있음을 알아냈다. 이 층 내부를 내핵이라고 하는데, 따라서 고체 내핵의 반지름은 약 1600킬로미터인 셈이다(그런데 이 책에서 제시하고 있는 반지름이 정확한 것은 아니다. 그것은 지진 연구의 어려움에 따른 결과인데, 따라서 다른 책이나 자료에서 다른 수치를 접한다고 해서 놀랄 필요는 없다). 내핵은 액체 외핵에 의해 둘러싸여 있으며, 외핵의 두께는 1800킬로미터[1]를 조금 상회한다. 내핵과 외핵을 포함한 핵 전체는 밀도가 매우 높고, 철이 풍부하며, 온도는 약 섭씨 5000도에 달할 것으로 추정되고 있다. 액체인 외핵에서 이뤄지는 도체(導體)의 순환[2]이 지구 자기장의 형성과 밀접하게 관련되어 있음은 분명해 보이지만 그것을 만족스럽게 설명해줄 수 있는 모형은 아직까지는 제시되고 있지 않다.

핵이 고온상태인 것은 부분적으로 지구가 형성되었던 방식과 관련이 있다. 융해된 물질의 뜨거운 구가 태양계가 형성될 때 서로 충돌하면서 함께 들러붙은 많은 작은 물체들로부터 형성되고 있었던 것이다(더 자세한 내용은 제9장을 참조할 것). 일단 불덩어리 상태의 지구의 표면이 차가워지면서 형성된 껍질이 내부의 암석 불덩어리를 둘러싸게 되자, 지각(껍질)은 보온 담요처럼 작용하여 열을 내부에 가두고는 매우 느리게 열을 방출하도록 했다. 그렇다 하더라도 만약 일정량의 열이 계속해서 유입되지 않았더라면 태어난 지 40억 년이 지난 지구가 현재와 같은 온도를 유지할 수는 없었을 것이다. 그 열은 방사성 동위원소(별들의 임종시에 최초로 형성되었다)에서 나왔다. 방사성 동위원

---

1) 지구 중심으로부터 약 3400킬로미터 ─ 옮긴이.
2) 액체상태의 철에 의한 순환 ─ 옮긴이.

소는 안정적인 원소로 붕괴하면서 열을 내놓는데, 약 100억 년이 지나면 모두 소진될 것으로 예측되고 있다. 그러면 지구는 서서히 식어서 꽁꽁 언 고체덩어리로 남게 될 것이다. 그러나 그때가 되면 이미 태양이 사라져버렸을 것이기 때문에 지구 내부가 언다는 것은 그 사건을 목격해야 할 지적 생명체에게는 걱정하지 않아도 될 일일 것이다.

지구 부피의 거의 대부분을 차지하고 있는 것은 핵 위에 위치하고 있는 맨틀이다. 맨틀은 지상에서 땅 밑으로 3000킬로미터에 이르는 거리에 걸쳐 있으며, 일반적으로 하부 맨틀(약 2300킬로미터)과 상부 맨틀(약 630킬로미터)로 이루어져 있다고 알려지고 있다(맨틀을 두 부분으로 구분하는 것은 지진파 연구에 따른 것이다). 맨틀은 부피로는 지구 전체 부피의 82퍼센트, 그리고 질량으로는 3분의 2를 차지하고 있다. 맨틀 위에는 지구의 표면을 둘러싸고 있는 피부와 같은 지각이 있다. 지각의 두께는 대륙의 경우에는 약 40킬로미터, 대양의 경우에는 약 10킬로미터이다. 평균 두께를 20킬로미터라 가정했을 때, 지각의 두께는 지구 표면에서 중심까지 거리의 300분의 1에 불과하다.

지구물리학자들은 지구 핵의 구조보다는 표면 근처의 구조에 대해 더 많이 알고 있다(그러나 '더 많이 알고 있다'는 것이 곧 절대적으로 '많이 알고 있다'는 것을 뜻하는 것은 아니다). 지각으로부터 75~250킬로미터 깊이에서 지진파의 속도가 상대적으로 느려지는 것을 발견할 수 있다. 이 지대를 암류권(巖流圈)이라 부르는데, 이 지대에서 지진파의 속도가 느려지는 이유는 암석이 부분적으로 용해되어 있다고 보기 때문이다(암류권 하부에 있는 대부분의 맨틀은 중간권이라고 부른다). 그리고 암류권에서 암석들이 용해된 이유는 이 지대에서의 압력과 온도의 균형 때문이라고 설명되고 있다(또한 이런 균형은 외핵은 액체인 반면 내핵은 왜 고체인가를 설명해준다). 암석은 맨틀 깊숙이 들어갈수록 더욱 뜨거워지지만 압력 역시 커져서 고체상태로 있게 된다. 한편 암류권 위에서는 압력이 낮아지지만 온도 또한 낮아져서 암석은 다시 고체상태로 있게 된다. 이에 반해 암류권에서는 섭씨 1100도(뜨거운 용광로의 온도)의 온도상태에서 암석을 녹이는 데 적절한 압력이 형성되는 것이다.

암류권 위의 전지역을 암석권(巖石圈)이라 부른다. 여기서 알 수 있는 중요한 사실은 액체상태인 암류권은 무르기 때문에 암석권의 조각들(평균 약 100킬로미터의 두께인)이 암류권 위에 마치 떠 있듯이 표류할 수 있다는 점이다. 암류권 위를 자유롭게 이동하는 암석권 조각들로 인해 지구의 표면에 있는 대륙들이 (매우 느리게) 표류할 수 있는 것이다. 지질학적 시간이 흐르는 동안 이런 표류에 의해 지구의 모습은 크게 변화한다. 그러나 대륙의 이동방식에 대해 이해하게 된 것은 비교적 최근의 일이다. 실제로 대륙이동을 오래 전부터 주장해온 학자들이 없었던 것은 아니지만, 대부분의 지질학자와 지구물리학자들이 대륙이동을 받아들이게 된 것은 비교적 최근의 일이다.

대륙이동설에 대한 증거

지구 전체를 대상으로 한 신뢰할 만한 지도가 만들어졌을 때부터 대륙들이 현재와 같은 모습을 띠게 된 원인을 둘러싸고 여러 가지 추측들이 난무해왔다. 콜럼버스(C. Columbus)의 유명한 발견여행이 있고 난 후 한 세기 정도가 지난 1620년에 베이컨(F. Bacon)은 남아메리카의 동부 해안선과 아프리카의 서부 해안선의 윤곽이 비슷하다는 점에 주목했다. 그는 이 점에 대해 이렇게 쓰고 있다.

두 지역에 있는 지협과 곶들은 우연히 일치한다고 하기에는 힘들 정도로 비슷한 모습을 띠고 있다. 또한 신대륙과 구대륙은 북으로 갈수록 넓어지는 반면, 남으로 갈수록 좁아진다는 점에서도 서로 비슷하다.

베이컨이 이런 유사성을 두 대륙이 과거 한때 하나의 거대한 땅덩어리였다가 쪼개진 후 지구를 가로질러 움직였기 때문이라고 생각했는지에 대한 뚜렷한 증거는 없다. 그러나 남아메리카나 아프리카를 이동시켜 두 대륙을 다시 결합시킨다면(또는 컴퓨터 시뮬레이션을 통해 두 대륙을 재배치해본다면), 브라질의 돌출 부위는 아프리카 서해안 돌출부 밑에 부드럽게 끼워질 것이다. 북아메리카의 경우에도 조금만 비튼다면 유럽과 재결합될 수 있는데, 이때 그린란드가 두 대륙 사이에 있는 간극을 메우게 될 것이다.

1858년, 파리에서 일하고 있던 미국인 스나이더(A. Snider)는 이런 대륙 사이의 멋진 결합을 보여주는 최초의 지도를 출판했다. 그의 생각은 지구가 냉각되어 있을 때 대륙들이 하나의 거대한 땅덩어리 상태로 지구 한쪽 지역에 치우쳐져 있었으며, 대륙들의 결합체인 초대륙은 내부의 불안정으로 인해 현재의 대륙으로 쪼개졌고, 쪼개진 각 대륙은 이동하여 현재의 위치에 도달하게 되었다는 것이었다. 스나이더는 성경에 나오는 노아의 홍수 이야기와 대륙이동을 연결시켜, 대륙이동이 매우 급격하게 진행되었다고 보았다.

그후 몇십 년 동안 비공식적인 방식으로 이 주제에 대한 다양한 견해들을 여러 사람이 개진했다.[3] 그러나 대륙이동설의 '아버지'로 역사의 중심에 서 있었던 사람은 독일의 과학자 베게너(A. Wegener)였다. 그는 가능성을 제시하는 데 그친 다른 사람들과는 달리, 구체적인 모

3) 그 사람들 중에는 우연하게도 다윈(C. Darwin)의 아들인 천문학자 조지 다윈이 포함되어 있었다. 이것은 우리가 대륙이동에 대한 훌륭한 이론을 가지기 훨씬 이전에 훌륭한 진화이론을 가지고 있었음을 떠올리게 한다.

형—이 모형이 완전한 것은 아니었지만 모형이 거의 없었다는 사실에 주목한다면 그것은 논외로 생각할 수 있을 것이다—을 제시했고, 조용히 책을 출판한 다음 다른 학자들의 반응을 막연히 기다리지 않고 자신의 생각을 적극적으로 개진하여 다른 지질학자들의 생각을 바꾸는 데 많은 영향을 미쳤다. 베게너는 1880년에 태어나서 1930년까지 살았는데, 대륙이동에 대한 그의 연구서 초판이 출판된 것은 1915년 독일에서였다. 이 책은 제1차 세계대전으로 말미암아 독일 외부에는 거의 알려지지 않았다. 대륙이동설에 대한 현대적 논쟁이 본격화되기 시작한 것은 독일어로는 1922년에, 영어 번역본은 1924년에 출판된 3판(획기적으로 보완된)이 나온 이후였다.

과거를 돌이켜볼 때, 대양 반대편에 위치해 있는 대륙들이 과거 한때 붙어 있었다는 핵심증거는 지형에서 얻을 수 있다. 예를 들면 아프리카 서해안의 해안선 형태와 브라질의 해안선 형태는 마치 신문지 위에 경계선을 긋고, 경계선을 따라 신문지를 자른 다음 각 조각을 떼어낸 것처럼 정확하게 일치한다. 떼어낸 두 조각의 신문지 외곽선이 일치하는가는 그 둘을 다시 붙여보면 쉽게 확인할 수 있을 것이다. 같은 방식으로, 두 대륙의 해안선이 일치하는가는 두 대륙을 다시 합쳤을 때 예상되는 가상의 접점들을 가로지르는 선들을 확인해봄으로써, 즉 지질학적 '신문지'를 통해 확인할 수 있었던 것이다.

이런 증거가 있는데도 대륙이동설이 40년 동안 별다른 관심을 불러일으킬 수 없었던 것은 무엇보다도 대륙들이 어떻게 표류할 수 있었는지에 대한 믿을 만한 이유를 아무도 제시하지 못했기 때문이다. 대륙이 바다를 뚫고 나가는 거대한 정기선처럼 해저지각을 힘들게 헤쳐나간다는 생각은 쉽게 받아들여질 수 없었던 것이다. 만약 지구가 팽창하고 있었던 행성이라면 틈이 벌어지는 지구와 잡아당겨지고 있는 대륙들을 상상할 수 없는 것은 아니지만, 그렇다고 해도 도대체 지구의 무엇이 약 2억 년 동안에 이런 식(3분의 2 정도)으로 지구를 확장시킬 수 있었단 말인가? 따라서 1920년대와 1930년대에 걸쳐 베게너의 생각이 폭넓게 토론되었는데도 그의 생각이 본격적으로 받아들여지기 시작한 것은 1960년대에 이르러서였다. 그때에서야 비로소 대서양이 점점 넓어지고 있다는 반박할 수 없는 증거를 얻었기 때문이다.

현재 대륙이동설은 판구조론으로 통칭되는 더욱 큰 개념체계의 일부분을 차지하고 있다. 이 모든 것은 1950년대에 지진파 기술을 사용한 대양지각에 대한 세밀한 조사결과에서 비롯되었다. 사실 대양지각의 일부를 대상으로 삼고 있는 연구를 위해 지구를 울리는 벨과 같은 상태에 빠뜨리는 지진을 기다릴 필요는 없으며, 단지 지각을 조사할 수 있는 음파를 만들기 위해 폭발을 일으킬 수 있으면 되는 것이다. 그때가 되어서야 지질학자들은 먼바다에서 이런 기술을 사용하여 대규모로 실험을 할 수 있게 되었고, 대양지각이 매우 얇다는 사실(어떤 곳은 5~7킬로미터에 불과할 정도로)이 마침내 밝혀지게 되었던 것이다. 이런 실험을 통해, 지질학자들은 해저가 매우 울퉁불퉁하다는 사실도 발견할 수 있었다. 해저에는 산맥들과 협곡들이 즐비했는데, 무엇보다도 중요한 것은 길이가 수천 미터에 달하고 해저의 평균높이보다 수 킬로미터나 높이 솟아 있는 거대한 해령들이 자리하고 있다는 것이었다. 전형적인 예가 대서양 중앙 해령(Mid-Altantic Ridge)인데, 이것은 이름이 뜻하는 바와 같이 유럽과 아프리카의 중간 지점에 누워 있으며 남북으로 북대서양을 가로지르고 있다. 이 해령의 중심을 따라 활동 중인 단층계곡이 있으며, 해저 화산활동을 하고 있는 많은 지점들이 이 계곡을 따라 점점이 박혀 있다.

1960년에 프린스턴 대학교의 헤스(H. Hess)는 해저확장설(더 정확하게는 대양해저의 확장)에 관한 최초의 모형을 통해 기존에 밝혀진 해저의 특징들과 새롭게 추가된 특징들을 설명했다. 헤스의 설명은 새로운 맥락에서 대륙이동설을 되살리는 것이었다. 이 모형에 따르면, 해령은 맨틀에 있는 유체의 상승대류에 의해 생성된다.[4] 이 느린 대류가 맨틀의 구성성분을 해령으로 끌어올리는데, 이때 배출된 물질은 해령을 중심으로 양쪽방향으로 확장하면서 대륙들을 반대방향으로 밀고, 새롭고 젊은 해양분지를 형성하게 되는 것이다.

물론 맨틀의 대류에 의해 한 곳에서 물질이 솟구쳐 올라온다는 것은 다른 어딘가에서는 물질이 가라앉고 있음을 뜻한다. 그리고 최근의 지질학적 역사를 통해 볼 때 지구가 대략적으로 같은 크기를 유지하고 있다는 사실은 지각이 해령에서 솟구쳐 올라오는 것과 비슷한 속도로 다른 곳에서는 파괴되고 있음을 말해준다고 할 수 있다. 헤스는 일부 대양의 가장자리에 있는 해구들을 지적했는데, 그 중에서도 특히 태평양의 서쪽에 있는 해구계를 대표적인 예로 들었다. 그의 주장에 따르면, 얇은 대양지각은 해구에서 두꺼운 대륙지각의 가장자리 밑으로 꺼져들어가고 있으며, 그렇게 밀려들어간 대양지각들은 암류권에서 녹게 되고, 그렇게 되면 지각의 순환이 종료된다는 것이다. 그의 모형은 태평양의 서쪽 지역에서 벌어지고 있는 모든 지질활동에 대해서도 설명해주고 있다. 일본을 방문해본 사람이면 알겠지만, 일본에서는 화산활동과 지진이 일상적으로 발생한다. 이 외에도 이 모형은 대서양이 매년 2센티미터 정도씩 넓어지고 있다는 사실과 더불어, 그 결과로 북아메리카가 아시아 쪽으로 서서히 움직임에 따라 태평양이 점차 좁아지고 있다는 사실도 밝히고 있다.

1960년대가 시작될 때만 해도 해저확장에 대한 생각은 기존의 생각을 완전히 뒤엎을 수 있을 정도의 위력을 갖고 있었던 것은 아니었다.

---

4) 맨틀은 고체상태이지만, 뜨겁기 때문에 맨틀에 있는 물질은 대류의 형태로 매우 느리게 움직일 수 있다. 이런 점에서 물질은 액체(liquid)가 아니라 유체(fluid)이다.

즉 모든 사람들이 "왜 그것을 생각하지 못했을까?"라고 말하는 순간, "유레카!"를 외치는 것과 같은 것은 아니었던 것이다. 해저확장에 대한 결정적 증거는 그로부터 두 해가 지난 다음에야 지질학자들이 암석의 자기(磁氣) 성질을 탐구할 수 있는 새로운 기술을 사용하여 해저를 연구하기 시작했을 때 비로소 얻을 수 있었기 때문이다.

지상에서 지질연구를 하는 지질학자들에게 암석의 자기는 핵심적 도구이다. 지구의 자기장은 일정하지 않으며, 지질학적 시간에 따라 변화한다. 어떤 시기에는 약화되었다가 다른 시기에는 강화되고, 또다른 시기에는 완전히 역전되기도 한다. 현재의 자기 북극은 과거 언젠가는 자기 남극이었다. 이런 변화과정이 외핵에 있는 전기도체의 움직임과 밀접한 관련이 있음은 확실하지만, 전체적인 과정에 대한 이해는 아직까지는 미약한 수준에 머물고 있는 실정이다. 유감스럽게도 자극 역전이란 용어는 종종 잘못 이해되어, 이야기꾼들은 가끔 우주에서 비틀거리고 있는 지구나, 갑자기 지구 표면을 미끄러지듯 움직이는 지각에 대해 이야기하곤 한다(자기는 그대로 유지되는 것으로 보고). 그래서 오스트레일리아와 유럽이 위치를 바꿨다는 식으로 말하곤 하는 것이다. 그러나 그런 일은 결코 일어나지 않았다! 우리가 말하고 있는 것은 자기장이 사라졌다가 반대방향으로 다시 생겨나는, 즉 지구 내부 발전기의 변화에 대한 것이다. 물론 이런 변화가 일어나는 짧은 시간 동안 대륙들은 자신들의 원래 위치에 그대로 있었다.

지상에서 암석이 생성될 때(예를 들면 화산에서 흘러나오는 마그마가 굳어서 암석이 생성될 때), 새로운 지층은 기존의 지층 위에 쌓이게 된다. 이때 새로운 지층은 용해된 상태로 있다가 굳는데, 그 과정에서 새로운 층은 지구의 자기장에 의해 자성을 띠게 된다. 그래서 암석 자기는 새로운 암석이 생성될 당시의 지구 자기장과 같은 방향을 향하게 되는 것이다. 층층이 쌓인 채 잘 보존되어 있는 지층에서 지구 자기장의 변화를 읽어내는 것은 그다지 어려운 일이 아니다. 먼저 지층을 구분한 다음 어떤 암석층의 자기장이 역전되었는가를 살펴보면 되기 때문이다.

많은 경우에 지층들은 산의 형성과 같은 지질학적 과정에 의해 뒤틀리거나 뒤섞여 있다. 이런 경우에도 일단 잘 보존된 지층에서 자기역전이 캘리브레이션(calibration)되어 있다면 그 기술을 거꾸로 적용시킬 수 있다. 캘리브레이션을 통해, 어느 정도까지는 뒤섞인 지층들의 올바른 순서나 형성된 시기를 알 수 있는 것이다. 즉 대상이 되는 지층들의 자기의 방향을 살피고, 파악된 자기의 방향을 잘 보존된 지층에서 얻은 자기의 방향과 맞춰봄으로써 지층의 올바른 순서나 형성된 시기를 알 수 있는 것이다.

자기측정기가 대양의 해저에 있는 암석자기를 측정하기 위해 배 위에서 바닷속으로 드리워졌을 때 매우 놀라운 사실이 밝혀졌다. 해저의 자기는 지상의 자기와 매우 다른 양상을 띠고 있었던 것이다. 대서양 해저의 암석들은 남북으로 길게 늘어선 화석자기를 지니고 있었는데, 하나의 줄무늬는 오늘날 지구의 자기장과 같은 방향을 가지고 있었지만 그 다음 줄무늬는 반대방향의 자기장을 띠고 있었던 것이다. 이런 경향은 반복되어 나타났다. 더욱이 대서양 중앙 해령을 중심으로 한쪽의 이와 같은 줄무늬 패턴은 해령 반대편의 줄무늬 패턴과 거울상의 관계를 이루고 있었다.

결론은 명확했다. 자기 줄무늬는 튜브를 짰을 때 나오는 치약처럼, 해령의 양쪽으로 균일하게 솟아올라오면서 암석들이 굳어질 때 지구 자기장과 같은 방향을 향하게 되었던 것이다. 수백만 년 동안 암석들은 계속해서 솟구쳐 올라왔고, 그렇게 올라온 암석들은 방향이 같은 자기를 띠게 되었던 것이다. 따라서 지질학의 눈이 깜박거리는 동안 (수천 년) 자기장은 역전되었고, 다음 수백만 년 동안 솟구쳐 올라온 암석의 자기는 반대방향을 가리키게 되었던 것이다. 이런 반복적인 패턴이야말로 말 그대로 테이프 기록처럼 해령에서 양방향으로 멀어질수록 가장 오래 된 지층이, 가까울수록 가장 젊은 지층이 차지하고 있는 해저에 지구 자기장의 변화에 따른 기록이 암석에 새겨져 있다는 강력한 증거인 셈이다. 사실, 지구가 최근 역사에서 자기장을 반복적으로 역전시켰다는 사실을 최초로 알려준 것은 해저에 남아 있는 이런 독특한 자기 패턴이었다. 그러나 연구가 시작된 1960년대 이래 해저에 새겨진 자기 줄무늬 패턴은 지상의 수직지층에서 관찰된 자기 패턴과 일치를 보여왔다. 모든 것이 완전히 들어맞았다.

판구조론으로 본 대륙이동

이런 모든 증거가 밝혀지면서 대륙이동설은 판구조론의 새로운 틀 속에서 받아들여졌다. 대다수의 전문가들이 이 이론을 받아들이기 시작한 결정적 계기는 1964년 왕립학회가 주관한 모임에서였다. 이 모임에서, 케임브리지 대학교의 불러드(E. Bullard)는 컴퓨터를 이용하여 대서양을 사이에 둔 두 대륙이 서로 잘 들어맞는다는 사실을 처음으로 증명해 보였다. 정확히 말하면, 불러드의 증명은 1858년에 스나이더가 손으로 그려서 재구성해 보였던 것보다 더 강력한 것은 아니었다. 다만 차이라면 두 대륙의 경계 기준선으로 오늘날의 해안선을 사용하는 대신 대륙붕의 경계를 사용했다는 점이다. 그러나 1964년만 해도 컴퓨터가 신비스런 존재로 여겨지고 있었고, 해저확장에 대한 모든 작업으로 토대가 마련되어 있었다. 불러드는 분위기를 만든 다음 동료들의 상상력을 사로잡았다. 그래서 1964년은 움직이는 대륙에 대한 개념이 냉대를 뚫고 당당히 지질학의 역사에서 주인공으로 등장할 수 있었던 해로 폭넓게 받아들여졌다. 해저확장에 대한 오래 된 의심들이 완전히 사라지게 된 것은 1970년대에 이르러서였다. 이때가 되면 인공위성을 통한 레이저 거리측정 방법을 사용하여 대륙의 움직임을 정밀하게 측정할 수 있었고, 그중에서도 북대서양이 매년 2센티미터 정도씩 확장하고 있음을 입증할 수 있었던 덕분이다.

'판구조론'(plate tectonics)이라는 용어가 최초로 사용된 것은 불러드가 왕립학회가 주관한 모임에서 자신의 지도를 선보인 지 3년 후에 매켄지(D. McKenzie)와 파커(R. L. Parker)가 과학잡지 『네이처』(*Nature*)에 지구물리학의 최근 성과들을 정리한 논문을 실었을 때였다. 1960년대 말엽에 이르면 이 모형의 중요한 뼈대가 완성된다. 이 모형은 지구의 지각(대양과 대륙)덩어리가 판들의 중심에서는 거의 지질활동이 일어나지 않는 소수의 판들로 어떻게 이루어져 있는지를 설명한다. 지구의 겉표면은 판들로 완전히 뒤덮여 있으며, 판들은 조각그림의 조각들처럼 서로 맞물려 있다. 그러나 조각그림과는 달리, 판들 간 경계에서의 활동양상은 시간이 흐름에 따라 변한다. 여섯 개의 주요판과 열두 개의 소형판들이 함께 지구 전체를 덮고 있다.

판들의 형태가 변하는 방식은 판들 간의 경계선——경계(margin)라고 알려져 있는——에서 어떤 일이 벌어지고 있느냐에 달려 있다. 경계에는 세 가지 유형이 있다. 발산형 경계(constructive margin)에서는 새로운 해양지각이 해령에서 생성되고 양방향으로 확장되기 때문에 우리는 그곳에서 두 개의 판이 서로로부터 멀어지는 것을 볼 수 있다. 수렴형 경계(destructive margin)에서는 해구가 발달하는데, 그것은 대양의 얇은 지각이 두꺼운 대륙지각의 가장자리 밑으로 약 45도 각도로 미끄러지면서 맨틀 속으로 들어가기 때문이다. 이런 이유로 해서 수렴형 경계에서는 두 개의 판이 서로를 향해 돌진하면서 파괴되는 것을 볼 수 있다. 마지막으로 보존형 경계(conservative margin)에서는 생성도 파괴도 일어나지 않고 다만 판들이 서로를 스치듯 지나칠 뿐이다.

각각의 판들은 대륙지각이나 해양지각, 또는 둘의 혼합으로 구성된다. 그러나 발산형 경계나 수렴형 경계는 반드시 해양지각을 포함해야만 한다. 현재 대륙을 구성하고 있는 물질들은 판들의 이동에 의해 생성되거나 파괴되지 않는다. 가능한 예외라면, 화산활동이 활발한 수렴형 경계의 대륙쪽 경사면에서 생성되고 있는 산맥들을 들 수 있다. 어느 누구도 최초에 대륙지각이 어떻게 형성되었는지에 대해서 자신 있게 말할 수 없다. 즉 무엇이 이런 방식으로 산맥의 형성과 관련 있는 최초의 대륙지각 덩어리를 생겨나게 했는지를 설명할 수 없다는 것이다. 현재까지는 거대한 소행성이 원시지구에 충돌할 때 지구 표면에 상처가 생겨났는데, 최초의 소형대륙들은 이런 상처 위에 형성된 딱지들이었다는 설명이 가장 큰 설득력을 얻고 있다. 대륙의 기원이 무엇이었든, 수렴형 경계에서 집어삼켜지는 판에 의해 운반되어 수렴형 경계에 도달한 대륙지각은 해구에 의해 파괴될 수 없기 때문에 수렴형 경계는 곧 작동을 멈출 것이다.

　지구 전체로 볼 때, 해양지각은 해구에서 사라지는 것과 같은 속도로 확장되고 있는 해령에서 형성된다. 해구가 대륙의 구성물질에 의해 막히게 되면, 판의 컨베이어 벨트 전체가 그 간접적인 영향을 받고, 그 결과로 세계 어느 곳에선가는 벨트의 확장속도가 느려지거나 정지하게 될 것이다. 이처럼 판구조 활동의 전체 양상이 지구의 변화를 특징짓는다.

　이 모든 것을 가장 잘 설명할 수 있는 길은 사례들을 살펴보는 것이다. 홍해와 동아프리카 열곡대는 지구의 지각에 있는 복잡 단층계의 일부이다. 두 곳에서의 확장활동은 비교적 최근에 시작되었는데, 지각 밑에서 뜨거운 물질이 솟구쳐 올라오고 대류에 의해 옆으로 퍼지면서 지각에 금이 가게 되었던 것이다. 대양의 축소판처럼 보이는 홍해에는 심지어 확장 중인 해령에 의해 생성된 일종의 '척추'를 지니고 있다.

동아프리카의 단층들 중에서 어떤 것이 지질학적 미래에 완전한 성장을 할지를 말하는 것은 대단히 성급한 일이지만, 수천만 년이 흐른 뒤에는 이 단층들 중 하나가 홍해와 결합할 가능성은 높아 보인다. 그렇게 되면 아프리카 대륙이 아시아로부터 멀어지면서 홍해는 대서양처럼 거대한 대양으로 발전할 것이다.

이와는 반대로, 북아메리카 서쪽 지역에서는 예전의 확장해령이 잠식당하고 있다. 이것은 북대서양의 확장 결과 북아메리카 대륙이 서쪽으로 움직이면서 지금은 거의 활동하지 않고 있는—강력했던 과거의 활동 흔적은 여전히 느낄 수 있지만—확장해령을 잠식하고 있기 때문이다. 이것은 북대서양에 있는 해령의 확장활동이 현재 북태평양에 있는 같은 크기를 가진 해령의 확장활동보다 빠르게 진행된 결과이다. 아메리카 대륙이 태평양 해령에 의해 생성되고 있는 새로운 지각보다 빠른 속도로 서쪽으로 움직이고 있기 때문에 오랜 시간 동안 태평양의 해양지각은 확장해령에서 생성되고 있는 것보다 빠른 속도로 잠식당하면서 북아메리카의 서쪽 해안을 따라 형성되어 있는 해구 속으로 사라지고 있다. 이런 현상은 '잡아먹히는' 에스컬레이터에 비유할 수 있을 것이다. 밑에서 일정한 속도로 생성된 계단이 계속해서 위로 올라오는 에스컬레이터가 있다고 상상해보자. 그런데 이 에스컬레이터의 꼭대기에서는 밑에서 생성되는 두 배의 속도로 계단이 잡아먹히고 있다. 그러면 에스컬레이터의 꼭대기는 일정한 속도로 점차 낮아지는 모양이 될 것이다.

태평양 확장해령은 남쪽으로 갈수록 활발하게 활동하고 있는데, 그 모습은 마치 캘리포니아를 찌르고 있는 칼과 같은 형세를 띠고 있다. 이로 인해 바자캘리포니아(Baja California) 반도가 쪼개지고 있고, 악명 높은 산안드레아스(San Andreas) 단층이 활동하고 있다. 그러나 전체적으로 볼 때, 북아메리카판(북대서양 해저의 서쪽 반을 포함하는)

과 태평양판(기본적으로 태평양 해양층 전체) 사이에는 보존형 경계가 자리잡고 있다. 태평양판이 약간 뒤틀린 채 북아메리카판을 북쪽으로 지나치면서 마찰을 일으키고 있는 것이다. 지질학적 시간에 의하면, 로키 산맥은 비교적 최근에 있었던 두 판 사이의 이런 충돌에 의해 생겨난 것이며, 이 지역 해안 전체에 걸쳐서 발생하고 있는 지진과 화산 활동의 원인도 이런 충돌에 의한 것이다(그리고 이와 유사한 판 경계의 상호작용들이 '불의 고리'로 묘사되는 환태평양 지진대를 둘러싼 지진활동을 설명해준다).

캘리포니아에서의 이런 활동은 산안드레아스 단층의 서쪽에 위치한 지각의 북향운동—매년 약 6센티미터의 속도로 이동하는—과 관련이 있다. 이 지각은 오래 된 확장해령의 최후 활동 결과 북아메리카의 나머지 지역에서 떨어져나온 대륙의 일부이다. 지금의 샌프란시스코는 지금으로부터 3000만 년 전—즉 해령과 해구가 서로를 잠식하기 시작했을 때—에는 현위치에서 남쪽으로 1000킬로미터 이상 떨어져 있었다(북향운동이 3000만 년 동안 일정한 속도로 진행되었다고 가정했을 때 그렇다는 것이다). 그러나 이 북향운동이 항상 지속적으로 이루어졌던 것은 아니었다. 어떤 장소에서는 두 판이 수십 년, 가끔은 수백 년 동안 맞물려 있다가 누적된 압력을 한꺼번에 방출하면서 앞을 향해 덜컹거리며 나아갔다. 남부 캘리포니아에서 대지진이 자주 발생하는 것은 이런 이유 때문이다. 예를 들면 로스앤젤레스의 주변지역이 100년 동안 '붙어 있다'가 다시 움직인다면, 그 동안 판들이 움직인 거리를 따라잡기 위해서는 6미터를 한꺼번에 움직여야만 할 것이다. 이렇게 되면 대규모의 지진이 발생하는 것이다.

또한 활동을 멈춘 단층들이 세계 각지에 있다. 예를 들면 스코틀랜드의 그레이트 글렌(Great Glen, '커다란 골짜기'라는 뜻)을 들 수 있다. 글렌은 현재 캘리포니아에 존재하는 것과 매우 비슷한 보존형 경계가 있었던 곳이다. 그러나 글렌의 경우에는 현재 두 개의 대륙지각이 서로를 스쳐지나고 있을 뿐이다. 경계선을 따라 발생했던 활동들은 사라진 지 오래고(아직도 종종 스코틀랜드에서는 가벼운 떨림이 일어나고 있지만), 현재 두 판은 서로 맞물려 있다. 그러나 글렌의 단층은 과거에는 이곳이 서로 다른 두 대륙의 경계였음을 아직도 선명하게 보여주고 있다.

세 개의 판들이 만나는 곳이나 해령과 해구가 수직으로 만나는 곳에 형성되는 세 교차점에서 일어나는 것처럼 판구조 활동이 더욱 복잡한 양상을 띨 가능성은 얼마든지 있다. 그러나 여기서는 이런 가능성을 구체적으로 살펴보지는 않을 것이다. 개별적인 판들은 다양한 모습을 띨 수 있고, 지구 전체적으로 지각의 총량이 유지되는 한 발산형, 수렴형 또는 보존형 경계 사이의 갖가지 결합에 의해서 경계지어질 수 있다. 태평양판은 대륙지각을 포함하고 있지 않고, 서쪽 가장자리가 계속해서 파괴되고 있기 때문에 미래의 어느 날 북아메리카와 아시아가 서로 부딪치면서 새로운 초대륙을 형성할 것이라는 주장은 설득력이 있다. 그때가 되면 대서양은 오늘날의 태평양처럼 커지고, 아프리카는 오늘날의 북대서양 크기의 바다에 의해 아라비아 반도로부터 분리되어 나오게 될지도 모른다.

초대륙이 작은 조각으로 깨진 이후 새로운 확장지역이 발달하면서 생기는 대륙들 사이의 충돌과 재배열은 지구의 역사에서 여러 차례 반복되었던 것처럼 보인다. 대륙들이 충돌할 때 산맥이 솟구쳐 올라온다. 오늘날에도 계속 상승하고 있는 히말라야 산맥은 유라시아판 속으로 인도판이 북진한 결과 형성된 것이고, 키프로스 산맥은 유럽 대륙과 아프리카 대륙이 지중해를 사이에 두고 서로 접근하면서 부딪친 결과 솟구쳐 오른 것이다. 앞에서 살펴봤듯이, 산맥들은 수렴형 경계의 가장자리를 따라 형성된다. 따라서 현존하는 판들의 경계로부터 멀리 떨어진 곳에 산맥이 있다면, 우리는 그곳이 지금은 활동을 멈추었지만 과거에는 활동을 했던 판들의 경계였음을 알 수 있다. 재결합 과정에서 접점을 형성했을 것으로 추정되는 산맥과 대륙을 '점선에 따라 찢고,' 결합선에 따라 떨어뜨림으로써 지구물리학자들은 대륙들이 오래 전에 어떤 모습을 하고 있었는지에 대한 다소간의 아이디어를 얻을 수 있다. 오래 된 산맥들이 포함되어 있을수록 그 경계에서의 지질활동은 오래 전부터 있었던 것이다.

초대륙 판게아

대륙들의 과거 위치를 알려주는 또다른 정보들이 있다. 암석 속에 남아 있는 생물의 화석기록을 통해, 우리는 그 암석이 열대지방 근처에 있었는지 아니면 그보다 추운 기후에 있었는지를 알 수 있다. 그리고 빙하기 동안 빙하에 침식당한 생채기를 추적함으로써 지금은 멀리 떨어져 있지만 다시 빙하를 올려놓으면 하나로 합쳐질, 따라서 과거에는 서로 붙어 있었음이 분명한 대륙들을 찾을 수 있다. 또한 자기기록을 통해 암석들이 어떻게 이동했는가를 알 수 있다. 암석이 식을 때 형성된 자기는 그 당시 지구장의 방향을 현재에도 유지해야만 하는데, 이런 예상과는 달리 다른 방향을 지니고 있는 암석들을 발견할 수 있고, 이로부터 발견된 암석들을 포함하고 있는 대륙 전체가 이동하면서 비틀어짐으로써 자기의 방향이 바뀌게 되었다는 것을 알 수 있기 때문이다. 이와 같은 다양한 지질학적 증거들을 사용하여, 지난 6억 년 동안 지구의 지형 변화에 대한 대략적인 윤곽을 그려볼 수 있다. 그러나 이런 윤곽조차도 6억 년 전으로 거슬러 올라가면 더욱 희미해져서 원시 지구의 지형연구에는 거의 아무런 도움도 줄 수 없다.

지질학적 증거에 의하면, 6억 년 이전에는 현재 남아메리카, 아프리카, 인도, 남극, 그리고 오스트레일리아 등이 곤드와나 대륙(Gondwana-land)으로 알려진 초대륙에 묶여 있었다. 6억 년 전은 최초의 물고기가 진화되어 나오기 1억 년 전이었는데, 그 당시 곤드와나 대륙은 대략적으로 적도를 가로질러 놓여 있었다. 곤드와나 대륙은 오래 전에 사라진 확장해령의 활동으로 대륙 전체가 서서히 남쪽으로 표류하여, 지금부터 4억 5000만 년 전에는 남극 근처로 이동했다. 이로 말미암아 곤드와나 대륙에는 빙하가 형성되면서 빙하의 침식으로 생채기가 생겨났고, 그 상처들은 곤드와나 대륙이 쪼개진 다음에도 오늘날까지 각 대륙에 남겨져 있다.

한편 같은 기간 동안 적도 근처와 북저위도의 여기저기에 조각그림처럼 흩어져 있던 또다른 대륙조각들은 그들끼리 결합했다. 그때까지 북아메리카와 그린란드는 수억 년 동안 서로 붙어 있었다. 약 4억 년 전, 육상식물들이 대륙들에 퍼지기 시작했을 때 이 땅덩어리[5]는 현재 유럽의 일부(특히 스코틀랜드와 스칸디나비아)와 충돌했고, 각 땅덩어리들이 함께 결합되면서 올드레드샌드스톤(Old Red Sandstone, 충돌 과정에서 생성된 암석을 따라 붙은 이름이다) 대륙이 형성되었다. 그 때 곤드와나 대륙은 남극을 가로질러 북쪽으로 다시 이동하고 있었고, 척추동물들이 땅을 향해 이동하기 시작하면서 최초의 파충류가 진화의 연쇄에서 탄생했다. 약 2억 5000만 년 전, 곤드와나 대륙과 올드레드샌드스톤 대륙은 충돌하여 하나가 되었다. 그로부터 얼마 후에 유일하게 떨어진 상태로 남아 있던 거대한 땅덩어리(현재의 아시아)가 이 초대륙의 북쪽에 있던 현재의 유럽과 충돌하면서 결합되었는데, 이 과정에서 우랄 산맥이 형성되었다. 이렇게 해서 오늘날 대륙을 이루고 있는 모든 땅덩어리들이 초대륙 판게아(Pangea)에 함께 결합되었는

---

5) 북아메리카와 그린란드가 붙어 있었던 땅덩어리－옮긴이.

데, 이 초대륙은 남극에서 적도를 수직으로 가로질러 북고위도에까지 뻗어 있었다.

전지구적 차원의 지형변화가 비교적 잘 알려져 있는 판게아 시대 이후와는 달리 그 전 시대에 대해서는 알려진 사실이 거의 없다. 그 이유는 초기 판구조 활동에 대해 알려줄 수 있는 많은 증거들이 판게아가 형성될 때 발생한 충돌에 의해 파괴되거나 흐려져버렸기 때문이다. 판게아의 남쪽과 북쪽 끝에는 빙하가 있었고, 남북으로 길게 놓인 초대륙이 해류를 가로막고 있었기 때문에 지구 전체의 해류순환은 심한 제약을 받고 있었다. 그 당시는 페름기 말엽이었는데, 극심한 환경변화로 인해 많은 생물종들이 멸종당했다. 그것은 아마도 추위와 그로 인해 물이 만년설에 갇히면서 바다의 수위가 떨어졌기 때문이라고 추측되고 있다. 그래서 지질학자들은 그때를 고생대의 끝으로 보고 있다.

지질학적 시간척도를 나타내는 모든 시기구분은 화석기록의 변화에 따라 정의된다. '대'(ft, era)란 생물종의 변화가 지구 전체에 걸쳐 매우 급작스럽게 일어나는 일정한 기간을 경계로 했을 때 전후 경계 사이에 놓이게 되는 매우 오랜 기간을 말한다. '기'(期, period)란 더 적은 생물종의 멸종에 의해 구분되는 비교적 짧은 기간(대를 세분화한 것)을 말한다. 단, '대'의 끝과 '기'의 끝이 일치할 때는 예외로 한다. 고생대가 끝나고 중생대가 시작되는 2억 5000만 년 전, 판게아가 여러 대륙으로 갈라지기 시작하고, 기온이 따뜻해지자 생물들이 다시 불어나기 시작했다. 포유류가 최초로 등장한 것은 중생대 초기이지만, 공룡들이 이 시대의 지배자(최소한 육상동물로만 국한시켰을 때)로 행세했던 수억 년 동안 그들은 역사의 뒤안길에 머물러 있을 수밖에 없었다.

사실 판게아는 형성되기가 무섭게 다시 쪼개지기 시작했다. 최초의 거대한 균열이 오늘날 지중해와 카리브 해에 해당하는 선을 따라 생겨났고, 그와 함께 대체로 과거 곤드와나 대륙에 해당하는 부분이 다시 한 번 북쪽의 대륙들로부터 떨어지면서 오늘날 우리가 알고 있는 대륙들로 분리되어 나가기 시작했다. 그리고 판게아에서 분리되어 북쪽에 남아 있던 초대륙 로라시아(Laurasia)도 작은 대륙으로 쪼개지기 시작했다. 중요한 균열이 북아메리카 남부지역과 유럽 사이에서 발생했는데, 그와 함께 그린란드 역시 마침내 북아메리카에서 분리된 채 북아메리카 대륙이 서쪽으로 이동하게 되자 뒤에 남겨지게 되었다. 북대서양은 판게아 분리활동의 막바지에야 생성되기 시작했고, 북아메리카의 북부, 그린란드 그리고 유럽은 공룡이 절멸했던 6500만 년 전에도 북쪽에서 여전히 결합된 상태로 남아 있었다. 북쪽에 남아 있던 초대륙의 최후의 분리는 오스트레일리아가 곤드와나 대륙의 후신인 남극대륙으로부터 분리된 것과 거의 같은 시기에 일어났다. 그 시기는 포유동물 시대의 개막과 대체로 일치한다. 그때부터 오늘날 우리가 알고 있는 대륙들이 대륙이동에 관한 이야기에 본격적으로 등장하기 시작하고, 이야기의 내용은 각 대륙들이 어떻게 해서 현재의 위치로 서서히 표류하게 되었는지가 주를 이루게 된다.

북대서양이 현재의 크기로 확장하는 데는 약 6500만 년이 걸렸는데, 공룡의 절멸로부터 새롭게 시작된 이 기간은 지질학적 시간으로는 다른 '대'(비록 완전하지는 않지만)에 해당한다. 포유류의 시대인 이 시기를 신생대라고 부른다. 지금까지 거론된 숫자들과 비교했을 때 6500만 년이라는 기간은 매우 짧게 느껴진다. 사실 지질학적 기준에서 보면 6500만 년은 분명 짧은 기간이다. 그러나 이 짧은 신생대 기간 동안 지구에 있는 전체 해양지각의 절반이 해저 컨베이어 벨트에 의해 해구 속으로 밀려들어가서 파괴되었으며, 해령에서 확장되어 나온 새로운 해양지각이 그 자리를 대체했다. 이것은 바다가 지구 표면의 약 3분의 2를 덮고 있다는 점을 고려했을 때 공룡시대 이후에 지구 전체 지각의

3분의 1이 재순환 과정을 통해 새롭게 생겨났음을 뜻한다.

다른 지역에 비해 몇 지역에서 집중적으로 지진과 화산이 발생하고 있는 것은 오늘날 지구의 판구조 활동 때문이다. 이러한 사실은 지진활동이 다양한 모습을 띠고 있는 판의 경계에서 공통적으로 발생한다는 점에서뿐만 아니라 화산활동의 경우에는 특히 해양지각이 해구 속으로 빨려들어가 녹고, 그렇게 해서 형성된 고온의 융해된 암석은 대륙지각이 해구를 잠식할 때 대륙의 가장자리에 자리잡고 있는 산맥을 통해 분출된다는 공통점을 지니고 있다는 점에서도 확인할 수 있다.[6] 판게아와 곤드와나 초대륙의 운명이 보여주듯이, 오래도록 지진활동으로부터 자유로운 곳은 지구 어디에도 없다. 오랜 기간이 흐르면 어딘가에서, 심지어 대륙의 한복판에서도 새로운 균열들이 생겨날 것이며, 그렇게 되면 아프리카가 현재 대열곡계를 따라 찢겨나가고 있듯이 대륙도 분리될 것이다. 그리고 심지어 스코틀랜드의 고원지대, 애팔래치아 산맥, 또는 우랄 산맥과 같은 장소(현재 판의 경계들로부터 멀리 떨어져 있는)에서조차 이전 대륙들 사이의 결합이 좀더 강화됨에 따라 여전히 덜거덕거림을 경험하게 될지도 모른다.

이 모든 활동은 직접적으로 지구의 생명 이야기와 관련이 있을 뿐만 아니라 우리의 중심주제인 인간과 우주의 관계와도 관련되어 있다. 생

---

6) 하지만 예외가 없는 것은 아니다. 태평양에 있는 하와이와 다른 화산섬들이 바로 그것이다. 판의 경계에서 멀리 떨어져 있는 이 섬들은 맨틀의 열지점이 해양지각의 얇은 곳을 뚫고 올라오면서 생겨난 것이다. 태평양판이 열지점을 가로질러 표류할 때 열지점이 대양지각에 일련의 구멍을 뚫어 화산열도를 형성시켰던 것이다. 흥미로운 사실은 태평양에 있는 모든 화산열도들이 굽어 있다는 점인데, 이것은 판 전체의 표류방향이 바뀌었음을 보여주는 것이다. 약 4000만 년 전에 북쪽으로 표류하던 판이 오늘날 우리가 보고 있는 것처럼 북서쪽으로 방향을 틀었던 것이다. 즉 그때 북아메리카판이 구 태평양 확장해령의 북쪽 일부를 잠식했는데, 이에 따라 태평양판이 서쪽으로 힘을 받게 되었던 것이다.

명은 지구가 냉각되는 그즈음부터 지구 도처에 있었다. 이런 사실은 화석 상태로 남아 있는 박테리아의 흔적이 30억 년 이전 암석들에서 발견된다는 것에서도 확인할 수 있다. 생명이 지구에 어떻게 발을 디디게 되었는지는 분명하지 않지만 지질활동은 이 과정에서도 중요한 역할을 했을 수 있다. 기존에는 얕은 바다(또는 다윈이 '따뜻한 작은 연못'이라고 말했던 것)에서 화학물질들이 햇빛과 엄청난 뇌우를 에너지원으로 삼아 최초의 자기복제 분자들을 생산했을 것이라는 생각이 주목받고 있었다. 그러나 소수(그러나 저명한) 과학자들이 최초의 복제자들이 우주 어딘가에서, 아마도 우주에 있는 물질성운 속에서 형성되어 혜성에 실려 지구로 날아왔다는 주장을 제기했다. 이런 아이디어는 생명의 발생과정에서 필수적인 수십억 년 동안의 예비과정이 지구의 탄생 이전에 있었으며, 따라서 왜 지구에서 생명이 지구의 탄생 후에 그렇게 급속하게 이루어질 수 있었는지를 잘 설명해준다는 장점을 지닌다. 생명이 혜성의 충돌에 의해 생긴 상처(즉 대륙)에서부터 시작할 수는 없는 것이다. 그러나 가장 최근에는 오늘날 깊은 대양의 바닥 밑에 서식하고 있는 불가사의한 생명체의 발견에 기초한 새로운 제안이 제출되어 있다. 이 생명체들의 에너지원은 햇빛이 아니라 끓는 물기둥과 황화수소와 같은 활성 화학물질을 생성시키고 있는 화산분출구, 즉 해저의 갈라진 틈에서 배출되는 열이다. 이런 종류의 활동이 지구에서 최초의 자기복제 분자들을 생산했을 가능성은 매우 높다.

우리가 지구에서의 생명의 초기역사에 대해 거의 알지 못하고 있는 것은 대체적으로 다음의 두 가지 이유 때문이다. 첫째, 원시생물들은 화석을 형성하기 쉬운 골격이나 딱딱한 부위를 지니고 있지 않았다. 둘째, 모든 원시생물들이 바다에 서식하고 있었기 때문에 그들의 잔해는 가라앉아 해저에 남게 되었는데, 해저는 판구조 활동에 의해 여러 차례 순환되었다. 예외라면 현재 지중해에서 일어나고 있는 것처럼 판구조 활동에 의해 해저가 위로 들어올려져서 대륙의 일부가 된 지역을 들 수 있다.

지질학적 시간여행

지질학적 시간의 경계선은 화석기록에서의 변화에 의해 그어진다. 가장 대표적인 경계선은 6억 년 이전의 지구의 역사 전체를 나타내는 선캄브리아대와 그후 모든 역사 사이에 놓여 있는 경계선이다. 약 40억 년 동안 바다에서 연한 몸을 가진 단세포생물들의 진화가 진행되었는데, 이 생물체들은 연구에 필요한 잔해를 거의 남기지 않았다. 그러나 선캄브리아대 말기를 향하면서 생물들이 해파리, 연충, 해면동물 등과 같은 다세포생물로 다양하게 진화하기 시작했는데, 이런 사실은 화석기록(여전히 띄엄띄엄 나타나지만)에서 볼 수 있다. 이런 과정을 거쳐 마침내 캄브리아[7]의 폭발이 찾아왔다. 그러나 화석기록의 폭발만큼 생물종에서 폭발이 있었던 것은 아니다. 그때에 이르러 생물들이 쉽게 화석화되고, 오늘날 쉽게 알아볼 수 있는(화석화만큼 중요한) 껍데기와 같은 특징들을 발전시켰던 것이다. 그러나 그때는 육지에 생명이 출현하기 훨씬 전으로, 대륙들은 바위투성이인 불모지에 불과했다. 이런 불모지인 땅을 변화시킨 것은 생물들이었지만, 바윗덩어리 또한 생물의 진화에서 중요한 역할을 차지해왔다. 대륙들이 지구 표면을 서서히 표류하면서 생물들이 살아가는 환경에 두드러진 변화를 일으켜왔던 것이다. 생물들이 육지로 올라가기 전에도 이런 변화는 일어나고 있었다.

---

7) 캄브리아는 '대'가 아니라 약 1억 년 동안 지속된 '기'에 불과할 뿐이다. 즉 캄브리아기는 선캄브리아대를 뒤이어 지금으로부터 6억 년 전부터 시작된 고생대의 최초의 '기'이다.

약 4억 4000만 년 전, 지구상에서 수많은 생물종의 멸종을 부른 대절멸이 있었다. 격변의 흔적이 화석기록에 너무도 분명하게 남아 있어, 이때를 오르도비스기의 끝으로 본다. 화석기록에 의하면, 이 격변은 지구에서 발생했던 두번째 큰 대절멸이었던 것 같다. 이 사건은 오르도비스기 말기에 형성되었던 곤드와나 대륙이 남극으로 표류하여 그 일부가 얼음에 뒤덮였던 때 일어났다.

빙하기가 이런 식으로 촉발되었을 때, 격변의 영향은 극지방에만 국한되지 않았다. 열대지방으로부터 난류의 공급이 차단되었을 때에만 빙하가 극지방을 두껍게 뒤덮을 수 있는데, 이런 일이 일어날 수 있는 가장 직접적인 경우는 거대한 대륙이 두 개 중 하나의 극에 걸쳐져 있을 때이다.[8] 육지는 눈이 쌓일 수 있는 표면을 제공한다. 육지에서는 바다와는 달리 눈이 여러 세기 동안 쌓이면서 대빙원과 빙하를 형성할 수 있는 것이다. 얼음과 눈은 지구 전체의 온도를 떨어뜨리는 데 일조하는데, 그것은 육지와 바다 모두를 포함한 지구 표면 전체의 온도를 따뜻하게 해주는 태양열을 이 얼음과 눈이 반사해버리기 때문이다. 이렇게 되면 직접적인 영향을 받는 극지방뿐만 아니라 지구 전체의 온도가 떨어지게 되고, 전세계의 바람과 날씨 패턴들에 변화가 일어난다.

뒤에서 다시 살펴보겠지만, 빙하기가 육상동물에게 미쳤던 중요한 부작용으로는 지구 전체가 추워지기 때문에 바다에서 물의 증발이 줄어들고, 따라서 바람은 더욱 건조해지고, 공기 중의 습도가 낮아져 강수량이 줄어든다는 점을 들 수 있다. 그렇지만 이런 부작용이 오르도비스기 말에는 그다지 중요하게 작용하지 않았는데, 그때 육지에는 생물들이 존재하지 않았기 때문이다. 그런데도 그 시기 해양생물의 화석

---

8) 물론 두 극 모두에 있을 때도 가능하다. 그러나 오르도비스기 말에 영향을 받았던 것은 남극뿐이었다.

기록으로부터 알게 된 사실, 즉 차가운 물에 적응하고 있던 종들이 적도를 향해 이동했다는 사실은 충분히 주목할 만한 것이다. 이 사실은 더운물에 적응해 있던 대다수의 종들은 이제 갈 곳이 없게 되었음을 말해주는 것이기 때문이다. 그들은 죽고 말았던 것이다.

생물종의 수가 불어나고 육지로 이동하는 생물이 나타나기 시작한 것은 이런 재앙이 있고 난 다음이었다. 대륙이동이 이 과정에서 중요한 역할을 담당했다. 곤드와나 대륙이 남극에서 멀어짐에 따라 얼음이 녹기 시작했고, 난류가 남고위도 지역으로 되돌아오면서, 마침내 빙하기는 끝이 났다. 이와 거의 같은 때에——또는 몇천만 년이 지난 다음에——북극은 바다로 뒤덮였고, 오늘날의 남아메리카, 유럽 그리고 아시아를 이루는 땅덩어리들은 적도 주위에 흩어져 있었다. 그들 사이에는 해안을 씻어내고 있던 얕은 바다가 자리잡고 있었다. 약 4억 4000만 년 전에서 3억 6000만 년 전의 기간(실루리아기와 데본기를 모두 포함한다)은 특히 따뜻했는데, 그것은 아마도 그 당시 대륙이동에 의해 촉발된 화산활동으로 말미암아 공기 중에 이산화탄소가 많아졌기 때문인 것 같다. 이산화탄소는 온실효과를 일으켜 태양열을 지상에 가둠으로써 지상의 온도를 높이고, 그 결과 생물들이 번성했던 것이다. 그러나 인간의 시각으로 봤을 때, 그 당시 환경에서 가장 중요했던 것은 땅덩어리들의 가장자리를 씻어내고 있던 얕은 바다의 존재였을지도 모른다. 이런 바다가 있었다는 것은 밀물 때에는 바다에 완전히 잠기지만, 썰물 때에는 그렇지 않은 광범위한 지역이 있었음을 뜻하기 때문이다.

실루리아기에 세계의 온난화를 초래했던 엄청난 양의 이산화탄소는 식물의 성장도 촉진했다. 식물은 광합성 과정에서 이산화탄소를 흡수하고, 흡수된 이산화탄소는 조직들을 성장시키는 데 사용된다. 세이건 (C. Sagan)이 말했듯이, "나무는 대부분 공기로 이루어져 있는" 것이다. 많은 식물들은 이산화탄소의 공급량이 증가하면 더 활발하게 자라난다. 실루리아기에 얕은 강어귀나 삼각지에서 자라고 있던 식물들은 썰물 때에는 물이 빠져나가 생명의 위협을 느꼈겠지만 다른 한편으로는 햇빛 등 광합성에 필요한 필수요소들을 직접적으로 공급받을 수 있는 유리한 위치를 점하고 있었다. 생존경쟁에서 건조한 조건들을 견뎌낼 수 있던 식물들은 경쟁이 치열했던 바다에서 나와 마른 육지로 이동함으로써, 그리고 간섭받지 않고 햇빛을 공급받을 수 있게 됨으로써 확실한 이점을 누릴 수 있었을 것이다.

동물들이 곧 초기 육상식물의 뒤를 따랐다. 바다에서의 생존경쟁이 치열했던 반면, 먹이가 될 수 있는 식물들이 육지에 서식하게 되자 육지가 일종의 도피처로 자리잡게 되었기 때문이었다. 이 점에 대해서는 좀더 자세하게 살펴볼 필요가 있을 것 같다. 가장 성공적인 생물들은 생태학적 틈새에 훌륭하게 적응한 것들로서 이들에게는 생존을 위한 많은 변화가 불필요했다. 오늘날 지구에 존재하는 많은 박테리아들은 30억 년 전, 원시지구에 퍼져 있던 그들의 조상들과 기본적으로 같은 것들이다. 그들은 진화에서 성공을 거둔 위대한 생존자들이었다.

그렇지만 생물개체들이 음식과 다른 자원들을 위한 경쟁이 치열하다는 것을 발견했을 때 그들은 말 그대로 새로운 목초지를 찾아 떠나야만 한다.[9] 가장 성공적인 어류들은 어류로 남았고, 그들의 후손들은 오늘날에도 여전히 어류이다. 개펄이라는 바다의 가장자리로 내몰린 상태에서 얕은 바다에서 육지로 이동한 식물을 따라 올라온 곤충들을 먹기 위해 내륙으로 이동하면서 양서류로 발전한 것은 바다에 잘 적응

---

9) 목초지를 향한 새로운 여행은 새로운 목초지가 비어 있을 때에만 가능하다. 오늘날 바다 생물이 육지로 이동하지 않고 있는 이유는 이미 육지가 많은 육상동물들로 채워져 있기 때문이다. 만약 어떤 초기 양서류가 물에서 지금 비틀거리며 나온다면, 곧 잡아먹히고 말 것이다.

하지 못한 어류들이었다. 이와 마찬가지로, 마른 땅에 완전히 적응하면서 파충류가 되어 육지로 이동해야만 했던 것은 적응에 가장 실패한 양서류들이었다. 우리들은 자기의 역할을 제대로 수행하지 못하고 새로운 환경에 적응하거나 그렇게 못하면 죽을 수밖에 없었던 생물들의 긴 연쇄선——진화용어로는, "아슬아슬한 실패들의 긴 연쇄"('완전한' 실패는 아닌, 또는 후손을 전혀 남기지는 않았던 것은 아닌)——위에 있었던 것이다. 설상가상으로, 진화과정에서 우리 선조가 되었던 생물이 육지로 이동한 최초의 동물은 아니었다. 육지에 식물들이 자리잡게 되었을 때, 바다 밖으로 이동하는 것이 유리하다는 것을 가장 빨리 알아챘던 것은 딱딱한 껍질을 두르고 체절을 가지고 있던 바다의 거주자들이었다. 노래기의 조상들이야말로 육지를 '정복한' 최초의 동물들 중 하나였으며, 바퀴들도 3억 년 전에 육지에 훌륭하게 정착했다. 그때 우리 선조는 얕은 바닷가에서 가끔씩 흙탕물을 튀기고 있을 뿐이었다.

사실 우리의 직접적 조상인 척추동물들은 약 3억 6000만 년 전인 데본기 말에 또 한 번의 대절멸이 있고 난 다음에야 육지로 이동했다. 이 대절멸은 곤드와나 대륙의 또다른 표류로 말미암은 것인데, 이 과정에서 곤드와나 대륙은 뒤틀리면서 다시 남극 위로 이동했다. 많은 점에서, 데본기 말의 위기는 오르도비스기의 말에 있었던 위기의 반복이었다. 그것은 특히 해양생물에 많은 영향을 미쳤는데, 차가운 물에 적응하고 있던 생물들은 적도로 움직일 수 있었지만, 따뜻한 물에 적응하고 있던 생물들은 멸종당하고 말았다. 또한 다시 남극 위로 표류한 곤드와나 대륙에 의해 촉발된 빙하기가 지속되는 동안, 우주로부터 날아온 거대한 물체, 즉 소행성 또는 혜성이 지구에 충돌했을지 모른다는 증거가 있다.

만약 충돌이 있었다면 공중 높은 곳에 먼지의 장막(화장분과 같은 미세한 먼지)이 넓게 퍼지게 되었을 것이고, 이 장막은 지구로 유입되는 태양열을 반사시켜서 지구를 더욱 냉각시켰을 것이다. 냉각의 이유가 무엇이었든 간에 데본기 말에 지구는 다시 빙하기에 빠졌고, 그 결과 많은 생물종들이 멸종되었다. 비어 있는 생태학적 틈새를 채우려고 사방으로 흩어지고 있던 생존자들과 더불어 양서류가 바다에서 나와 육지로 올라가기 시작한 것은 이런 대절멸 후에 찾아왔던 회복기에서였다.

저지대에 있던 커다란 늪지대가 울창한 숲으로 뒤덮이기 시작한 것은 석탄기의 시작과 더불어서였다. 이 숲의 나무들이 죽어 넘어졌을 때, 그 잔해들은 광합성을 통해 풍부하게 축적된 탄소를 지닌 채 늪지대에 파묻혔다. 그곳에서 잔해들은 압력을 받아 두꺼운 층을 이루며 쌓였고, 오랜 시간이 흐른 다음 마침내 석탄으로 변했다. 석탄기는 3억 6000만 년 전에 시작되어 2억 8600만 년 전까지 지속되었다. 간혹 이 기간을 미시시피기(3억 6000만 년 전에서 3억 2000만 년 전)와 펜실바니아기(3억 2000만 년 전에서 2억 8600만 년 전)로 세분화하기도 하는데, 이런 명칭이 붙은 이유는 오늘날 북아메리카에서 두 지역에서 발견된 석탄 퇴적물의 연대가 대략 위의 시기와 일치하기 때문이다.

오늘날 전세계적으로 사용되고 있고, 현재 우리가 경험하는 온실효과에도 많은 책임을 지고 있는 석탄의 대부분은 석탄기에 쌓인 퇴적물에서 비롯된 것이다. 오늘날 석탄은 다음 장에서 살펴보게 될 지구온난화 문제를 일으키고 있다. 그렇지만 석탄기의 사정은 오늘날과는 많이 달랐을 것이다. 공기 중에 있는 대부분의 이산화탄소가 식물에 의해 흡수된 다음, 석탄에 갇힘으로써 지구온난화와는 반대의 효과, 즉 지구를 냉각시키는 결과를 초래했을 것이기 때문이다. 안타깝게도 우리는 이런 결과가 그 당시 생물들에게 어떤 영향을 미쳤는지 정확히 알지 못하고 있는데, 그것은 석탄기 초엽에 공기 중에 있던 이산화탄소의 양이 얼마이며, 온실효과의 약화 정도를 모르고 있기 때문이다.

그렇다 하더라도 그때 우리 선조들은 생존을 위해 이미 육지로 이동해 있었다. 석탄기에 이어 (2억 8600만 년부터) 2억 4800만 년 전까지 지속된 페름기가 있었다. 초기 정온동물들이 원시 포유류 단계에 도달한 것은 이 페름기의 중엽에 해당하는 2억 7000만 년 전의 일이었다. 페름기 말엽 내내 모든 대륙지각들은 단일한 초대륙인 판게아에 결합되어 있었는데, 이 초대륙은 남극에서 북극까지 길게 펼쳐져 있었기 때문에 또다시 빙하기가 찾아왔다. 이런 환경에서 정온동물들은 경쟁자인 냉온동물들보다 훨씬 더 성공적인 위치를 점할 수 있었다. 정온동물들이 막 번성하기 시작했을 때 지구에는 역사상 가장 커다란 대절멸이 찾아왔다. 이런 사실은 또다시 화석기록을 통해서 확인할 수 있다. 그때 생물들이 겪어야 했던 재앙은 실로 엄청난 것이어서, 지질학자들은 이 시기를 페름기뿐만 아니라 고생대가 종말을 고한 때로 본다.

이 절멸이 지속되었던 1000만 년 동안(이것은 최대로 잡았을 때이고, 이보다는 짧았을 것으로 추정되고 있다), 바다에서는 90퍼센트의 생물종들이 멸종당했다. 한편 땅에서는 얼마의 종들이 멸종되었는지 말하기는 쉽지 않으나, 이 재앙은 육지에 서식하고 있는 포유류와 관련된 최초이자 최대의 멸종으로, 특히 우리의 직접적인 조상이기도 한 초기 포유류에게 엄청난 영향을 미쳤다. 판게아의 형성과 더불어 진행된 지구의 냉각화가 수백만 년 동안 생물들에게 어려움을 안겼음은 분명하지만, 이와 더불어 우주에서 날아온 물체에 추가로 가한 격변이 육상동물들이 이미 겪고 있던 어려움에 또 한 번의 재앙을 덧씌웠을 것이라는 점에 대해서도 주목해야만 한다.

페름기에 이은 트라이아스기(2억 4800만 년 전부터 2억 1300만 년 전)가 지속되는 동안, 위기를 가장 잘 극복하고 생태학적 틈새를 차지하기 위해 사방으로 퍼졌던 것은 포유류가 아니라 파충류였다. 2억 3000만 년 전에 공룡들이 진화의 역사무대에 등장했다. 그들은 너무도 성공적(부분적으로 그들 역시 정온동물이었기 때문에)이어서 쥐라기(2억 1300만 년 전부터 1억 4400만 년 전)와 백악기(1억 4400만 년 전부터 6500만 년 전)의 두 '기'를 완전히 지배했다. 공룡의 '시대'는 대략 1억 5000만 년 동안 지속되었다('인간'에 대한 가장 일반적인 정의에 기초했을 때, 인간의 '시대'는 500만 년 정도에 불과하다는 사실과 비교해보라). 공룡이 지배하는 동안, 판게아는 처음에는 로라시아와 곤드와나 대륙 Ⅱ라는 두 개의 초대륙으로 분리되었다가 나중에는 다시 두 초대륙의 연속적인 분리에 따라 현재와 같은 여섯 개의 대륙으로 나뉘었고, 각각의 대륙들은 현재의 위치를 향해 표류하기 시작했다. 그러나 극지방을 향해 표류하는 대륙은 없었고, 따라서 대빙하기는 발생하지 않았다. 그리고 커다란 대륙끼리 충돌하는 일도 없었다. 이런 이유로 해서 쥐라기와 백악기 동안 지구는 상대적인 지질학적 안정기에 놓여 있을 수 있었다.

쥐라기와 백악기 사이의 경계선에 놓인 절멸은 지질학적 고요가 지속되었던 시기의 중간에 발생했던 것이다. 이 사건은 대륙이동설과 판구조론에 의하면 수수께끼인데, 판구조 활동이 어떻게 해서 그 당시 환경[10]에서 그와 같은 커다란 변화[11]를 불러일으켜야만 했는지를 명확하게 설명할 수 없기 때문이다. 어쨌든 해양생물과 공룡(다른 육상동물) 모두 쥐라기 말엽에 이르러 극심한 고통을 당했는데, 가장 가능성이 큰 이유로는 우주에서 온 충격이 촉발한 재앙이 손꼽히고 있다. 많은 종의 공룡들이 멸종당했고, 새로운 종들이 그 자리를 채웠지만 공룡의 가계는 계속해서 육상동물의 지배자의 위치를 차지하고 있었다. 그들은 변화된 세계에 적응하고 진화하면서 생존에 성공했던 것이다.

---

10) 지질학적 고요가 지속되고 있었던 환경—옮긴이.
11) 절멸이라는 변화—옮긴이.

그들이 적응해야만 했던 변화로는 백악기 중엽(약 1억 년 이전)에 일어났던 풀과 꽃식물의 확산을 들 수 있다. 그때 공룡들은 이미 1억 년 동안이나 전세계에 걸쳐 퍼져 있었는데, 공룡이 등장한 시기에서부터 목초지가 확산되기 시작한 시기까지의 기간은 목초지가 확산되기 시작한 다음 인류가 태어난 시기에 해당할 만큼 오랜 기간이었다. 쥐라기의 공룡들(디플로도쿠스와 브론토사우루스처럼 유년시대의 총아들을 포함하여)은 꽃을 보거나 풀밭을 걸어본 적이 없었던 것이다.

공룡들조차 6500만 년 전인 백악기 말에 지구에 닥친 재앙에서 살아남을 수는 없었다. 그 당시 새로운 환경압력을 불러일으켰던 몇 가지 변화들은 다시 한 번 지질학적 변화와 밀접한 관련성을 맺고 있었다. 대략적으로 봤을 때, 백악기 말에 원시 대서양의 양안에는 남쪽에 있는 대륙들(남아메리카, 아프리카, 특히 인도)과 북쪽에 있는 대륙들(특히 북아프리카, 유럽 그리고 유라시아)이 있었는데, 이 대륙들은 저위도에서 전세계를 가로질러 놓여 있던 공해인 옛 지중해(Tethyan Seaway)의 확장에 의해 분리되었다. 이 공해의 대부분은 각 대륙들이 함께 이동하자 축소되면서 사라졌으며(지중해는 옛 지중해의 흔적이다), 이로 말미암아 해류의 흐름과 기후가 변화했다. 이런 변화는 특히 얕은 바다에 거주하는 해양생물에게는 나쁜 영향을 미쳤다.

현재, 우리는 백악기 말의 육상동물, 특히 공룡에게 일어났던 격변이 우주에서 날아온 물체의 충격에 의해 촉발되었다는 결정적 증거를 가지고 있다. 이 물체는 지금의 멕시코 유카탄 반도 지역에 떨어졌다. 물체가 지구와 충돌할 때 형성된 크레이터가 발견되었고, 이 크레이터가 10킬로미터가 넘는 물체의 충격에 의해 생긴 것이라는 사실도 확인되었다. 이 물체는 총알보다 열 배나 빠른 속도로 날아와 지상과 충돌했는데, 그때의 운동에너지를 열에너지로 환산한다면 최소한 TNT 1억 메가톤에 해당하는 실로 엄청난 것이었을 것으로 추산되고 있다.[12] 충돌할 때 고체 지구에서 공중으로 튀어오른 물질들은 다시 지상으로 떨어졌을 것이고, 그 파편들이 떨어진 모든 곳에서는 파편들의 운동에너지가 다시 열에너지로 바뀌었을 것이다. 그 결과 대다수 공룡들을 포함하여 지상의 많은 생물들은 산 채로 불탔다. 또한 이때 발생한 열이 지구의 모든 숲을 불태웠는데, 그 당시 화재는 6500만 년 전에 형성된 재의 층을 현재에도 선명하게 볼 수 있을 정도로 격렬한 것이었다. 불이 잦아든 다음에는 곧 연기와 먼지가 지구에 장막을 드리워 땅에 도달하는 햇빛을 차단했다. 광합성을 위해 햇빛에 의존해야 했던 식물들은 엄청난 고통에 시달려야 했고, 초식동물들의 먹이는 거의 남아 있지 않았다. 그리고 초식동물들이 죽게 되자 육식동물들도 굶주림에 시달리기 시작했다. 지구에 존재했던 70퍼센트의 종들이 백악기 말의 이 사건으로 멸종되었다. 이 재앙이 너무도 극심해서, 지질학자들은 이 사건을 백악기뿐만 아니라 중생대의 종말이자 신생대의 시작을 알리는 것으로 선택했다.

생존자들 중에는 진화선상의 우리 선조인 몇몇 작은 포유류들이 포함되어 있었는데, 그들은 수천 년 동안 공룡의 그늘에서 숨죽인 채 지내왔던 쥐와 같은 생물들이었다. 절멸 후에 그들이 사방으로 퍼지면서 적응해나갔던 방식은 다윈의 진화론이 옳음을 보여주는 또 하나의 확실한 예로서, 우리가 현재 여기에 있는 이유를 설명해준다.

공룡 멸종 이후의 지질학적 시기들(고제3기[6500만 년 전부터 2400년 전], 신제3기[2400만 년 전부터 시작하여 아직 끝나지 않은])이 진행되는 동안, 지구의 지형은 거의 변화되지 않았다. 그러나 이런 미세한 변화가 인류의 진화에는 중요한 부분으로 작용했다. 이제 고체 지구의 (매우 느린) 변화과정에 대한 이야기를 끝내야 할 때가 되었다.

---

12) 백악기의 종말사건이 우주에서 날아온 물체의 충격에 의한 것이라는 강력한 증거에 대해서는 우리의 또다른 책, 『지구의 불』(Fire on Earth, Simon and Schuster)을 참조하기 바란다.

다음에는 우리 지구를 덮고 있는 대기 속에서 진행되고 있는 훨씬 빠른 변화들을 살펴볼 것이다. 이를 통해 대기의 빠른 변화들이 인간의 과거, 현재, 미래의 활동과 관련하여 커다란 중요성을 띠고 있음을 알게 될 것이다.

변덕쟁이 바람들

21세기의 날씨는 문명이 시작된 이후 발생했던 어떤 시기의 날씨와도 다를 것이고, 21세기 전반기 동안 세계의 온도는 가장 최근의 빙하기 말엽보다 15배 빠르게 상승할 것이다. 빙하기 정점에서 간빙기 정점으로 바뀌는 약 5000년 동안 온도는 8도 상승했다. 그렇게 되면 물리적 환경 변화가 우리의 삶의 조건을 얼마나 급격하게 바꿔놓을 것인지는 상상하기조차 힘든 것이 될 것이다.

원시지구의 대기

지구에 대기가 없다면? 생각만 해도 끔찍한 일이다. 대기가 없었다면 지구에는 생명이 존재할 수 없었을 것이다. 이렇듯 대기는 인간의 생존을 위해서 없어서는 안 될 존재이다. 그렇지만 지구 전체를 통해보았을 때 대기는 지구의 겉표면을 살짝 덮고 있을 뿐이다. 고체 지구의 지름은 1만 1758킬로미터이다. 대기의 두께가 얼마인지 정확하게 정의하기는 쉽지 않은데, 대기의 경계선이 뚜렷하지 않고 위로 올라갈수록 대기층이 점점 옅어지면서 서서히 우주 속으로 사라지기 때문이다. 일기변화가 일어나는 대기층, 즉 대류권의 평균높이는 해발 15킬로미터 정도이지만, 사람이 도달할 수 있고 호흡이 가능한 최대높이는 해발 8.85킬로미터인 에베레스트 산의 고도와 비슷하다. 지구를 농구공의 크기에 비교했을 때 호흡이 가능한 대기의 두께는 0.15밀리미터 정도에 불과하여, 마치 농구공 표면에 유약을 바른 것처럼 그 존재를 알아차리기가 매우 힘들 것이다. 다른 방식으로 이 문제를 살펴보도록 하자. 지구의 표면을 여행한다고 했을 때, 10킬로미터는 매우 짧은 거리에 불과하다. 대부분의 지역에서 아무 방향으로나 10킬로미터를 갔을 때 그곳의 환경이 출발점과 크게 다르지 않으리라고 예상하는 것은 크게 잘못된 것은 아니다. 그러나 10킬로미터를 수직으로 올라간 다음, 그곳에서 숨을 쉬려고 한다면 당신은 죽고 말 것이다.

그런데도 불구하고, 앞에서 말했듯이 지구 표면 위에 칠해진 유약과 같은 얇은 공기층은 우리 행성을 생명의 안식처로 만드는 데 절대적으로 필요한 존재이다. 이런 대기는 지구가 형성되고 난 바로 직후에 형성되기 시작했다. 우리는 그 당시 지구 표면의 조건에 대해 많은 것을 알고 있지는 못하지만, 지질학적 증거를 통해 퇴적암이 38억 년 전에 퇴적되고 있었으며 35억 년경의 것으로 추정되는 퇴적암이 생명의 흔적을 담고 있다는 것을 알고 있다. 퇴적암은 수면 밑에서만 퇴적되기 때문에 지구가 탄생한 지 10억 년이 지나지 않았던 시기인 38억 년 전에 지구의 표면이 많은 물로 덮여 있었던 것은 확실해 보인다. 이 사실이 흥미로운 까닭은, 천문학자들이 별들의 활동에 대한 자신들의 모형을 통해(제10장을 볼 것) 그 당시 태양이 오늘날의 75퍼센트에 해당하는 열만을 생산하고 있다는 것을 계산해냈기 때문이다. 다른 조건들이 동일하다면, 이런 사실은 원시지구의 표면온도가 어는점 이하인 생명이 없는 얼음덩어리로 뒤덮여 있었을 가능성을 시사하는 것이다. 만약 그랬다면 얼음의 높은 반사력으로 인해 얼음으로 뒤덮인 원시지구의 표면은 시간이 지나면서 태양이 뜨거워진 다음에도 열을 흡수하여 얼음을 녹이기보다는 태양열을 반사하여 오랫동안 언 상태로 남아 있었을 가능성이 훨씬 더 컸을 것이다.

그렇다면 원시지구는 어떻게 생명의 진화 터전이 되었던 바다를 보유할 수 있을 만큼 충분히 따뜻해질 수 있었던 것일까? 십중팔구 그것은 온실효과 때문이었을 것이다. 온실효과란 대기가 행성을 더 따뜻한 상태로 유지하는 방법이다. 이 이름은 온실 속의 공기가 온실 밖의 공기보다 더 따뜻하기 때문에 붙었다. 비록 혼란스럽지만, 온실은 대기와는 다른 방식으로 온실 속의 공기를 따뜻한 상태로 유지시킨다. 실제로 온실이 열을 포획할 수 있는 것은 유리지붕이 물리적 장벽으로 작용하고 있기 때문이다. 유입된 햇빛에 의해 따뜻해진 지표면(그리고 온실 속에 있는 모든 것)에 의해 뜨거워진 지표면 근처의 뜨거운 공기는 지붕이 물리적 장벽으로 버티고 있기 때문에 대류에 의해 상승하지 못하고, 따라서 밖으로 빠져나갈 수 없는 것이다. 대기의 '온실효과'는 이와는 아주 다른 방식으로 일어난다. 대부분이 가시광선 형태를 띤 태양에너지가 거의 아무런 저항도 받지 않고 공기를 통과하여 육지나 바다의 표면을 달군다. 뜨거워진 표면도 에너지를 방출하는데, 그것은 태양의 표면온도보다 차갑기 때문에 스펙트럼의 적외선에 해당하는 더 긴 파장을 지닌다. 이 적외선의 대부분은 이산화탄소나 수증기와 같은 대기 중에 있는 기체들에 의해 포획된다. 그 결과로 대기의 밑은 점점 뜨거워져서 대류현상을 촉발하고 전세계에 걸친 기상시스템이 작동하기 시작하는 것이다.

생성 직후의 지구는 융해된 암석들로 이루어진 공기 없는 행성이었다. 암석이 냉각되고 지각이 형성되자 화산과 지각의 찢어진 틈에서 빠져나온 기체들이 대기를 형성하기 시작했다. 이 기체들은 분명히 오늘날 화산에서 분출되는 것과 같은 종류의 혼합물이었을 것이고, 따라서 이 혼합물에는 수증기, 질소, 암모니아 등이 포함되어 있었을 것이다. 수증기는 비가 되어 지상으로 떨어진 다음 바다를 이루었고, 암모니아는 햇빛에 의해 수소와 질소로 분리되었다. 수소는 너무 가벼워 대부분 우주로 빠져나갔던 반면, 안정적이고 비교적 무거운 기체였던 질소는 공기 중에 남아 오늘날 대기를 이루는 대표적인 원소(78퍼센트)가 되었다. 또한 원시지구의 대기에 있었던 엄청난 양의 이산화탄소가 바로 온실효과에 매우 큰 영향을 끼쳤다.

우리는 그 당시 존재한 이산화탄소의 양을 알고 있는데, 그것은 공기 중의 이산화탄소가 물에 녹아 탄산암의 형태로 보존되었기 때문이다. 석회동굴 속의 종유석과 석순들은 이렇게 형성된 탄산암의 좋은 예이다. 현재 해수면에서의 대기의 압력을 1바(bar), 즉 1기압으로 정의한다. 지각의 암석에 있는 탄산염이 모두 이산화탄소로 전환된다면, 지표면에서의 압력은 60바가 될 것이다. 물론 모든 이산화탄소가 동시에 대기에 있었던 것은 아니다. 그렇지만 이 수치는 태양이 현재의 75퍼센트에 불과한 열을 내던 환경에서도 원시지구가 온실효과에 의해 물이 흐를 만큼 충분히 따뜻할 수 있었음을 잘 설명해주고 있다. 35억 년 동안 지구를 생명들의 안식처로 만들었던 것은 이산화탄소와 해양의 조화였다. 이산화탄소는 원시지구를 따뜻하게 유지시켜주었으며, 해양은 이산화탄소를 녹이고 탄산염으로 퇴적시켜 태양이 뜨거워지기 시작했을 때 온실효과를 약화시켜주었던 것이다. 우리는 근처에 있는 이웃 행성과 위성들──공기가 없는 달, 우리보다 태양에 가까운 금성, 우리보다 태양에서 멀리 떨어져 있는 화성──을 살펴봄으로써 이런 일들이 어떤 영향을 끼쳤는가를 살펴볼 수 있다.

행성의 겉표면을 담요처럼 덮고 있는 공기는 행성 전체에 열을 골고루 전달함으로써 급격한 온도차가 발생하는 것을 막는 구실을 한다. 공기가 없는 달이 공기의 이런 역할을 잘 보여준다. 달은 지역에 따라 온도차가 매우 큰데, 햇빛이 비치는 지역은 섭씨 100도 이상으로 치솟고, 밤이 지속되는 지역은 영하 150도 정도까지 떨어진다. 달은 태양으로부터 지구와 비슷한 거리에 놓여 있고, 달의 표면은 지구의 표면과 거의 같은 방식으로 태양에너지를 흡수하고 방출하지만 평균온도는 영하 18도 정도에 불과하다. 이것은 표면의 평균온도가 약 15도인 지구와는 대조적인 것이다. 현재 지구의 온도는 지구가 공기에 둘러싸여 있지 않다고 가정했을 때 예상되는 온도보다 33도 정도 높은 것이고, 이것은 전적으로 작동 중인 온실효과 덕분이다. 오늘날 대기에서 이산화탄소가 차지하는 비중은 약 0.035퍼센트에 불과하지만 말이다 (그리고 인류가 아직 화석연료를 사용하기 전인 1세기 반 전에는 공기 중에 이산화탄소가 차지하는 비중이 지금보다 더욱 낮아 겨우 0.028 퍼센트에 불과했다). 공기 중에 포함된 이산화탄소와 수증기에 의해 일어나는 온실효과의 크기는 직접 계산할 수 있다. 이 계산에 따르면, 실제로 지구가 대기로 둘러싸여 있을 때가 그렇지 않았을 때, 또는 대기가 온실기체가 아닌 질소로만 이루어져 있을 때보다 지구의 표면온도를 약 35도 상승시킬 것으로 '예측된다'.

그렇다면 60바의 이산화탄소가 일으키는 온실효과에 의해 온도는 얼마나 상승할까? 이것은 거의 속임수 문제인데, 지구의 표면에서 방출되어 흡수되는 적외선 복사가 너무도 많아야 한다는 것 때문이다. 이산화탄소 분자에 의해 흡수된 적외선 광자는 두 번 다시 흡수되지 않겠지만 대기에는 너무도 많은 이산화탄소 분자들이 있다. 일단 모든 적외선 광자가 온실효과를 일으키는 이산화탄소에 흡수된 다음에는 더 많은 이산화탄소를 추가한다고 해도 더 이상 차이가 발생하지 않을 것이다.[1] 60바에 도달하기 훨씬 전에 뜨거워질 대로 뜨거워진 행성에서는 온실효과의 폭주가 일어날 것이다.

이런 상황이 금성에서 벌어지고 있는 바로 그것이다. 금성은 지구와 크기가 거의 같지만 태양에 더 가까워 지구보다 많은 열을 받고 있다. 대기가 없었다고 해도 금성의 표면온도는 섭씨 87도에 달했을 것이고, 여기에 약간의 온실효과가 더해졌을 때 그 온도는 100도 이상이 되었을 것이다. 금성은 지구와 거의 같은 방식으로 태어났는데, 뜨거운 태양열과 자연적인 온실효과가 결합하여 원시금성일 때조차 금성의 온도는 물이 액화될 수 있는 온도인 100도 이하로 떨어지지 않았을 것이다. 금성 표면에서 빠져나간 모든 이산화탄소는 그것을 다시 녹일 수 있는 해양이 없었기 때문에 대기 중에 머물러 있었다. 이것이 온실효과를 가속화해 태양이 따뜻해지자 금성의 표면온도는 더욱 치솟았다. 그 결과 오늘날 금성의 표면온도는 약 500도에 달하게 되었는데, 이것은 물의 끓는점보다 훨씬 높은 온도이다. 금성의 대기에는 어느 정도의 이산화탄소가 있을까? 대략 60바 정도일 것이다. 이것은 금성이 지구와 같은 양의 온실가스를 배출했지만 그것을 흡수할 해양을 가지고

---

[1] 현재 지구에서는 방출되는 적외선을 모두 흡수할 만큼의 이산화탄소가 없기 때문에 여분의 적외선이 우주로 빠져나갈 수 있는 것이다. 여기서는 이산화탄소가 충분하여 방출되는 적외선을 모두 흡수하는 일종의 '포화상태'를 가정하고 있다―옮긴이.

있지 않아, 배출한 가스가 모두 공기 중에 남아 있을 것이기 때문이다. 이런 이유로 지구는 생명의 안식처가 될 수 있었던 반면, 금성은 불타는 사막으로 남게 되었던 것이다.

지구보다 조금 작고 태양으로부터 멀리 떨어져 있는 화성은 오늘날 이산화탄소로 이루어진 얇은 대기를 가지고 있는, 춥고 생명이 없는 사막이다. 화성의 거의 모든 지역에서 밤에는 기온이 섭씨 영하 140도 이하로 떨어지고, 낮에는 여름의 짧은 기간 동안 남반부에서 겨우 0도 이상으로 올라갈 뿐이다. 그렇지만 오늘날 화성의 표면에는 탄생 초기에 흐르는 물에 의해 패인 것처럼 보이는 계곡과 같은 많은 지형들이 남아 있다. 이런 증거들은 화성이 1년 내내 표면온도가 물의 어는점 이상을 유지했을 정도로 강한 온실효과를 지니고 있던 지구와 비슷한 길을 걷고 있었음을 보여준다. 그러나 화성은 너무도 작았기 때문에—화성의 질량은 지구 질량의 10분의 1보다 조금 클 뿐이다—화성의 중력은 이산화탄소를 잡아두기에는 너무도 약했고, 대부분의 이산화탄소는 우주로 날아가버렸다. 원래 있었던 대기가 사라져버린 다음에는 또다른 대기가 다시 생성될 수 없었는데, 그것도 화성이 너무 작은 행성이었기 때문이다. 화성 내부의 열도 상대적으로 빨리 식었기 때문에 지각활동도 곧 멈춰 공기 중으로 더 많은 이산화탄소를 뿜어내는 데 중요한 역할을 담당했던 화산활동도 일어날 수 없었던 것이다. 따라서 오늘날 화성에서의 온실효과는 과거 한때 그런 적이 있음을 보여주는 희미한 흔적에 불과하다. 이것이 지구가 생명들에게 축복받는 행성이 되었던 반면, 화성은 얼어붙은 사막으로 남게 된 이유이다.

지구의 대기를 바꾼 생명체들

지구의 독특한 대기가 지구를 생물이 거주할 수 있는 곳으로 만드는

데 커다란 영향을 미쳤다면, 일단 생명체가 지구에 거주하기 시작한 다음부터는 생물들이 대기의 성질을 바꾸기 시작했다고 할 수 있다. 광합성 과정에서, 태양에너지가 추동하는 일련의 화학반응들(앞에서 살펴봤듯이, 화학반응은 태양에너지에 의해 '오르막길'을 올라간다)을 거치는 동안 탄소, 수소 그리고 산소로부터 복잡한 화합물인 탄수화물이 생산될 수 있었던 것이다.

광합성의 개척자였던 최초의 박테리아들은 황화수소로부터 수소를, 이산화탄소로부터 탄소와 수소를 얻을 수 있었다(이것이 지구의 생명이 화산 열점 근처에서 비롯되었다고 생각하게 된 이유 중 하나이다). 이 박테리아들은 물 속에 살았기 때문에 용해된 이산화탄소를 취했는데, 이로 말미암아 공기 중에 있는 더 많은 이산화탄소가 물에 녹게 되어 결과적으로 지구의 환경은 더욱 안정되었다. 이렇게 해서 지구는 온실효과의 폭주 위험으로부터 벗어날 수 있었다. 녹색식물이 이전과는 다른 형태로 클로로필(녹색을 띠도록 하는 물질)과 관련된 광합성을 시작한 것은 몇몇 박테리아의 진화가 일어난 다음의 일이었다. 이 과정에서 박테리아들은 태양에너지를 사용하여 황화수소가 아닌 물로부터 수소를 얻어냈다. 모든 생물들이 이산화탄소로부터 광합성에 필요한 산소를 얻었기 때문에 수소가 물에서 제거되면서 산소가 남게 되었는데, 이 산소는 생물체에게는 생산과정에서 나온 폐기물에 불과했다. 이렇게 해서 산소가 대기 중으로 배출되기 시작했고, 일단 이 과정이 시작되자 산소는 지구대기의 조성을 급격하게 변화시켰다. 이제 지구의 대기는 이전과는 완전히 다른 성질을 갖게 되었던 것이다.

산소는 반응성이 뛰어난 물질이기 때문에 산화라고 알려진 과정을 통해 다른 많은 원소들과 서서히 결합해나갔다(연소는 빠른 산화의 예이고, 부식은 느린 산화의 예이다). 처음에는 산소 주변에 새로운 종류의 광합성 생물들이 배출한 산소와 결합할 수 있는 많은 물질들이 있었는데, 이 물질들이 물 속에 녹아 있는 철이온에 산소를 고정시켜서 위험한 활성산소를 제거했던 것 같다. 그래서 적철광, 즉 철의 산화물로 알려진 엄청난 양의 철광이 약 30억 년 전에서 20억 년 전에 초기 형태의 광합성 생물들이 살고 있던 얕은 바다의 해저에 퇴적되었던 것이고, 오늘날 서부 오스트레일리아, 래브라도 반도(캐나다의 허드슨만과 대서양 사이에 있는 반도) 그리고 우크라이나와 같은 곳에서 철광이 채굴되고 있는 것이다.

이렇게 되자 몇몇 광합성 생물들은 산화로부터 자신들을 방어할 수 있는 효소를 진화시켜서 자유산소와 공존하는 법을 배워나갔다. 이것은 광합성 생물들이 더 이상 산소를 철화합물에 가두어 제거하는 문제를 고민하지 않고도 대기 속으로 산소를 배출할 수 있게 되었음을 뜻한다. 산소의 본격적인 배출은 그 당시(대략 20억 년 전) 산소의 산화력을 방어할 수 없었던 많은 생물들에게는 큰 재앙이었는데, 그들에게 산소는 독가스와 다름없던 것이다. 그 당시 존재했던 많은 단세포생물들이 연한 몸을 지니고 있었기 때문에 화석기록에 자신의 흔적을 남길 수 없었지만, 제3물결의 광합성 생물의 선구자들이 산소와 공존하는 법을 배웠을 때 지구에는 분명히 생물종의 대절멸이 일어났을 것이다. 이것은 그들이 전세계를 자유산소로 오염시켰기 때문이며, 이로 말미암아 그들은 많은 경쟁자를 죽이는 부수효과를 얻을 수 있었다. 또한 산소는 공기 중에 있던 메탄과 같은 기체들과 반응하여 이산화탄소와 물을 생산했고, 화산활동에서 배출된 자유수소와도 반응하여 더 많은 물을 생산했는데, 이것은 결과적으로 자유수소를 소탕하는 효과를 낳았다. 산소가 반응할 수 있는 모든 것과 반응을 끝냈을 때 산소는 공기 중에 쌓이게 되었고, 약 10억 년 전의 대기는 오늘날 우리가 숨쉬고 있는 대기와 비슷한 기체 혼합물 상태에 이르기 시작했다. 오늘날 대기는 78퍼센트의 질소, 21퍼센트의 산소, 그리고 이산화탄소를 포함한 그 당시 존재했던 나머지 원소들의 미량의 잔여물들로 이루어져 있다.[2]

동물들은 이와 같은 산소의 자유로운 공급에서 이익을 얻게 되었다. 산소를 체내로 받아들이고, 수소와 탄소와 같은 원소들과 결합시켜 일종의 매우 느린 연소과정을 일으킴으로써 생존에 필요한 에너지를 얻을 수 있었기 때문이다. 따라서 산소로 숨을 쉬고 (식물과 비교했을 때) 낭비적인 형태로 화학에너지를 사용할 수 있는 동물의 진화가 일어났는데, 이런 동물의 진화는 대기 중에 산소가 확산되고 난 다음에야 비로소 가능했던 것이다.

산소연소 과정이라고 불리는 호흡이 엄청난 이익을 제공함에 따라 지구의 모든 생명이 단세포 일색이었던 15억 년의 세월이 흐른 다음, 다양한 종류의 다세포동물들이 지금으로부터 20억 년을 전후해서 약 1억 년 동안 매우 빠른 속도로 진화무대의 전면에 등장하게 되었다. 그들이 이처럼 놀라운 성공을 거둘 수 있었던 이유는 호흡(느린 연소)을 통해 빠르고 쉽게 화학에너지를 얻을 수 있었기 때문이다. 그러나 이것이 가능했던 것은 오직 식물들이 햇빛으로부터 에너지를 얻고, 특히 그 에너지를 사용하여 자유산소를 만들기 위해 광합성이라는 좀더 느리고 좀더 복잡한 과정을 이용해왔기 때문이다. 오늘날 식물들은 에너지를 얻기 위한 화학과정에서 광합성뿐만 아니라 호흡도 이용한다. 그러나 이것은 식물들이 출발점으로 되돌아가서 새로운 방식의 진화를 시작했음을 뜻하는 것이 아니라, 진화가 어떻게 진행되어왔는지를 보

2) 그렇지만 60바의 이산화탄소가 오늘날 암석에 갇혀 있다는 것을 기억할 필요가 있다. 이런 까닭에 오늘날 지구의 대기에는 금성과는 달리, 지구가 형성되었을 때부터 화산활동에 의해 배출된 이산화탄소 총량의 1.6퍼센트만이 남게 되었던 것이다.

여주는 좋은 예이다. 즉 식물들은 아직도 여전히 광합성을 통해 산소를 배출하고 난 다음, 호흡을 통해 공기 중에 있는 산소를 흡입하고 있는 것이다.

해양에서 나온 생명과 육지로 올라간 생명의 출현은 두 경우 모두 대기의 산소에 크게 힘입었지만, 그 이유는 매우 달랐다. 대기에 산소가 있기 전에는 모든 태양에너지가 지구의 표면에 도달할 수 있었다. 그 대부분은 생명에게 치명적인 자외선 복사의 형태를 띠고 있었다. 특히 자외선 광자는 DNA 분자의 화학결합 일부를 깨기에 충분한 에너지를 지니고 있다(이런 이유로 자외선이 피부암을 일으킨다). 자외선은 산소와도 반응하는데, 일련의 과정을 통해 세 개의 원자를 가진 산소분자(두 개의 원자가 아닌)가 생성된다.[3] 근본적으로, 자외선에 의해 산소분자들이 쪼개지면 분자당 두 개씩의 자유원자가 생겨나는데, 이 자유원자들은 각각 다른 산소분자와 단단하게 결합하게 된다. 이렇게 해서 생성된 3산소원자 형태(O_3)를 오존이라 부른다. 오존은 해발 15~50킬로미터 상공에 있는 대기층, 즉 성층권(stratosphere)에 넓게 퍼져 있다(그러나 15~50킬로미터라는 수치에 속지 말기를 바란다. 성층권의 공기는 너무 희박하기 때문에 성층권에 있는 모든 오존을 해수면으로 끌어내렸다고 가정했을 때, 오존층은 대기압에 의해 3밀리미터의 두께로 압축되어 버릴 것이기 때문이다). 오존 자체도 자'

---

3) 이것이 가능한 것은 양자공명 때문인데, 양자공명이란 제4장에서 살펴본 것처럼 탄산염이온을 안정시키는 공명과 같은 것이다. 한 개의 산소원자가 다른 원자에게 전자 하나를 주면, 그 원자는 최외각 전자가 5인 양이온이 되어 3중 공유결합이 가능한 상태가 된다. 이때 두 개는 보통상태의 산소원자와 결합을 하고, 나머지 한 개는 전자 하나를 받아 최외각 전자가 7인 산소원자와 결합하게 된다. 공명이라고 한 것은 산소분자의 각 공유결합이 사실은 1.5개씩의 전자들이 결합되어 있는 상태에 있기 때문이다. 만약 양자공명이 없었다면 오존층(특히!)은 존재하지 않았을 것이고, 그랬다면 우리도 여기에 없었을 것이다.

외선을 흡수하는데, 햇빛과의 반응에 의해 오존이 생성되고 파괴됨에 따라 성층권에서의 오존의 농도는 대체적인 균형상태를 유지하고 있다. 이것은 마치 배수구를 열어놓은 채 물을 틀어놓은 욕조와 같은데, 즉 물이 나가는 속도와 유입되는 속도가 같을 때 욕조 속에 있는 개별 물분자는 끊임없이 변화하고 있는데도 수면의 높이는 항상 일정하게 유지되는 것과 같다.

오존층의 보호 아래 육지에 출현한 생물은 광합성을 통해 스스로 산소를 계속해서 배출함으로써 오존층을 유지하는 반면, 동물(식물)의 호흡과 다른 산화과정(산불과 같은)은 공기에서 산소를 빼앗아간다. 20세기 말엽, 인간의 산업활동에 의해 생산된 기체, 특히 자연상태에서는 결코 존재하지 않는 프레온가스(CFCs)에 의한 오존층의 파괴가 심해짐에 따라 심각한 우려를 자아내고 있다. 이런 기체들은 매우 안정적이기 때문에 지표면 부근에서 일어나는 어떤 화학적 · 생물학적 과정에 의해서도 파괴되지 않는다. 결국 그 기체들은 성층권에 다다르게 되고, 그곳에서 적외선의 작용에 의해 분해된다(적외선이 얼마만큼 강하고 파괴적인지를 보여주는 또다른 예이다). 이때 발생하는 염소가 오존층을 파괴하는 것이다. 남극 상공에서 일어나고 있는 악명 높은 오존층 구멍은 대기 중에 있는 프레온가스의 직접적인 영향을 받은 것이다. 이 해로운 화합물은 느린 속도로 배출되어 왔는데도 이미 대기 중에는 많은 잠재적인 유해물질들이 존재하고 있고, 이것들에 의해 오존층 파괴가 일어나고 있기 때문에 이제 더는 프레온가스를 배출하지 않는다고 가정했을 경우에도 파괴된 오존층을 회복하는 데는 수십 년이 걸릴 것이다.

일단 관심을 집중한다면, 생물들이 오늘날 우리가 숨쉬고 있는 기체 혼합물을 대략적으로 일정하게 유지하는 피드백 과정 속에서 대기와 상호작용하고 있는 방식은 매우 분명해질 것이다. 그런데도 조금 더 놀라운 사실은 이런 피드백 과정에 의해 지구의 생물들과 지구의 판구조 활동이 서로 연결되어 있다는 점이다. 공기 중의 이산화탄소는 빗속에 녹아 탄산(H_2CO_3)을 형성하며, 이 탄산은 칼슘, 규소 그리고 산소의 화합물(규산염 칼슘)을 포함하고 있는 바위들을 부식시킨다. 이런 화학작용에 의해 칼슘과 탄산염 수소이온(HCO_3^-, 탄산염 수소이온이란 탄산염이온에 수소이온이 붙은 것으로, 논리적으로 충분히 가능하다)이 생성되는데, 이것들은 결국 바다로 유입되어 플랑크톤과 같은 생물에 의해 주로 탄산염 칼슘($CaCO_3$)으로 이루어진 백악질(白堊質) 껍질을 만드는 데 사용된다. 이런 생물들이 죽으면, 껍질들이 해저로 가라앉아 탄산염이 풍부한 퇴적층이 형성된다. 이런 과정에 의해 원시 지구의 대기에서 이산화탄소가 줄어들게 되었음은 비교적 분명해 보인다. 그러나 지질활동에 의해 해저의 얇은 지각이 두꺼운 대륙지각의 가장자리 밑으로 이동하게 되면 탄산염은 대륙지각 밑으로 밀리면서 지구 더 깊은 곳으로 들어가게 되고, 그곳에서 뜨거워지면서 녹는다. 고온·고압의 조건에서 새로운 규산암이 형성될 때 생성된 이산화탄소는 스스로 지상으로 배출되거나, 화산이 폭발될 때 공기 중으로 분출된다.

이런 지질과정에 의해 장주기의 탄소순환이 일어난다. 일단 이런 순환계가 안정화되면 각 세기 동안 화산에 의해 대기로 배출되는 이산화탄소의 양은 대략 일정해지고, 시간을 길게 잡았을 때 그 양은 지질적·생물적 과정의 결합에 의해 사라지는 이산화탄소의 양과 균형을 이루게 된다. 그러나 만약 지구의 온도가 변한다면 어떤 일이 벌어질까? 만약 온도가 떨어지면, 해양으로부터 물이 적게 증발되어 강수량이 적어지고, 그에 따라 암석의 침식이 약해져서 공기 중에 있는 이산화탄소의 양도 줄어들 것이다. 반면에 화산으로부터 배출되는 이산화탄소는 줄어들지 않은 채 계속되어 이산화탄소의 농도는 높아질 것이고, 그러면 온실효과가 강화되어 지구의 온도는 상승할 것이다. 따라서 균형이 회복될 때까지 다시 강수량이 증가하게 될 것이다. 이와 비슷하게, 만약 여러 가지 이유(예를 들면 태양열의 증가와 같은)로 지구가 따뜻해지면 강수량이 늘어나 암석의 침식이 늘어날 것이고, 이것은 대기 중의 이산화탄소의 양을 많이 빼앗아 온실효과를 약화시킬 것이다.

이것은 지구환경을 안정화시키는 음 피드백(negative feedback)의 한 예이다. 태양의 온도증가는 온실효과에서 중요한 역할을 담당하는 이산화탄소의 힘을 약화시킨다. 그런데 생물 또한 이런 지질학적 안정화 과정에서 중요한 역할을 담당하고 있음이 밝혀졌다. 지구의 기후가 진화되는 방식과 생명의 진화방식이 너무도 밀접하게 관련되어 있기 때문에 이런 과정을 기후와 생명의 '공진화'(co-evolution)라고 표현하기도 한다.

이런 사실을 좀더 과감하게 받아들여, 러브록(J. Lovelock)은 이런 과정을 가장 잘 이해할 수 있는 방법은 행성 전체——지질활동과 생물활동 모두를 포함하는——를 그가 가이아(Gaia)라고 명명한 단일한 생명체로 다루는 것이라고 제안하기도 했다. 이 제안은 1970년대부터 알려지기 시작했지만 아직도 이를 둘러싼 논쟁이 계속되고 있는 실정이다. 그러나 지구과학자들은 지구가 진짜 살아 있다는 그의 주장은 수용하지 않지만, 많은 종류의 지질적·기후적 피드백 과정에서 생물의 기여를 설명하고 있는 러브록 접근의 유용성은 인정하고 있다. 즉 러브록의 접근이 어떻게 지구의 환경이 다양한 자연적 견제와 균형에 의해 조절되는가를 이해하는 데 유용하다는 사실을 인정하고 있는 셈이다.

이제는 최소한 가이아 사상의 '약한' 해석이라고 부를 수 있는 것이 확실히 확립된 것처럼 보인다. 즉 생명은 물리적 환경의 영향을 받을 뿐만 아니라 물리적 환경, 심지어 지질의 시간척도에도 영향을 미치는데, 종종(실제로는 흔히) 그런 방식으로 생명에게 적합한 환경이 유지되는 것이다. 이산화탄소의 순환을 포함하는 다양한 순환들은 생물과 물리적 환경 사이의 이런 관계의 가장 중요한 측면들에 속한다. 그리고 광합성을 통해 공기 중의 이산화탄소를 제거해주는 열대 우림을 남벌하는 것은 물론 땅 속에서 채취한 화석연료를 태우고 있는 우리의 행위는 지구의 온도를 자율적으로 조절하는 핵심적인 과정들의 자연적인(natural)[4] 균형상태를 파괴하는 결과를 낳고 있다. 이런 인간(또는 '인간 중심주의적 사고')에 의한 온실효과를 좀더 자세히 살펴보기 위해서는 인간의 간섭이 있기 전의 기후에 대해 간단하게나마 살펴볼 필요가 있다.

기후에 대한 천문학적 영향

하나 또는 두 개의 극 지점에 대륙이 걸쳐 있을 때 빙하기가 발생한다는 사실을 예를 들어 설명했던 것처럼, 앞에서 우리는 이미 지구의 기후가 대륙이동과 관련된 길고 느린 과정에 의해 영향을 받았다는 점을 살펴보았다. 그러나 여기서는 우리의 관심을 우리 종(種)인 호모사피엔스가 진화의 무대에 등장하기 시작하여 오늘날에 이르기까지 지난 수백만 년 동안의 지구에 국한시키도록 하자.

날씨 기계장치 전체를 움직이는 힘은 물론 태양이다. 그러나 태양으로부터 유입되는 대부분의 에너지는 대기의 상층이 아니라 하층에 흡

---

4) 인류가 지구에서 진화해온 생물이라는 점을 고려했을 때, 어떤 측면에서는 우리의 모든 행위가 항상 '자연적인'(natural) 것이 될 수 있을 것이다. 그렇지만 여기서 '자연적인' 것이 무엇을 의미하는지에 대해서는 이제 더 구체적으로 논의하지 않아도 충분히 그 뜻이 전달되었을 것이라고 생각한다.

수된다. 태양에서 오는 대부분의 에너지는 방해를 받지 않고 대기를 통과하여 지구의 표면을 가열한다. 그 결과, 태양열을 받아 따뜻해진 지구의 표면(육지와 바다)은 바로 그 위에 위치한 대기의 하층을 달군다. 따라서 가장 뜨거운 공기층은 지표면이나 해수면에 있고, 그곳에서 출발하여 위로 올라갈수록 온도는 떨어진다. 해수면의 평균온도는 섭씨 15도이지만, 위로 올라갈수록 온도는 급격히 떨어져 해수면에서 약 15킬로미터 떨어져 있는 대류권의 상층에 다다르면, 영하 60도 밑으로 떨어져 매우 추워진다.

성층권(오존층)에서 온도는 다시 상승하기 시작하는데, 태양에서 오는 자외선 복사 형태의 에너지가 흡수되기 때문이다. 따라서 성층권의 상층에서 대기의 온도는 물의 어는점인 0도로 다시 상승한다. 성층권 위에는 다시 온도가 떨어지는 층이 자리잡고 있다. 해발 80킬로미터 이상까지 뻗어 있는 중간권(mesosphere)이 바로 그것이다. 그보다 높은 고도에서도 여전히 지구를 둘러싸고 있는 희박한 기체들이 태양에서 뿜어나오는 활성화된 입자들과 우주의 심원에서 날아온 우주선(宇宙線)의 영향을 받는다. 그렇지만 이 기체들은 우리가 지니고 있는 기체에 대한 통념과는 거의 관련이 없다. 날씨 기계장치의 추동력이라는 측면에서 중요한 것은 기상변화가 일어나는 대류권과 대류권의 덮개처럼 작동하는 성층권이다.

성층권이 덮개처럼 작동하는 것은 고도가 높아짐에 따라 이 층에서 온도가 다시 상승하기 때문이다. "뜨거운 공기는 위로 올라간다"는 오랜 금언은 뜨거운 공기 위에 있는 공기가 밑에서 올라오는 공기보다 더 차가울 때에만 진실이 될 수 있다. 태양열이 지표면을 가열하면 지표면의 뜨거운 공기는 대류권을 통해 상승하면서 팽창하고 냉각된다. 이렇게 상승한 공기는 성층권에 도달하면 더 이상 올라갈 수 없는데, 그것은 성층권의 온도가 대류권 상층부의 온도보다 더 높기 때문

이다.[5]

태양열이 가장 강하게 내리쬐는 곳은 열대지방이며, 그곳에서 태양은 정오에 우리의 머리 위에 위치한다. 고위도 지역에서는 태양이 지평선 쪽으로 기울어져 있기 때문에 내리쬐는 열도 약해진다. 이것은 정오에 비해 아침이나 저녁 나절의 태양열이 약한 것과 같은 원리이다. 이런 현상이 일어나는 이유는 태양광선이 지구 표면에 부딪치는 각도가 작을 때는 광선들이 더 넓은 지역으로 퍼져서 단위면적당 열량이 적어지기 때문이다. 이런 현상은 손전등을 판지조각에 비췄을 때 일어나는 일을 통해 이해할 수 있을 것이다. 만약 판지조각이 손전등과 수직으로 세워져 있다면 판지조각에는 작지만 밝고 둥근 불빛이 맺히게 될 것이다. 그러나 판지종이의 위쪽을 손전등과 멀어지는 방향으로 비스듬하게 눕히면 판지조각에는 넓게 퍼지면서 길고 희미한 불빛이 드리우게 될 것이다. 같은 양의 불빛이 더 넓은 지역에 퍼져 있기 때문에 불빛의 총량은 같지만 길어진 불빛의 각 부분은 더 희미해지는 것이다.

열대지방에서 상승하는 뜨거운 공기는 습기를 많이 포함하고 있는데, 바다에서 증발한 수증기를 다량으로 포함하고 있기 때문이다. 공기가 상승하면서 냉각될 때 이 수증기들은 비가 되어 다시 밑으로 떨어진다. 이것이 바로 열대지방이 습한 이유이다. 적도의 지표면에서 상승한 공기는 대류권 상층부에서 뒤집히면서 적도에서 남북방향으로 힘을 받아 밖을 향해 움직이게 된다. 일단 공기가 냉각되면 다시 지표면으로 내려온다. 내려오는 공기는 다시 뜨거워지는데, 그 뒤를 따르

---

5) 대규모로 움직이는 엄청난 양의 공기는 성층권을 뚫고나갈 수 없다. 그렇지만 공기에 있는 개별적인 분자들은 확산에 의해 이 장벽을 뛰어넘을 수 있다. 프레온가스가 성층권으로 뚫고올라가서 오존층에 피해를 입힐 수 있는 것은 바로 이런 이유 때문이다.

는 공기압에 의해 눌리기 때문이다. 이와 같은 효과는 자전거 공기펌프에서 볼 수 있다. 힘을 가해 공기를 타이어 속으로 밀어넣으면 펌프 속의 공기는 뜨거워진다. 뜨거운 공기는 습기를 흡수해버리기 때문에 공기가 다시 지표면에 도달하는 곳에서는 사하라 사막과 같은 사막지대가 형성된다(이런 까닭에 사막지대는 적도의 남북에 위치하고 있다). 건조해진 공기 중 일부는 지표면을 따라 적도로 흘러들어가면서 무역풍을 불러일으키고, 그 과정에서 다시 습기를 품게 된다. 그리고 또다른 일부는 적도의 열을 극지방으로 옮기는 대류의 순환에 편입된다. 이 과정에서 대서양으로부터 불어와서 영국의 기후를 지배하는 편서풍을 포함하여, 고위도 지역에서 위력을 발휘하는 바람을 형성한다.

기후(어떤 지방의 연간 평균 기상상태)란 일종의 평균날씨(특정 시간·장소의 기상상태)로, 여러 해 동안에 걸친 이런 모든 과정들의 종합적 결과에 의해 나타나는 것이다. 그러나 기후는 하루, 한 달, 1년 등 다양한 시간척도에 따라 항상 변화하고 있는데, 날씨의 다양한 투입요소가 항상 변하기 때문이다. 따라서 이런 요소들은 1년 동안의 정해진 진행과정 동안에도 변화한다. 다만, 우리는 이런 변화에 너무도 익숙해져 있어서 그것을 기후변화라고 생각하지 않을 뿐이다.

지구는 얇은 대기와 바다에 둘러싸인 채 지축을 중심으로 24시간마다 한 바퀴씩 돌고 있고, 1년에 태양의 둘레를 한 바퀴씩 돌고 있는 둥근 암석덩어리이다. 그러나 지구의 자전축(북극과 남극을 잇는 가상의 선)은 지구가 태양둘레를 돌면서 형성하는 평면과 일정한 각도를 유지한 채 기울어져 있다. 이 기울기는 1년 내내 같은 방향을 향한 채 같은 크기를 유지하고 있어, 지구가 공전할 때 우리는 한때는 태양의 이쪽 편에 그리고 한때(약 6개월)는 태양의 반대편에 있게 된다. 따라서 한때는 북극이 태양 쪽으로 기울어져 있고, 한때는 북극이 태양으로부터 멀어져 있게 된다. 이때 남극은 항상 북극과 반대의 양상을 띤다. 고위도를 저위도보다 춥게 만들었던 바로 그 이유——태양이 하늘에서 지평선 쪽으로 기울어져 있을 때 유입된 태양열이 더 넓은 지역으로 퍼지게 되는 것——가 태양에서 먼 쪽으로 기울어져 있는 반구를 태양을 향해 기울어져 있는 반구보다 더 차갑게 만든다. 이런 이유로 계절의 순환이 발생하고, 태양이 겨울보다 여름에 더 하늘 높이 솟아오르는 것이다.

지구의 기울기는 1년처럼 짧은 기간에는 일정하게 유지된다고 볼 수 있지만, 사실 회전하는 행성은 흔들거리면서 돌고 있는 회전체와 같다. 만약 여러분이 아이들이 치고 있는 팽이를 지켜본 적이 있다면 여러분은 이미 회전체가 어떻게 회전하는지에 대해 경험한 셈이다. 지구의 가장 큰 흔들거림은 공전궤도를 따라 일어나는데, 주로 지구가 자전할 때 자기 쪽으로 끌어당기는 태양과 달의 중력의 영향으로 인한 것이다. 그러나 이런 흔들거림은 계절의 순환과 비교한다면 매우 느린 과정에 불과하다. 흔들거림을 가상의 선으로 나타내보면, 북극에서 똑바로 뻗어나온 가상의 선은 하늘에서 원의 자취를 그릴 것이고, 그 원 둘레의 길이는 변하지만 약 2만 년 걸려서 완성되는 순환주기를 따를 것이다. 극이 가리키는 방향의 이 이동('세차'라고 한다)에 의해 지구에서 내다보이는 밤하늘을 수놓고 있는 별무리들은 마치 자신의 위치를 완전히 바꾼 것처럼 보이게 된다. 이런 흔들거림의 결과로 계절의 변화 양상이 수천 년이 지나면서 서서히 바뀌게 된다. 또한 이것은 현재의 북극성이 1만 년 전에는 북쪽을 가리키는 좋은 안내자가 아니었다는 것을 말해주기도 한다.

이런 세차운동이 진행되는 것과 동시에 지구 자전축의 경사각도도 변하는데, 몇 세기가 지나면서 조금씩 위로 치켜지거나 밑으로 처지게 된다. 이런 너울댐(흔들림)이 일어나는 방식은 뉴턴 법칙에 의해 쉽게 계산할 수 있다. 그 각도는 수직을 기준으로 했을 때, 21.8도와 24.4도 사이를 대략 4만 1000년을 주기로 순환한다. 오늘날 23.4도인 경사각은 점점 작아지고 있다. 다른 조건이 동일하다면, 이것은 오늘날의 여름과 겨울의 차이가 수천 년 전의 차이보다 덜 심하다는 것을 의미한다. 그 때보다 여름은 더 시원하고, 겨울은 더 따뜻해진 것이다.

기후변화에 영향을 미치는 천문학적 요인 중에서 세번째 것으로는 태양과 태양계의 모든 행성들로 이루어진 중력들의 상호작용망을 들 수 있다. 이 망으로 말미암아 지구의 공전궤도는 10만 년을 주기로 원에 가까운 것에서 타원에 가까운 것으로 벌어졌다가 다시 원에 가까운 것으로 좁아진다. 공전궤도가 원에 가까울 때는 지구가 받은 태양열은 비교적 일정하지만, 타원에 가까울 때는 태양에 근접되어 있으면 많은 열을 받아 뜨거워졌다가 태양에서 멀어지면 받는 열이 적어져서 추워진다. 그러나 기후에 대한 이 모든 천문학적 영향력들에 대해 한 가지 기억해야 할 것은 1년 동안 지구 전체가 받는 태양열의 총량은 항상 일정하다는 것이다. 이 모든 영향력들이 할 수 있는 일이란 계절들 간의 열배분을 재배열하는 것뿐이다.

이와 같은 천문학적 요인들은, 비록 작지만, 현재 지구의 지형으로 말미암아 오늘날 기후에 커다란 영향을 미치고 있다. 현재 지구의 남극과 북극은 모두 얼음으로 뒤덮여 있는데, 이런 현상은 지구의 역사에서 매우 보기 드문 것이다. 남극이 얼음으로 뒤덮여 있는 것은 지구의 초기역사에서 일어났던 사건과 매우 유사한 것으로, 현재도 과거처럼 남극 대륙이 남극 위에 걸쳐 있어 남고위도 지역으로 흐르는 난류를 막고 있다. 그러나 북극을 덮고 있는 얼음은 매우 드문 지형적 배치의 결과(이것은 우리 지구의 역사에서 유일한 것일지 모른다)로서, 매우 흥미로운 것이다.

북극도 남극과 마찬가지로 난류가 쉽게 고위도 지역을 관통하지 못함에 따라 얼음으로 덮여 있다. 그러나 현재 북극이 얼음으로 덮여 있는 것은 북극해의 대부분이 육지로 둘러싸여 있기 때문이다. 북극 자체는 물로 덮여 있고, 얼음은 북극해의 수면을 따라 떠다니고 있다. 북반구가 회전하는 팽이와 같은 지구의 비틀거림에 따른 천문학적 리듬에 매우 민감한 것은 북극의 이런 특징 때문이다.

밀란코비치 모형

기후에 대한 천문의 영향이라는 아이디어를 최초로 제기한 사람은 1860년대 크롤(S. J. Croll)이었다. 그리고 그것은 20세기 전반기에 유고슬라비아 천문학자 밀란코비치(M. Milankovitch)에 의해 정교해졌다. 이런 까닭으로 그것을 종종 밀란코비치 모형이라고 부른다. 그러나 이 모형이 인정받게 된 것은 1970년대가 되어서였다. 그 때가 되어서야, 지난 수십만 년 동안 천문적 요소와 기후의 변화가 밀접한 관련을 맺고 있다는 사실이 밝혀졌기 때문이다. 천문적 영향의 변화 정도는 컴퓨터를 이용하여 정밀하게 도출해냈고, 기후의 변화 정도는 심해 지층에서 채취한 지질의 샘플 연구를 통해 얻었는데, 두 결과가 거의 완벽하게 일치했던 것이다. 다른 훌륭한 모형과 마찬가지로 밀란코비치 모형도 실험결과와 일치했던 것이다.

이론과 관찰의 일치가 우리에게 말하고 있는 것은 지구의 지형이 현재와 같은 상태에 있다면, 빙하기는 북반구의 여름이 특히 추울 때 일어난다는 것이다. 이런 사실이 처음에는 다소 이상하게 보일 수 있는데, 앞에서 봤듯이 시원한 여름은 상대적으로 따뜻한 겨울을 동반하기 때문이다. 상식적으로, 여러분은 얼음이 북극뿐만 아니라 북극해를 둘러싸고 있는 육지로 확대되기 위해서는 많은 눈이 내리도록 하는 추운 겨울이 필요할 것이라고 추측할 수 있을 것이다. 그렇지만 1년 동안 지구로 유입되는 태양열의 평균량이 항상 일정하다는 사실을 기억하기 바란다. 따라서 추운 겨울은 뜨거운 여름을 동반하게 되는데, 뜨거운 여름은 얼음을 녹이기에 좋은 조건을 형성한다. 여기서 핵심은 오늘날 지구의 조건은 얼어 있는 북극해를 둘러싼 육지에 겨울철에 눈을 내리기에 충분할 정도로 항상 춥다는 사실이다. 얼음이 확대되기 위해서는 여름철의 기온이 너무 시원해서 겨울 동안 내린 눈의 일부가 녹지 않고, 해마다 계속 쌓여서 마침내 새로운 얼음층을 만들 수 있느냐가 중요한 것이다.

그러나 일단 새로운 얼음층이 형성되기 시작되면 '마침내'는 그다지 오래지 않을 수 있다. 얇은 얼음층이라도 여름 내내 녹지 않는다면, 그 얼음층은 유입되는 태양열을 반사시켜 지표면을 가열할 수 없게 함으로써 국지적 수준에서 기후의 커다란 변화를 유발시킬 것이다. 겨울이 다시 시작되었을 때 지표면은 여름 동안 얼음층이 남아 있지 않았을 때보다 더욱 차가워져서 더 쉽게 눈이 쌓일 수 있는 조건을 형성할 수 있게 된다. 만약 밀란코비치 모형에 의해 주어진 조건들이 옳다면, 자연의 균형은 빙하기를 향해 급속하게 이동해갈 것이다. 이런 전환은 다음 세기가 채 지나지 않는 기간 동안 일어날 것이 거의 확실하고, 아마도 최대한으로 잡더라도 앞으로 2000년이면 충분할 것이다. 그러나 빙하기에서 간빙기로 바뀌는 것은 그 역에 비해 훨씬 더 어려운데, 얼음이나 설원들이 유입되는 태양열을 반사해버리기 때문이다. 빙하기가 최고조일 때로부터 최고조의 간빙기로 바뀌는 데는 수천 년은 족히 걸릴 것이다.

사실 지금까지의 이야기 방식은 상대적으로 따뜻한 시기에 살고 있는 사람들의 관점에서는 자연스러운 것이지만 정확하게 말하자면 약간은 잘못된 것이다. 현재의 지구 지형으로 봤을 때 지구의 자연스러운 상태는 최고조의 빙하기에 놓여 있어야 하는 것이다. 짧은 휴식을 취할 수 있을 정도로 북반구에서 얼음이 충분히 녹게 되는 것은 모든 밀란코비치 순환들이 함께 작동하여 여름에 발생하는 열의 양을 극대화할 때뿐이다. 그리고 앞에서 말했듯이, 현재 여름은 점점 서늘해지고 있는 상태이다.

간빙기와 인간의 문명

천문학적 세 요소의 서로 다른 순환의 결과로 나타나는 기후의 변화양상은 엄밀하게 말하면, 똑같이 반복되지 않는다. 그것은 각각의 순환이 자체의 미세한 변화에 의해 일정하지 않고, 따라서 세 요소가 함께 작동할 때 그 변화의 정도는 더욱 커질 것이기 때문이다. 그렇다고 해서 변화양상을 살펴보는 것이 완전히 불가능한 것은 아니다. 지난 수백만 년 동안의 대략적인 기후의 변화양상을 살펴본다면, 그것은 10만 년보다 긴 빙하기들이 1, 2만 년 동안 지속된 비교적 짧고 따뜻한 기간들에 의해 분리되어 있는 양상을 띠게 될 것이다. 이런 따뜻한 기간들을 간빙기라 부르는데, 우리는 약 1만 5000년 전에 시작된 간빙기에 살고 있다. 현재의 간빙기는 지구의 전 역사를 통해 봤을 때 여전히 추운 편에 속한다. 북극과 남극이 모두 얼음에 덮여 있는 것은 지구의 역사에서 보기 드문 현상이다. 인간의 모든 문명은 현재의 간빙기 동안에 발전된 것이다. 그리고 우리가 여기에 있을 수 있는 것도 이런 빙하기/간빙기의 순환 때문이라고 할 수 있다.

우리 조상들이 동부 아프리카의 숲에서 쫓겨나서 인간이 되는 길을 걸을 수밖에 없었던 것은 최고조에 이른 빙하기와 함께 도래한 '추위' 때문이라기보다는 '가뭄' 때문이었을 것이다. 얼음으로 덮인 지역이 확대될수록 가뭄으로 고통받는 지역도 넓어지고, 고통의 정도도 심해졌다. 얼음으로 뒤덮인 지역이 넓어질수록 얼음 속에 붙잡힌 물의 양이 많아졌을 뿐만 아니라 해양에서 물의 증발량이 줄어듦에 따라 대기 중의 수증기가 줄어들어, 그 결과 강수량이 줄어들었기 때문이다.

빙하기와 간빙기의 주기적 반복이 확립되었을 때, 우리 조상들은 동부 아프리카의 개방된 숲이나 목초지의 거주민으로서 매우 안락하고 성공적인 삶을 영위하고 있었다. 이런 사실은 풍부하게 남아 있는 화석에 의해 뒷받침된다. 그러나 그 당시 지구에서 빙하기와 간빙기가 연속적으로 교차한 현상은 지구의 오랜 역사과정에서 매우 독특한 것이라고 할 수 있다. 빙하기가 도래할 때마다 가뭄이 숲을 덮쳐, 숲은 황폐해졌고, 초지는 불모지로 변했다. 숲과 초지의 황폐화는 진화의 나사를 돌리는 일종의 가혹한 환경으로 작용했는데, 이런 환경에 적응하지 못한 종들에게는 엄청난 고통을 안겼지만 이런 변화에 적응할 수 있었던 종들에게는 번식할 수 있는 좋은 기회를 제공했기 때문이다. 간빙기가 도래하면 세계는 다시 따뜻해지고, 습한 환경이 되돌아와서 초목(그리고 모든 식물)이 번창했고, 그 결과 가뭄에서 생존할 수 있었던 개체나 종들은 폭발적으로 증가하여 자신들의 세력을 확장할 수 있는 기회를 포착할 수 있었다.

가뭄이 들 때마다 가장 잘 적응한 개체나 종들만이 생존할 수 있었다. 그리고 우기가 되면 적응에 성공한 개체의 후손들이 번창했다. '유인원'에서 출발하여, 이런 환경 속에서 진행될 수 있었던 진화의 적응 전략으로는 다음과 같은 두 갈래 길이 있었다. 한 가지 전략은 가뭄이 닥쳤을 때마다 숲의 중심지역으로 좁아진 숲에서 잘 적응하는 길을 찾는 것이었다. 현대의 침팬지나 고릴라는 이런 전략을 선택하여 살아남은 결과라고 할 수 있다. 또다른 성공전략은 가뭄으로 인해 숲이 줄어들었을 때 확대된 메마른 초지에 더욱더 잘 적응하는 것이었다. 이런 일이 매우 자주 발생했던 진화적 과거에, 숲의 변경지대인 메마른 초지로 내몰렸던 생물들은 진화적으로 봤을 때 덜 성공한 존재들이었을 것이다. 이 경우는, 줄어든 숲에서 쫓겨나서 초지에서 생존을 위해 몸

부림쳐야만 했던 진화적으로 덜 성공한 원숭이들이다. 만약 가뭄이 100만 년 동안 지속되었다면 초지의 거주자들은 죽음의 그늘에서 결코 벗어날 수 없었을 테지만, 수십만 년 동안 진행된 가뭄 끝에 우기가 돌아왔다면 생존자들은 전선으로 되돌아가기 전에 휴식과 오락을 위해 전선에서 물러나 있는 전투부대처럼 재정비하고 병력을 늘릴 수 있는 기회를 얻을 수 있었을 것이다. 분명, 지능적 존재가 특별한 진화적 이득을 지닐 수 있었던 것은 이와 같이 열악한 조건에서 주변환경의 변화에 대처해야만 했기 때문이었다.

이런 추론은 충분히 받아들일 만한 것이지만, 아직까지는 화석기록에 뒷받침되기보다는 가능한 시나리오로 남아 있는 상태이다. 대략적으로, 인간의 DNA는 침팬지와 고릴라의 DNA와 98퍼센트 이상이 같다(그리고 인간 사이에는 99.8퍼센트보다 조금 높은 DNA의 유사성이 존재한다). 우리는 단지 1퍼센트만 인간이고, 약 99퍼센트는 원숭이인 셈이다. 분자생물학자들은 살아 있는 많은 종의 DNA와 여러 갈래의 종들이 공동조상으로부터 갈라져 나왔을 때의 화석증거를 비교함으로써 세대를 거치면서 축적되는 DNA의 변화비율을 계산할 수 있다.

우리 자신과 아프리카 원숭이들 사이에 존재하는 DNA 변화의 양을 통해, 과학자들은 약 500만 년 전쯤에 공동조상으로부터 세 갈래의 진화가 이루어졌음을 알게 되었다. 분화는 우리가 지금은 일상적인 것으로 생각하게 된 지구의 역사에서 독특한 기후변화의 양상이 시작되었던 바로 그때 일어났다. 분화의 발생이 비교적 최근의 일이었기 때문에 우리 자신, 침팬지 그리고 고릴라의 공동조상은 원숭이 같은 존재였다기보다는 인간과 같은 존재였던 것처럼 보인다. 특히 공동조상은 이미 직립보행을 하고 있었다. 공동조상에서 시작된 진화의 한 갈래가 오늘날의 침팬지와 고릴라로 진화할 수 있었던 것은 반복되는 가뭄의 압력과 숲 생활에 더 잘 적응할 필요가 있었기 때문인데, 따라서 그들의 용어를 사용해서 진화의 과정을 표현한다면, 그들은 인간을 원숭이의 후손으로 묘사하는 대신, 원숭이가 인간——또는 최소한 원시인간(proto-man)——으로부터 진화했다고 말하는 것이 더 옳다고 주장할 것이다.[6]

우리가 이 땅에 생존할 수 있었던 것은 이런 자연적인 기후의 반복으로 말미암은 일종의 래치트 효과(ratcheting effect)[7] 때문이었다. 이와 같은 밀란코비치 리듬이 그대로 유지된다면, 세계는 수천 년 안에 다시 빙하기 속으로 내동댕이쳐질 것이다. 그렇지만 오늘날에는 인간의 활동이 날씨 기계장치의 중요한 부분을 차지하고 있기 때문에 사고에 의한 것이든 계획적인 것이었든 간에 다음 빙하기가 무한정 연기될 가능성은 얼마든지 있다.

대기의 온실효과에서 중요한 역할을 담당하는 이산화탄소의 농도는 현재 약 0.03퍼센트, 또는 300피피엠(ppm, 100만분의 1그램)에 불과하다. 그러나 산업혁명이 시작된 19세기 이후, 화석연료의 연소나 숲의 파괴 등과 같은 인간활동의 결과만으로 그 양은 280피피엠에서 350피피엠으로 증가해왔다. 이 양은 약 25퍼센트가 증가한 것에 불과하지만 세계의 기후는 이미 변화의 조짐을 보이고 있다. 전체적으로 봤을

---

6) 이 아이디어는 그리빈(J. Gribbin)과 체퍼스(J. Cherfas)에 의해 1980년대 초에 최초로 제안되었는데, 그들은 그것을 자신들의 책 『원숭이의 수수께끼』(*The Monkey Puzzle*)에서 구체화시켰다. 그 당시에는 거친 추론에 불과한 것으로 여겨졌지만, 1990년대 중반 오스트레일리아 국립대학(Australian National University)의 이스틸(S. Easteal)과 허버트(G. Herbert)가 이 생각을 받아들여 다른 종들의 DNA까지 포함한 향상된 분자 수준의 연구를 진행함으로써 고려할 가치가 있는 것으로 받아들여지게 되었다. 이스틸과 허버트의 설명에 따르면, "인간과 침팬지의 공동조상은 두 발로 걸었는데, 이 속성은 인간이 얻은 것이 아니라 침팬지가 잃은 것이다"(*Journal of Molecular Evolution*, 1997년 2월).
7) 단계적으로 증가하는 효과-옮긴이.

때, 1880년대 이후 세계의 온도는 약 1도가 증가했고, 현재 대기로 방출되는 이산화탄소의 양은 점차 증가하는 추세이다. 대기의 온도가 얼마만큼 상승할 것인가는 방출되는 이산화탄소의 양과 속도에 따르겠지만, 줄잡아 계산했을 때 1도가 상승하는 데는 향후 20여 년밖에 걸리지 않을 것이다. 그 이후의 예측은 과학이라기보다는 추측에 가까운 것이다. 그러나 이처럼 낮춰 잡았을 경우에도 향후 지구의 온도는 현재 간빙기 동안의 어떤 시기보다 높을 것이고, 따라서 (가장 최근의 빙하기는 당연히 지금보다 온도가 낮았기 때문에) 지난 100만 년 동안 지구에서 경험할 수 있었던 것보다 높을 것이다.

21세기의 날씨는 문명이 시작된 이후 발생했던 어떤 시기의 날씨와도 다를 것이고, 21세기 전반기 동안 세계의 온도는 가장 최근의 빙하기 말엽보다 15배 빠르게 상승할 것이다. 빙하기 정점에서 간빙기 정점으로 바뀌는 약 5000년 동안 온도는 8도 상승했다. 그렇게 되면 물리적 환경 변화가 우리의 삶의 조건을 얼마나 급격하게 바꿔놓을 것인지는 상상하기조차 힘든 것이 될 것이다. 따라서 비겁자가 위기의 순간을 벗어나는 방법을 좇아, 지구의 미래 기후를 예측하는 것은 여기서 중단하고, 대신 다음 단계로 우주로의 여행을 떠나보도록 하자. 이 여행을 통해 우리는 태양과 별들이 빛나는 이유나 태양의 가족 이야기 등과 같은 비교적 단순한 문제들을 다뤄볼 수 있을 것이다.

태양계의 신비

태양계의 행성들과 위성들은 소용돌이치는 원반에서 형성되었다. 모든 행성들은 같은 방향으로 태양의 주위를 돌고 있고, 대부분의 모든 위성들도 같은 방향으로 행성들의 주위를 돌고 있다. 태양 자신도 25.3일에 한번씩 같은 방향으로 회전하고 있다. 이것은 태양과 행성들이 회전하는 가스성운으로부터 생겨났음을 보여주는 확실한 증거로서, 예를 들어 태양이 은하수 주위를 도는 동안 하나씩 차례로 행성들을 끌어들였던 것은 아니었음을 말해주고 있다. 만약 행성들이 하나의 원반에서 태어난 것이 아니라 차례대로 태양의 식구가 되었다면 각 행성들의 궤도는 무질서한 상태에 놓였을 것이다.

훌륭한 천문학 모형

태양은 별이다. 태양은 특별히 크거나 작지 않으며, 특별히 밝거나 어둡지 않은 매우 평범한 별이다. 태양은 현재 자신의 수명 중 절반 정도를 살았다. 태양이 하늘에 떠 있는 다른 별들보다 유난히 밝아 보이는 까닭은 태양이 우리와 매우 가까운 거리에 있기 때문이다. 지구는 태양으로부터 150만 킬로미터 떨어진 거리에서 일정한 궤도를 따라 1년에 한 바퀴씩 돌고 있다. 거의 모든 천문학자들의 책(또는 대부분의 선생님들)은 여러분에게 태양의 가족에는 우리 지구를 포함하여 모두 아홉 개의 행성이 있다고 말할 것이다. 그러나 이것은 문제의 여지를 안고 있는 생각이다. 태양을 가운데 두고 늘어서 있는 아홉 개의 물체(행성)들 중 가장 바깥쪽에 있는 명왕성은 나머지 여덟 개의 행성들과는 매우 다른 성질을 지니고 있어, 차라리 행성이라기보다는 커다란 우주파편으로 묘사하는 것이 낫기 때문이다. 명왕성은 진짜 행성이라기보다는 태양계를 떠돌아다니는 혜성이나 소행성에 더 가까운 것이라고 할 수 있다.

다른 행성들과 비교했을 때 명왕성의 독특함이 가장 잘 드러나는 것은 그것이 다른 어느 행성들보다도 큰 타원궤도를 지니고 있다는 점이다. 평균적으로 명왕성이 태양에서 가장 멀리 떨어져 있는 궤도를 따라 돌고 있는 것은 분명한 사실이지만, 다른 행성들보다 큰 타원궤도를 가지고 있어서 일정 시기 동안(1979년부터 1999년 사이와 같이)에는 나머지 여덟 개의 행성들 중 가장 바깥쪽에 있는 해왕성의 안쪽 궤도를 돌게 된다. 태양계의 어떤 행성들도 이웃하고 있는 행성의 궤도를 침입하는 일은 없다.

천문학자들은 태양에서 지구까지의 평균거리를 1천문단위(AU)로 정의하고, 이것을 기준으로 태양계의 거리를 측정한다. 태양으로부터 명왕성까지의 평균거리는 약 40천문단위이지만, 실제거리는 궤도에 따라 40천문단위에서 50천문단위까지 변한다. 따라서 태양에서 가장 먼 궤도를 돌고 있을 때 명왕성은 태양에서 지구까지 거리의 50배에 해당하는 곳에 있게 된다. 명왕성의 지름은 2320킬로미터(달 크기의 3분의 2), 질량은 지구의 0.3퍼센트에 불과하다. 명왕성은 카론(Charon)이라 불리는 위성을 거느리고 있다. 카론의 지름은 1300킬로미터(명왕성의 절반이 넘는다)이고, 명왕성으로부터 1만 9400킬로미터 떨어진 곳에서 명왕성 주위를 돌고 있다. 두 물체는 모두 대부분이 얼음과 얼린 메탄으로 이루어져 있고, 평균밀도는 물의 밀도의 두 배가 안 된다. 두 물체의 표면온도는 절대온도 50도(섭씨 0도가 절대온도 273도와 같으므로 절대온도 50도는 섭씨 영하 220도가 채 안 되는 것이다)이고, 태양을 한 바퀴 도는 데는 지구 시간으로 248년이 걸린다.

명왕성을 제외함으로써, 우리는 태양 가족의 식구들임이 확실한 나머지 여덟 개의 진짜 행성들에 관심을 집중할 수 있고, 그와 함께 태양계에 있는 나머지 우주파편들에 대해서도 더욱 자세하게 살펴볼 수 있을 것이다. 태양의 가족은 네 식구씩 정확히 두 개의 그룹으로 나뉜다. 소행성대라고 알려진 파편 띠(화성과 목성 사이를 돌고 있는)를 기준으로, 네 개의 행성들은 그 내부에 있고, 또다른 네 개의 행성들은 그 외부에 있다. 내행성(소행성대 내부, 즉 태양계의 안쪽을 돌고 있는 행성)들은 암석으로 이루어진 비교적 작은 행성들인 데 반해, 외행성(태양계의 바깥쪽을 돌고 있는 행성)들은 기체로 이루어진 거대한 행성들이다.

밝은 별들이 태양처럼 빛을 내는 것은 그 내부에서 핵융합을 통해 열을 발생시키고 있기 때문이다. 그러나 우리가 반짝이는 행성들을 볼 수 있는 것은 행성들 스스로 빛을 내기 때문이 아니라 행성이 태양빛을 반사하고 있기 때문이다. 행성은 생각보다 훨씬 희미한 물체에 불과한 것이다. 이것이 최근까지 다른 별의 주위에 행성이 있다는 사실을 입증해줄 만한 직접적인 증거를 얻을 수 없었던 이유이다. 천문학자들은 행성들이 그곳에 있다는 것을 확신하고 있지만, 행성들이 너무 어두워서 볼 수 없었던 것이다. 그런데도 1990년대에 들어서면서 다른 별 주위를 돌고 있는 행성의 존재를 보여주는 직접적인 증거가 발견되었다. 천문학자들은 별의 요동을 아주 정밀하게 측정함으로써 그 증거를 얻을 수 있었다. 별의 요동은 거대한 행성이 궤도를 따라 도는 동안 처음에는 이쪽에서, 다음에는 반대쪽에서 모(母)별을 잡아당김으로써 발생하는 중력의 효과 때문이라고 해석되고 있다. 현재의 기술 수준으로는 거대한 행성들(태양계에서 가장 큰 행성인 목성과 같은)의 존재만을 밝힐 수 있을 뿐이지만, 이런 사실을 확장하여, 만약 목성과 같은 행성이 태양과 같은 별 주위를 돌고 있다면 최소한 이런 별들 중 몇 개에서는 별 주위를 돌고 있는 지구와 같은 행성이 있을 수 있다는 추론은 타당할 것이다.

이 외에도 1990년대에는 또다른 발전이 있었는데, 그것은 몇 개의 젊은 별들 주위에 있는 두툼한 원반 속에서 먼지 성운을 직접 탐지할 수 있게 되었다는 점이다. 이런 원반을 확인하기(그리고 허블 우주망원경과 다른 기구들을 사용하여 직접 사진을 찍기) 이전에도 천문학자들은 태양계의 행성들이 젊은 태양을 둘러싸고 있는 먼지원반에서 형성되었음을 잘 보여주는 훌륭한 모형을 보유하고 있었다. 그 모형에 아주 잘 들어맞는 원반들이 젊은 태양(다음 장에서 구체적으로 다룰 천체물리학의 모형에 따르는)과 아주 비슷한 별들의 주변궤도에서 촬영되었다. 이런 사실은 우리가 태양과 그 식구들의 형성방법을 완전하게 이해하게 되었음을 의심할 여지 없이 잘 보여준다. 그러나 이것은 실험실에서 실험을 통해 모형을 확인하는 것과 완전히 같은 것은 아니다. 다른 태양계의 형성과정을 관찰함으로써 우리 태양계의 형성과정에 대한 모형의 옳고 그름을 확인할 수는 없다.

이것은 천문학이 지금까지 이 책에서 살펴봤던 대부분의 과학들과 중요한 차이점을 지니고 있음을 잘 보여주는 것으로, 천문학의 모형은 지구에서 진행되는 과정을 설명하기 위해 제시된 매우 정밀한 모형보다는 만족도에서 상대적으로 떨어질 수밖에 없는 것이다. 그러나 몇몇의 경우에는 서로의 정도 차이가 매우 작아질 수 있고, 앞으로 우리가 이 점을 분명히 할 수 있기를 바란다는 점을 강조하면서, 이런 정도의 차이가 모든 천문학의 모형들이 단지 거친 추론(몇 가지 모형은 그렇다고 할 수 있는데, 그런 모형들은 여기서는 논외로 둘 것이다!)에 불과하다는 의미는 아니라는 점을 확실히 해둘 필요가 있다. 이런 모형 중에서 최상의 것들은 실제 우주에서 벌어지고 있는 사물들의 운동방식과의 비교, 컴퓨터 시뮬레이션, 그리고 많은 경우(예를 들면 별이 열을 생산하는 방식) 지구의 실험실에서 실험을 통해 얻은 데이터—이때 실험과정에는 관심의 대상인 천문학적 현상들 속에 포함되어 있는 핵심과정의 일정부분을 모방한다—에 의해 시험된다.

태양계의 탄생

태양과 그의 행성(다른 우주파편들을 포함한) 식구들이 형성방식과 관련하여 우리가 가지고 있는 최상의 모형에 따르면, 태양계 형성이라는 사건은 우리가 그 속에 거주하고 있는 별들의 전체 은하(우리은하)의 구조와 관련을 맺고 있다. 이 은하의 세계에 대해서는 제10장에서 구체적으로 살펴보겠지만, 현재의 논의와 관련해서 태양이 지름이 대략 10만 광년[1]에 달하고 두께가 2000광년인 편평하고 원반 모양인 은하계를 형성하고 있는 1000억 개의 별들 중 하나라는 사실에 주목할 필요는 있다.

태양계는 이 원반 중심에서 외곽으로 약 3분의 1 정도 벗어난 곳에 있고, 원반의 다른 식구들처럼 원반의 중심을 일정한 거리를 두고 궤도를 따라 돌고 있다. 태양계는 초속 250킬로미터로 여행하고 있는데, 궤도를 따라 한 바퀴 도는 데는 대략 2억 2500만 년이 걸린다. 이 시간 간격을 '우주년'(cosmic year)이라 부른다. 다른 많은 원반은하들처럼, 우리은하는 나선형 팔이라고 알려진 독특한 구조를 지니고 있다. 우리은하에는 두 개의 나선형 팔이 있는데, 나선형 팔의 존재를 밝힐 수 있었던 것은 그 속에 포함되어 있는 수소기체 성운에서 방출되는 전파를 탐지할 수 있었기 때문이다.[2]

나선형 팔들이 나선형을 띠는 것은 압력파 때문이므로, 우리은하를 돌고 있는 모든 것들은 나선형 팔을 통과할 때면 압력을 받게 된다. 다른 은하에 있는 같은 형태의 팔이 밝게 빛나는 것은 그 속에 뜨겁고 젊은 별들이 많이 포함되어 있기 때문이고, 나선형 팔 속에 뜨겁고 젊은 별들이 많이 포함되어 있는 것은 은하를 돌고 있는 가스와 먼지 성운들이 나선형 팔을 통과할 때 압력파에 의해 압력을 받기 때문이다. 여기에 더해, 나선형 팔에 늘어서 있는 아주 육중한 별들은 자신들의 수명을 재촉한 다음 폭발하여 주변에 있는 가스와 먼지 성운들에 엄청난 압력을 가하는 폭풍을 불러일으킨다.

원반은하의 별들은 집단으로 생성되는데, 그 속에는 붕괴되고 있는

---

1) 1광년이란 문자 그대로 빛이 1년 동안 여행할 수 있는 거리를 말한다. 광년은 시간의 단위가 아니라 거리의 단위로서, 946만 킬로미터에 해당한다. 비교를 위해서 태양에서 지구까지의 거리를 예로 들어보자. 태양에서 지구까지의 거리는 1억 5000만 킬로미터인데, 빛이 이 거리를 여행하는 데는 499초가 걸린다. 따라서 태양과 지구까지의 거리는 499광초 또는 8.3광분이 된다.

2) 우리은하와 같은 은하들이 띠고 있는 나선형태는 커피에 크림을 넣고 저을 때 형성되는 나선형태와 비슷하다고 할 수 있다.

큰 한 무리의 가스와 먼지 성운에서 함께 태어난 많은 별들이 포함되어 있다. 초기에는 별들이 산개성단이라고 알려진 것을 형성한다. 태양에서 반지름 약 8000광년 안에는 이런 산개성단이 700개 이상 존재한다. 그러나 이 성단들은 계속해서 일정한 형태를 유지할 정도로 충분한 중력을 지니고 있지 못하기 때문에 성단을 구성하는 각각의 별들은 사방으로 흩어지게 되고, 각각 고유한 자신의 궤도를 따라 은하를 돌면서 서로로부터 멀어지게 된다. 이런 이유로 1억 년 정도가 지나면 더 이상 그 별들이 같은 성운에서 함께 태어났다고 말할 수 없을 정도로 뿔뿔이 흩어지게 되는 것이다.

우리 태양은 약 50억 년 전에 이런 방식으로 태어났다. 그때부터 우리은하를 일정한 궤도를 따라 돌게 되었는데, 현재까지 20바퀴 정도를 돌았다. 태양과 그 가족(현재 넓게 퍼져 있는 산개성단의 다른 별들과 마찬가지로)은 가스와 먼지 성운에서 태어났으며, 그 성운의 대부분을 우주를 탄생시켰던 빅뱅(Big Bang, 제11장을 볼 것)의 유물로 남겨진 기체들인 수소(약 75퍼센트)와 헬륨(약 25퍼센트)이 차지하고 있었다. 그러나 이 성운에는 좀더 무거운 원소들도 드문드문 첨가되어(약 1퍼센트) 있었는데, 이 원소들은 그 대부분이 별들의 내부에 모여들었고(이 점과 관련해서는 다음 장에서 자세히 살펴볼 것이다), 별들이 죽은 다음에는 우주로 다시 흩어졌다. 태양계를 이루게 되었던 성간성운이 자신의 무게를 이기지 못하고 붕괴되면서 축소되기 시작하자 중심이 뜨거워졌는데, 그것은 성간성운이 중심을 향해 축소되면서 중력에너지를 방출했기 때문이다. 이 점과 관련해서는 중력에 의해 서로를 끌어당기고 있는 두 물체를 생각해보면 잘 이해할 수 있다. 만약 여러분이 중력에 의해 서로를 끌어당기고 있는 두 물체를 멀리 떨어뜨리려고 한다면, 여러분은 두 물체에 힘(즉 에너지)을 가해 반대편으로 잡아당겨야 할 것이다. 이런 사실로부터 우리는 두 물체가 서로 접근할 때 두 물체를 떼어놓기 위해 가했던 에너지와 같은 양의 에너지를 방출한다는 것을 알 수 있다. 그런데 이런 사실은 중심을 향해 축소되는 성간성운 속에 있는 모든 기체분자들에게도 적용되는 것이다. 이런 과정을 거쳐 결국, 축소된 성간성운의 내부는 엄청나게 뜨거워져서(섭씨 약 1500만 도) 수소핵이 헬륨핵으로 전환되기 시작했고, 그 과정에서 에너지가 방출되었다.

여러 단계를 거쳐서 네 개의 양성자(수소원자핵)들이 서로 결합하여 하나의 알파입자(헬륨원자핵)가 만들어졌다. 알파입자의 전체 질량은 네 개의 양성자 질량을 합친 것보다 정확히 0.7퍼센트가 적은데, 이 여분의 질량이 각각의 변환과정이 끝날 때마다 전부 에너지로 바뀐다. 현재상태에서 태양을 안정화하고 더 이상의 붕괴가 일어나지 않도록 하기 위해서는 500만 톤의 질량이 매초마다 이런 방식으로 에너지로 전환되어야 한다(이것은 대략 100만 마리의 코끼리를 매초마다 전부 에너지로 바꾸는 것과 같다). 지난 50억 년 동안 이런 엄청난 속도로 에너지를 생산해왔음에도 불구하고, 태양은 현재까지 자신이 처음에 보유하고 있었던 수소 양의 4퍼센트 정도만을 사용했을 뿐이다. 그러니까 복사열이 되어 우주 속으로 사라져간 것은 이 4퍼센트의 0.7퍼센트에 불과한 셈이다. 그러나 현재까지 태양이 방출한 모든 에너지를 질량으로 환산하면, 그 양은 지구 질량의 약 100배에 달한다.

앞으로 50억 년 정도의 시간이 흐른 다음에는 태양이 자신의 중심에 있는 수소를 모두 소비함으로써 심각한 문제를 불러일으키게 될 것이다. 그때가 되면 여전히 수소가 풍부하게 남아 있는 태양의 외부층과는 달리, 뜨거운 중심에는 핵융합반응의 과정에서 불타고 남은 헬륨재만 남아 있게 될 것이다. 그리고 태양의 중심이 다시 축소함에 따라 더욱 뜨거워지면 또다른 핵융합반응이 일어나게 될 것이다. 이때의 핵융합반응은 약 1억 도의 온도에서 헬륨핵을 탄소핵으로 바뀌는 과정이 될 것이고, 중심에서 생성된 엄청난 열에 의해 태양의 외부층이 부풀어오르게 될 것이다. 그렇게 되면 태양은 적색거성으로 변하면서 태양계에서 가장 안쪽 궤도를 돌고 있는 수성을 집어삼키게 될 것이다. 그로부터 약 10억 년이 더 흘러 헬륨마저 바닥을 드러냈을 때, 태양은 마침내 에너지 생산을 중단한 채 지구보다 크지 않은 백색왜성이라 불리는 차가운 쇠똥별이 되어 사라져갈 것이다. 태양보다 더 큰 별들은 더 빨리 자신들의 명을 재촉하는데, 중심을 향해 오그라들려는 중력에 대항하여 자신을 유지하기 위해서는 더 격렬하게 연료를 태워야만 하기 때문이다. 이들의 임종시에는 아주 흥미로운 일들이 많은데, 이 점에 대해서는 제10장에서 살펴보도록 하자.

행성의 형성

태양의 행성 가족(우리 자신)의 관점에서 현재 중요한 것은 지난 100억 년 동안 태양과 같은 별이 약간의 차이는 있지만 대체로 일정한 비율로 에너지를 생산하고 있다는 사실이다. 반면에 행성들은 별 주위를 일정한 궤도를 따라 돌면서 생명의 성장(최소한 하나의 행성에서)을 포함한 자신들의 독특한 행동양식을 발전시켜왔다. 행성들은 왜 서로 매우 다른 모습을 띠게 되었을까?

태양계 각 행성들의 성질은, 태양계가 붕괴하는 가스와 먼지 성운에서 응결됨에 따라, 처음에는 회전에 의해, 그리고 일단 태양이 형성된 다음에는 태양에서 방출된 열에 의해 결정되었다. 우주에 있는 모든 물질성운은 회전상태에 놓여 있다. 정지상태에 놓일 가능성은 무시될 수 있다. 물질성운이 내부를 향해 붕괴를 시작하자 성운의 회전속도는 더욱 빨라졌을 텐데, 이것은 회전연기를 시도하는 피겨 스케이트 선수가 자신의 팔을 안으로 끌어당김으로써 회전속도를 높이는 것과 같은 원리이다. 즉 각운동량의 보존원리 때문이다. 원 주위를 돌고 있는 물체의 각운동량은 그 물체의 질량과 중심으로부터의 거리(반지름), 그리고 속도와 관련되어 있다. 따라서 같은 질량을 가진 물체가 원중심으로부터 더욱 가까운 거리에서 원 주위를 돌게 되면, 그 물체가 각운동량을 보존하기 위해서는 더 빨리 움직여야만 한다. 태양계의 모태가 되었던 물질성운이 응축할 때 그 대부분의 질량은 중심에서 구, 즉 태양 속에 자리를 잡았다.[3] 그러나 이것은 오직 성운이 보유하고 있었던 대부분의 각운동량이 기체의 중심별 주위에 남아 있는 물질원반으로 옮겨졌기 때문에 가능할 수 있었다. 더 빠르게 회전함으로써, 또한 중심에서 멀리 떨어져 있음으로써 이 원반은 태양으로 자라났던 물질로부터 초기 각운동량의 대부분을 전달받아 보유할 수 있었다. 태양은 물질성운의 질량 대부분을 차지하게 되었던 반면, 원반은 각운동량의 대부분을 보유하게 되었던 것이다.

태양계의 행성들과 위성들은 이처럼 소용돌이치는 원반에서 형성되었기 때문에 태양계의 초기 각운동량을 유지하고 있다. 모든 행성들은 같은 방향으로 태양의 주위를 돌고 있고, 대부분의 모든 위성들도 같은 방향으로 행성들의 주위를 돌고 있다. 더욱이 금성과 천왕성――두 행성은 과거 어느 시점에 커다란 우주충격을 받아 흔들렸던 것처럼 보인다――을 제외한 모든 행성들은 모두 같은 방향으로 최초의 각운동량보다 약간 큰 운동량을 지닌 채 회전하고 있고, 태양 자신도 25.3일에 한 번씩 같은 방향으로 회전하고 있다. 이것은 태양과 행성들이 회전하는 가스성운으로부터 생겨났음을 보여주는 확실한 증거로서, 예를 들어 태양이 은하수 주위를 도는 동안 하나씩 차례로 행성들을 끌

---

3) '대부분'의 질량이라고 한 점에 주목해주기 바란다. 즉 초기질량 중에서 '일부'는 냉각 성운의 열에 의해 우주로 날려가거나 자기장에 의해 밖으로 밀려나면서 각운동량이 밖으로 이동하는 것을 도왔던 것이다.

어들였던 것은 아니었음을 말해주고 있다. 만약 행성들이 하나의 원반에서 태어난 것이 아니라 차례대로 태양의 식구가 되었다면 각 행성들의 궤도는 무질서한 상태에 놓여 있을 것이다.

젊은 별들 주변의 원반들에 대해서 현재 우리가 지니고 있는 직접적 증거에서뿐만 아니라 태양계에서 가장 큰 두 행성, 목성과 토성으로부터도 태양의 형성과정에 대해 알 수 있다. 목성과 토성은 태양계의 축소판인데, 태양 주위를 행성들이 돌고 있는 것과 똑같은 방식으로 위성들이 목성과 토성 주위를 돌고 있다. 이 거대한 행성들은 태양과 같은 방식으로, 그러나 작은 규모로 형성되었음이 분명하다. 목성과 토성이 수축할 때 그들 각각의 주변에 있던 물질원반이 커지면서, 각운동량을 보존하고 있던 파편에서 위성들과 띠를 형성하게 되었던 것이다.

행성의 형성과정은 이후에 태양이 되었던 기체의 중심구가 핵융합 반응을 시작할 수 있을 정도로 충분히 뜨거워지기 전에 이미 시작되었을 것이다. 최초의 성운 속에 있었던 작은 먼지조각들은 서로 흡착하면서 지름이 수 밀리미터의 알갱이로 자라났고, 이 알갱이들은 서로 충돌하고 흡착하면서 좀더 큰 알갱이로 성장했을 것이다. 행성의 형성 초기단계에서 알갱이들은 붕괴하는 성운 속에서 기체분자에 의해 계속해서 폭격당하고 있던 기체 속으로 스며들게 되었을 것이고, 이런 충돌들이 각운동량의 공유를 촉진했을 것이다. 이와 동시에 물질들이 원시태양 주위의 원반에 자리잡게 되었을 것이다. 원반에 물질이 농축됨에 따라 알갱이들끼리의 충돌이 더욱 활발해졌을 것이고, 따라서 미처 알갱이를 형성하지 못한 기체들은 태양이 뜨거워지기 시작했을 때 태양계 밖으로 날려갔겠지만(아마도 태양에 남아 있는 것만큼의 기체가 이런 방식으로 사라졌을 것이다), 성운 속에서 형성된 거대한 알갱이들끼리의 반응은 여전히 계속될 수 있었을 것이다.

부착의 과정은 현재 소행성 크기를 지닌 물질들—반지름 1킬로미터 정도인 바윗덩어리——이 형성될 때까지 이와 같은 방식으로 계속 진행되었다. 그때가 되면 중력이 중요해지기 시작했는데, 중력에 의해 이런 바윗덩어리들이 서로를 끌어당겨 무리를 이루게 되면서 모여든 바윗덩어리들이 서로 부딪치고 뭉치면서 더 커다란 덩어리를 형성할 수 있었기 때문이다. 가장 강한 인력을 발휘할 수 있는 가장 큰 덩어리들은 더 많은 물질들을 끌어당김으로써 자신들의 질량과 인력을 더욱 증가시켜 행성으로 성장하게 되었다. 이 단계에서 원시행성은 연속적으로 타격을 가해오는 바윗덩어리 물결의 충돌로 말미암아 행성 전체가 녹을 정도로 엄청난 열을 지니게 되었고, 이렇게 되자 상대적으로 무거운 철과 다른 금속들이 중심으로 이동하여 핵을 이루었다. 시간이 지나 행성이 냉각되자, 오늘날 우리가 지구에서 보는 것과 같은 다층 구조가 형성되었다.

이런 구도에 따르면, 오늘날 두 종류의 행성이 있는 이유와 태양계에 많은 우주파편들이 떠돌아다니는 이유를 쉽게 설명할 수 있다. 태양 근처에서는, 젊은 별(태양)에서 나온 열이 쉽게 증발하는 가벼운 기체와 물질들을 날려버렸을 것이다. 이런 열 속에서 남을 수 있었던 알갱이들은 철과 규산염처럼 쉽게 증발되지 않는 물질을 풍부하게 지니고 있었을 것이다. 이런 물질들이 내행성의 토대를 이루었고, 이런 까닭에 내행성은 크기가 작고, 암석으로 이루어진 행성이 되었으며 얇은 공기덮개(대기)만을 지니게 되었던 것이다.

젊은 태양으로부터 멀리 떨어진 곳에서는, 행성을 형성하게 될 알갱이들이 얼음, 언 메탄 그리고 고체 암모니아(우리가 알고 있는 모든 물질들은 성간성운 속에 존재하고 있는데, 분광학을 통해 이런 사실을 알 수 있다) 등으로 계속해서 둘러싸여 있었을 것이다. 더욱이 태양계의 안쪽에서 밖으로 불려나간 매우 가벼운 기체인 수소와 헬륨은 더 추운 지역에 형성된 행성의 중력에 의해 끌어당겨졌을 것이다. 따라서 외행성들은 내행성과 같이 바윗덩어리들의 인력 때문에 커지게 되었던 초기와는 달리 나중에는 거의 대부분이 기체로 이루어지게 되었고, 상대적으로 작은 암석핵을 지니게 되었다.

행성의 형성과정에 대한 이런 설명에 따르면, 중요한 사실 하나를 도출할 수 있다. 그것은 행성이 형성되고 난 후에 엄청난 양의 우주파편이 태양계에 남아 있어야만 한다는 것이다. 이들 중 많은 양이 오늘날 화성과 목성의 궤도 중간에 위치한 소행성대에서 각자의 궤도를 따라 돌고 있다. 그것들이 서로 결합하여 행성을 형성할 수 없는 이유는 목성의 인력이 그들의 결합을 방해하고 있기 때문이다. 태양에서 더 멀리 떨어져 있는 외곽은 이런 얼음덩어리 형태의 파편들이 혜성 형태로 남아 있을 정도로 충분히 추웠고, 현재도 그렇다.

태양계가 아직 젊었을 때—행성이 형성되고 난 지 10억 년 정도가 흐른 뒤—사방에 널려 있었던 우주파편들은 행성과 자주 충돌하여 젊은 행성들의 표면에 상처자국을 냈다. 현재 달에 남아 있는 엄청난 크레이터들은 그 시기에 발생했던 우주충돌의 결과인데, 수성, 금성, 화성 그리고 지구조차도 이와 비슷한 상처를 입을 수밖에 없었다. 비록 우주파편들이 내행성에 가했던 결정적인 타격들은 40억 년 전에 이미 끝이 났지만, 길을 잃은 우주파편 조각들은 아직도 시시때때로 행성들과 충돌하고 있다. 1994년 목성을 타격했던 슈메이커–레비 9(Shoemaker-Levy 9) 혜성은 이런 사실을 매우 충격적인 방식으로 우리에게 보여준 바 있다. 앞에서 살펴봤듯이, 지구에서 있었던 이와 비슷한 충돌들이 진화과정에 중요한 영향을 미쳤음은 물론, 그중 하나가 6500만 년 전에 있었던 공룡의 절멸을 불러일으켰음은 의심할 여지가 없어 보인다. 오늘날 태양계의 현실이 완전한 평화상태와는 거리가 멀지만, 태양과 그 식구들은 자신만의 독특한 특징들을 지닌 채 매우 안정된 상태로 정착되어왔다.

1000만 년 전의 태양

태양은 현재 태양계에서 가장 지배적인 존재이다. 태양은 태양계 전체 질량의 99.86퍼센트를 차지하고 있고, 뉴턴이 묘사했던 것처럼 일정한 궤도를 따라 자신의 주위를 돌고 있는 모든 것들——행성, 혜성, 소행성, 가스와 여러 다른 파편들——을 자신의 인력으로 붙들어매고 있다. 그리고 하나의 행성에 불과한 목성이 태양을 제외한 태양계 나머지 전체 질량의 3분의 2를 차지하고 있는데, 이런 사실은 엄격히 말하면 지구조차도 '다른 잡동사니'의 범주에 속할 뿐이라는 것을 말해 준다. 그러나 우리 인간의 관점에서는 가능하다면 태양조차도 우리의 고향별 지구와 비교하는 것은 당연한 일이다.

태양의 질량은 대략 지구 질량의 33만 배이고, 태양의 지름은 140만 킬로미터로 지구 지름의 109배이다. 태양의 지름을 따라 109개의 지구를 차례대로 늘어놓을 수 있는 것이다.[4] 그러나 원의 부피는 반지름(또는 지름)의 세제곱에 비례하기 때문에 태양의 부피는 지구 부피의 109의 세제곱, 즉 109^3배이다. 태양의 부피는 우리 행성의 부피보다 무려 100만 배 이상이나 큰 것이다! 태양의 평균밀도는 지구 평균밀도의 3분의 1에 불과하지만——따라서 태양의 밀도는 물 밀도의 1.4배이다——핵융합반응에 의해 에너지가 생산되고 있는 태양 중심부의 밀도는 고체 납의 밀도의 열두 배에 달하고, 그곳의 온도는 섭씨 약 1500만 도이다.

우리는 여러 분야에서 이루어진 연구들을 종합함으로써 태양 내부 깊숙한 곳의 환경에 대해 알게 되었다. 첫째, 우주물리학자들은 뜨거

---

4) 우연의 일치로, 태양에서 지구까지의 거리——지구궤도의 지름이 아니라 반지름——를 연결한다면, 그 선을 따라 107개의 태양을 늘어놓을 수 있을 것이다.

운 태양이 우리가 보는 것처럼 많은 에너지를 방출하기 위해서, 그리고 중력에 대항해 자신을 유지하기 위해서는 그 내부가 어떠해야 하는지를 (매우 간단하고 기본적인 물리학을 사용하여) 알아낼 수 있다. 이런 접근을 보완하기 위해 지구의 실험실에서 입자가속기를 사용한 실험들——양자이론과 결합된——을 실시했는데, 이 실험들은 태양에서 열에너지가 생산되는 방식을 우리에게 알려준다. 이 모든 과정에서 양자효과는 절대적으로 중요한 요소인데, 양자효과에 의해 양성자가 '단지' 섭씨 1500만 도의 온도에서 서로 융합될 수 있기 때문이다. 입자물리학과 결합된 별 모형들(자세한 것은 다음 장에서 살펴볼 것이다)은 태양 내부의 다른 깊이에서 밀도, 온도와 같은 성질들의 좁은 범위의 가능성들만을 구체적으로 알려준다. 무엇보다도 최근 수십 년 동안 천문학자들은 태양 표면에서 발생하는 작은 파문들, 즉 지구의 지진과 동일한 태양의 현상을 탐지할 수 있었다. 태양지진학을 이용하여, 천문학자들은 지구물리학자들이 지구의 내부를 관측하기 위해 지진파를 사용하는 것과 같은 방식으로 태양의 내부를 탐사해왔고, 그 결과, 태양의 내부구조가 실제로 별 모형들과 일치한다는 사실을 알게 되었다. 따라서 여기서 우리가 여러분에게 이야기하고 있는 것은 모두 실험에 의해 검증된 '좋은 과학'(good science)이다.

태양 중심의 극심한 조건에서, 전자들은 벌거벗은 수소핵(양성자)과 헬륨핵(알파입자)을 남겨두고 원자로부터 떨어져나온다. 핵은 원자보다 엄청나게 작기 때문에 태양의 중심핵에 있는 원자핵들은 고에너지 충돌에서 서로를 되튀기는 이상기체처럼 행동한다. 부피로는 태양 전체의 1.5퍼센트에 불과한 태양의 중심지역이 질량으로는 전체의 절반을 차지하고 있다.

태양의 핵에서 생산된 에너지는 주로 고에너지 광자(처음에는 감마선)의 형태를 띤다. 이런 극한 밀도의 환경에서 이것들이 대전된 입자

(전자, 양성자 또는 알파입자)를 만나 반응하기 전까지 누릴 수 있는 자유란 매우 짧은 거리 동안에 불과하다. 이런 반응으로 말미암아 감마선은 다소 에너지가 낮은 X선으로 점차 변해가지만, 각 광자들은 태양 내부의 주변으로 튀어올라 마치 핀볼 기계의 볼이 정신없이 돌아다니는 것처럼 이 대전입자에서 저 대전입자로 부딪치면서 날아다닌다. 각 광자는 광속으로 여행하지만, 끊임없이 충돌하면서 지그재그로 날아다니기 때문에 광자가 태양의 표면에 도달하기 위해서는 평균적으로 1000만 년이라는 시간을 필요로 한다. 만약 광자가 광속으로 곧바로 밖을 향해 날아간다면, 태양의 중심에서 표면에 도달하는 데 걸리는 시간은 정확히 2.5초면 충분할 것이다. 그러나 빛은 2.5초면 충분한 여행을 완수하기 위해서 1000만 년 동안 계속해서 지그재그를 반복하고 있는 것이다.

따라서 현재 태양의 전반적인 상태는 사실상 지난 1000만 년 동안 태양의 내부에서 밖을 향해 쉼 없이 진행되었던 모든 과정들의 결과라고 할 수 있다. 태양 표면에서 나오는 빛을 관찰함으로써 우리가 알 수 있는 것은 태양의 핵에서 '어제' 벌어진 일이 아니라 '1000만 년 전'에 일어난 일이다. 반면, 태양 표면에 파문을 일으키는 음파들이 태양의 내부를 통과하여 표면에 도달하는 데는 몇 분이면 충분하기 때문에 태양지진학은 우리에게 현재 태양의 내부구조에 대해 말해준다. 이런 사실은 모형의 정확성에 대한 시험으로서 태양지진학을 두 배나 가치 있는 것으로 만든다.

태양의 복사층은 태양 중심에서 표면까지 거리의 85퍼센트에 해당하는 100만 킬로미터까지 펼쳐져 있다. 그곳에서 온도는 섭씨 50만 도로 떨어지고, 밀도는 물 밀도의 1퍼센트에 불과하다. 일부 원자핵들은 이런 조건 아래에서 전자들을 다시 포획할 수 있게 되고, 광자들은 1000만 년 동안의 긴 여정에서 대전입자들과 반복적으로 충돌한 탓에

긴 파장을 지닌 낮은 에너지 상태에 놓이게 된다. 이렇게 해서 부분적으로 이온화된 기체들은 광자로부터 에너지를 흡수할 수 있게 되는 것이다. 이런 과정을 통해 뜨거워진 물질들은 대류에 의해 태양의 중심에서 표면까지의 거리에서 나머지 15퍼센트에 해당하는 외부층(이 거리는 지구에서 달까지의 거리의 절반인 약 15만 킬로미터에 해당한다)을 향해 상승하는데, 이때 에너지도 함께 운반한다. 우리의 눈을 부시게 하는 태양 표면의 온도는 약 5500도인데, 이곳에서는 원자들이 광자 형태로 빛에너지를 방출하고 있다. 그래서 우리는 약 8.3분 후에 그 빛을 볼 수 있는 것이다. 즉 태양의 표면에서 나온 광자가 1억 5000만 킬로미터나 떨어져 있는 지구까지 도달하는 데 걸리는 시간은 단지 8.3분에 불과하다.

우리가 보는 모든 태양의 빛은 500킬로미터의 깊이(태양 반지름의 0.1퍼센트)에 불과한 층으로부터 나오는 것이다. 그러나 태양은 채층[5]이라고 알려진 일종의 태양의 대기를 통해 더 먼 우주까지 자신의 영향력을 뻗치고 있다. 이 채층은 우주 속으로 수백만 킬로미터에 걸쳐 뻗어 있고, 태양 밖으로 부는 옅은 물체의 흐름(태양풍)을 생산하고 있는 코로나와 부분적으로 뒤섞여 있다.

태양의 가족 행성들

수성

태양의 가족 중에서 태양과 가장 가까운 행성은 수성이다. 수성은 0.39천문단위의 거리에서 태양의 주위를 일정한 궤도를 따라 돌고 있는데, 궤도를 한 바퀴 도는 데는 지구 시간으로 87.97일이 걸린다. 자

---

5) 태양의 주변을 덮고 있는 붉은 가스층 – 옮긴이.

전축을 따라 지구 시간으로 58.64일마다 한 바퀴씩 회전하고 있기 때문에 수성에서 사흘을 지낸다는 것은 그곳에서 두 해를 지내는 것과 같은 셈이다. 육안으로 볼 수 있는 (물론 햇빛의 반사에 의해 반짝거리기 때문에) 수성은 오래 전부터 알려져 있지만 태양의 섬광 때문에 관찰이 용이하지 않았던 관계로, 수성의 표면에 대한 대부분의 정보는 1974년과 1975년에 세 차례에 걸쳐 수성을 탐사했던 우주탐사선 매리너 10호(Mariner 10)를 통해서 얻은 것이다. 매리너 10호가 지구로 보내온 사진들에 의하면, 수성의 표면은 달의 표면과 같이 엄청난 크레이터 때문에 울퉁불퉁하다. 천문학자들은 처음에는 이 사실을 충격적인 것으로 받아들였지만, 지금은 행성의 형성과정에 대한 표준모형과 잘 들어맞는 것으로 받아들이고 있다. 행성들이 현재의 크기에 도달한 후 수억 년 동안 소행성들의 무자비한 폭격이 계속되었다는 점이 고려되었던 것이다.

수성에는 대기가 없기 때문에 온도의 차이가 매우 심하다. 태양의 화염에 완전히 노출되어 있는 지역은 섭씨 190도에 이르는 반면, 그 반대편에 위치하는 밤 지역은 영하 180도까지 떨어진다. 수성의 지름은 4880킬로미터로 지구와 달의 중간 크기 정도이고, 수성의 질량은 지구 질량의 약 5퍼센트에 불과하다.

금성

앞장에서 살펴봤듯이, 금성은 태양에서 두번째로 가까운 행성이며 외형이 지구와 매우 비슷하다. 금성의 질량은 지구의 82퍼센트에 해당하고, 적도의 지름은 1만 2104킬로미터로 1만 2756킬로미터인 지구와 거의 같다. 금성의 표면은 구름으로 완전히 뒤덮여 있기 때문에, 지상에서는 가장 좋은 망원경을 사용한다고 해도 금성 표면의 특징을 밝히는 것은 불가능하다. 과학소설가들(심지어 일부 과학자들)은 금성과 지구의 이런 피상적인 유사성에 주목하여 금성을 뒤덮고 있는 구름 밑에 생명이 가득한 열대우림이 숨어 있을지 모른다고 생각하기도 했다. 그러나 앞장에서 이미 살펴봤듯이, 금성은 폭주하는 온실효과로 말미암아 섭씨 500도가 넘고, 지구 표면의 대기압보다 무려 90배가 넘는 대기압을 가지고 있을 뿐만 아니라 두꺼운 구름에서 강산성비가 내리고 광풍이 모든 것을 휩쓰는 펄펄 끓는 사막으로 남게 되었다. 우리가 금성의 이런 가혹한 환경에 대해 알게 된 것은 거의 전적으로 소련 우주탐사선 베네라(Venera)호(1961년부터 1983년 사이에 베네라 16호까지 발사되었다) 덕분인데, 몇 대의 베네라호는 1960년대 말과 1970년대에 금성의 대기를 뚫고 들어가 금성 표면에 착륙을 시도했다. 금성 표면에 도착한 두 대의 베네라호는 데이터를 지구로 전송한 직후에 금성의 가혹한 환경에 파괴되었다. 금성의 대기에는 이산화탄소가 전체의 약 98퍼센트를, 질소가 2퍼센트를 차지하고 있으며, 미량의 기체 몇 종류도 그 속에 포함되어 있다.

금성이 구름으로 완벽하게 둘러싸여 있지만 우리는 몇 대의 베네라 궤도위성을 포함한 위성들에 장착된 레이더를 이용하여 금성의 지형을 매우 자세하게 탐사해왔다. 금성 표면 탐사에서 가장 최근이자 최고의 탐사로 기록된 것은 1990년 8월에 금성의 궤도에 도착한 후 금성의 거의 모든 지역에 대한 지도를 그렸던 나사(NASA)의 우주탐사선 마젤란(Magellan)호의 탐사였다. 그 결과, 금성의 표면에도 많은 크레이터가 있지만, 수성의 표면과는 달리 매우 다양한 형태를 띠고 있음이 밝혀졌다. 금성의 표면에는 행성 크기의 3분의 2에 해당할 정도로 큰 평원(마른 해저와 같은)과 지구의 대륙처럼 이 평원 위에 솟아오른 땅덩어리가 있었던 것이다. 금성에서 가장 높은 산들은 지표면에서 8킬로미터나 솟아 있었고, 충돌로 생긴 많은 크레이터뿐만 아니라 화산, 계곡 지대, 용암이 흘렀던 것으로 보이는 흔적들도 있었다. 그러나 더 넓은 지역에 크레이터가 형성될 수 있는 여건을 가진 금성의 표면에 형성된 크레이터 수는 수성이나 달과 비교했을 때 극소수에 불과하다. 두 행성과 한 위성의 크레이터의 '밀도'를 비교함으로써, 천문학자들은 금성의 표면 전체가 내부에서 흘러나온 용암 때문에 생겨난 일종의 격변에 의해 6억 년 전쯤에 완전히 새롭게 단장되었을 것이라고 추정한다. 금성은 태어난 다음 40억 년 동안 이런 방식으로 몇 차례에 걸쳐 표면을 새롭게 단장했을 수 있는데, 그것은 금성의 판구조 활동이 지구에서 대륙이동을 일으켰던 판구조 활동과는 완전히 달랐음을 말해준다.

금성은 이 외에도 다른 특징을 지니고 있다. 금성은 태양과 다른 모든 행성들의 회전방향과 반대방향으로 매우 느리게 회전하고 있으며, 한 바퀴를 도는 데는 지구 시간으로 243일이 걸린다. 이것은 아마도 젊은 태양계가 겪었던 소행성에 의한 대규모 폭격 말기에 금성이 받게 된 엄청난 충격 때문일 것이다. 원인이 무엇이었든 간에 금성이 태양 주위를 일정한 궤도를 따라 한 바퀴 도는 데는 지구 시간으로 225일이 걸리기 때문에, 금성의 적도상에 위치한 어떤 지점에서는 역방향의 자전과 정방향의 공전의 절묘한 조화를 이루어 어느 날 정오에서 그 다음 날 정오까지 지구 시간으로 무려 116.8일이나 걸릴 수 있으며, 이런 날이 매년 두 번씩 찾아올 수 있다.

지구와 달

우리의 고향별이라는 특수성 때문에 우리는 앞에서 이미 태양계에서 태양으로부터 세번째 행성, 즉 지구에 대해서는 아주 자세하게 살펴보았다. 그러나 지구(또는 지구-달 체계)는 생명이 발견된 유일한 행성이라는 사실 외에 또다른 의미에서도 태양계의 행성들 중 유일한 곳이다. 우리 달의 크기는 지구 크기의 약 4분의 1에 해당하는데, 이것은 위성과 모행성의 크기를 비교했을 때 태양계에 있는 다른 어떤 위성들(카론을 제외한다. 어쨌든 우리는 명왕성을 행성으로 고려하지 않는다)보다 훨씬 큰 것이다. 달의 지름은 3476킬로미터이고, 지구에서 38만 4400킬로미터(빛이 1.3초 만에 다다를 수 있는 거리) 떨어진 곳에서 지구둘레를 일정한 궤도를 따라 돌고 있다. 달은 태양계에 있는 어떤 천체보다 수성——지구 크기의 38퍼센트에 해당하며, 행성으로서의 독자성을 가지고 있다——과 닮았다. 지구의 거주자를 제외한 우주인의 관점에서 본다면, 지구—달 체계는 태양계가 젊었을 때 약간은 특수한 방식으로 형성되어야만 했을 두 행성 체계라고 하는 것이 더 설득력을 지닌 설명이 될 것이다. 이런 지구—달 체계의 독특함이 놀라운 사실이라는 점은 만약 여러분이 수성과 금성이 모두 위성을 전혀 보유하고 있지 못하며, 네번째 내행성인 화성의 경우에도 소행성을 포획한 결과로서 두 개의 작은 위성을 갖게 되었을 뿐 태곳적부터 동반자였던 위성을 지니고 있지는 못했다는 점을 생각한다면 더 분명해질 것이다.

그렇다면 달은 어떻게 형성되었을까? 컴퓨터 시뮬레이션과 아폴로호 우주비행사들이 달에서 가져온 암석의 분석을 통해, 천문학자들은 유일한 이중행성의 형성과정을 설명해줄 수 있는 강력한 모형을 개발해왔다. 이에 따르면, 달은 행성 형성과정의 최후단계에서 최소한 화성만큼 큰 물체의 충격에 의해 지구로부터 찢겨져 나왔던 것으로 보인다. 그러나 이것은 화강암 덩어리를 쪼개서 암석 조각이 떨어져 나오도록 하는 그런 과정은 아니었다. 천문학자들은 이 사건을 '빅 스플래시'(Big Splash)[6]라고 표현한다. 이 표현이 여러분에게 이 사건이 무엇

---

6) 분뇨가 쌓여 있는 곳에 물체가 떨어질 때 첨벙 소리를 내면서 튀는 분뇨를 생각해보시길!—옮긴이.

과 같았는지에 대한 적당한 느낌을 전달해줄 것이다.

이 모형에 따르면, 원시지구에 가해진 화성 크기를 지닌 물체의 충격은 약 1000킬로미터의 깊이에 달하는 지구의 전체 표면을 녹이기에 충분할 정도의 열을 발생시켰다. 충돌한 물체는 이 과정에서 완전히 부서진 채, 녹으면서 형성된 용해된 암석의 바다로 스며들었다. 만약 유입된 물체덩어리에 중금속 핵이 포함되어 있었다면, 용해된 중금속은 용해된 암석층을 뚫고 가라앉아서 철로 이루어진 지구의 핵 속으로 스며들었을 것이다. 그러나 거대한 소행성의 암석은 지구 지각의 용해된 암석층과 합쳐져서 구분을 지을 수 없게 되었을 것인데, 이렇게 합쳐진 암석 혼합물의 일부는 '빅 스플래시'에 의해 지구의 주변궤도로 튀어오르게 되었을 것이다.

이때 형성된 뜨거운 파편들은 지구 주위에서 고리를 형성했고, 이 고리들 속에 포함되어 있었던 모든 물과 휘발성 물질들은 증발되어 우주 속으로 사라졌을 것이다. 그러나 파편들이 냉각되기 시작하자, 파편들은 태양 주위를 둘러싸고 있던 원시물질들이 행성을 만들기 위해 서로 결합되었던 것과 정확히 같은 방식으로 달을 형성하기 위해 서로 들러붙으면서 결합되었을 것이다. 그때 발생했던 충돌로 인한 부작용은 충돌 당시부터 지금까지 지구에 많은 영향을 끼쳤다. 아마도 충돌에 의해 지구의 자전이 빨라졌고, 그 결과 현재 하루가 정확히 24시간이 되었으며, 중심에서 벗어난 충돌은 1년 주기의 계절순환과 빙하기에 대한 밀란코비치 순환을 일으키는 지구 자전축의 기울어짐을 설명하는 데 높은 가능성을 제공한다. 우리는 충돌이 일어난 지 40억 년이 지난 오늘날에도 그 충돌의 직접적인 영향을 계속해서 받고 있다. 그리고 만약 밀란코비치 순환이 유인원이 인간으로 진화하게 된 결정적 요인이었다면, 우리는 그 충격에 의해서 오늘날 존재할 수 있게 되었다고 할 수 있는 것이다.

화성과 소행성대

화성을 금성에 충돌시켜 어떤 일이 벌어지는가를 시험해볼 수 없기 때문에 이 모형의 정확성을 증명할 수 있는 방법은 없다. 그러나 이 모형을 지지해주는 강력한 주변적 증거——충돌에 대한 컴퓨터 시뮬레이션이 제시하는 강력한 증거뿐만 아니라——를 다음과 같은 두 가지 사실로부터 얻을 수 있다. 첫째, 달이 물이나 휘발성 물질을 포함하고 있지 않았던 것 같다는 점, 둘째, 달이 내부 태양계(수성, 금성, 지구, 달과 화성)에 있는 다섯 개의 암석으로 이루어진 행성과 위성 중에서 핵 속에 철이 포함되어 있지 않은 유일한 천체라는 점이다. 최근에 달의 표면에서 발견된 얼음은 태곳적부터 있었던 것이 아니라 혜성에 실려 온 것이다.

화성은 지구-달 체계에 살고 있는 우리들이 태양의 바깥에서 움직이는 것을 볼 수 있는 최초의 행성이다. 지구에서 화성까지의 거리는 태양에 대한 지구와 화성의 궤도상의 위치에 따라 변하지만, 가장 가까워질 때 화성은 지구에서 5600만 킬로미터 이내로 접근한다. 그 동안 많은 우주탐사선들이 화성을 방문하여 그 행성에 대한 풍부한 정보를 지구로 보내왔고, 여기에 지구에서 망원경을 통한 연구들로 얻게 된 정보들이 더해졌다.[7]

화성은 태양의 둘레를 일정한 궤도를 따라 지구 시간으로 686.98일 만에 한 바퀴씩 돌고 있으며, 태양 둘레를 도는 동안 태양으로부터의

---

7) 금성이 지구에 가장 가깝게 접근할 때, 그 거리는 약 4200만 킬로미터로 화성보다 지구에 가까워지지만 그때는 금성이 우리와 태양을 잇는 선 위에 정확히 놓이게 되어 다음과 같은 두 가지 이유로 망원경을 통한 연구가 불가능하다. 첫째는 태양의 섬광이고, 둘째는 금성의 어두운 지역만을 볼 수밖에 없다는 사실이다. 이것은 금성이 구름으로 완전히 뒤덮여 있기 때문에 관찰이 불가능하다는 사실과는 완전히 다른 것이다.

거리는 1.38~1.67천문단위 사이에서 변한다. 화성의 하루는 24시간 37분 23초로 지구의 하루와 거의 같다. 그러나 화성은 대부분이 이산화탄소로 이루어진 얇은 대기(지구 대기압의 0.7퍼센트에 해당하는)만을 지니고 있고, 표면에서의 온도는 섭씨 영하 140도에서 (드물게) 0도 이상을 오르내린다. 대부분의 지역에서 물의 어는점(0도) 이상으로 온도가 오르는 일은 거의 없다. 화성의 지름은 6795킬로미터(지구 지름의 절반 정도)이고, 질량은 지구 질량의 10분의 1보다 조금 클 뿐이다. 다른 내행성처럼, 화성의 표면에도 수많은 크레이터가 남아 있다. 오래 전에 사라진 강에 의해 표면이 패이면서 생겨난 일련의 협곡과 계곡들이 많은 지역에 자리잡고 있다. 그러나 화성이 원시대기의 대부분을 잃고, 온실효과가 약해지면서 얼어붙게 된 것은 최소한 수억 년, 아마도 수십억 년은 족히 되어 보인다. 화성에 있는 대부분의 물은 지표면 밑에 갇혀 있는 영구 동토층(凍土層)의 형태로 남아 있다. 가끔 소행성이 화성에 충돌할 때 열이 발생하는데, 이때 발생한 열이 동토층에 갇혀 있는 물의 일부를 일시적으로 녹임에 따라 일부 지역에서 물이 흐르기도 한다.

화성은 지구와 같은 행성과 매우 비슷하게 물을 만들었기 때문에 크기만 지구와 비슷했다면 오늘날 거의 틀림없이 물이 출렁이는 해양을 지닌 행성이 되어 있을 것이다. 마찬가지로, 금성도 현재보다 조금만 더 태양에서부터 멀리 떨어져 있었다면(또는 태양이 조금만 더 차가웠다면), 그래서 물이 형성되어 두꺼운 이산화탄소 대기 중 일부를 용해시켰다면 지구와 매우 비슷한 환경이 되었을지도 모른다. 이런 점에서 우리는 태양과 같은 별 주위에 있는 '생명지대', 즉 생물이 생존할 수 있는 행성을 형성할 수 있는 지역은 금성을 조금 벗어난 곳에서 최소한 화성의 궤도까지 확대될 수 있다는 흥미로운 사실을 알 수 있다. 태양계가 그 가족 중에 지구와 같은 행성을 하나라도 지닐 수 있는 행운을 갖게 되었음을 다행스럽게 생각할 것이 아니라, 다른 행성계를 탐구하게 되면 지구와 같은 행성 두 개를 갖지 못했음을 불행이라고 생각해야 할지도 모르는 것이다.

하지만 태양계에서 화성은 지구와 확연히 다른 천체이고, 금성과도 그렇다. 화성의 표면에는 수많은 크레이터가 남아 있는데, 이것은 오늘날의 화성이 태곳적 모습 그대로의 화성이고, 따라서 금성과는 달리 지난 40억 년 동안 화산 격변과 같은 것에 의해 표면이 새롭게 단장된 적이 없었음을 분명히 말해주고 있다. 그렇다 하더라도 화성의 지각활동은 화성의 전생애를 걸쳐 진행되어왔고, 아직도 그 활동은 계속되고 있다. 화성에서 가장 큰 화산인 올림포스몬스(Olympus Mons)[8]는 주변의 평지를 기준으로 했을 때 높이가 23킬로미터에 달하고, 지름이 무려 500킬로미터나 된다. 이는 지구에서 규모가 가장 큰 화산인 하와이에 있는 마우나로아(Mauna Loa) 산과 비교했을 때 실로 엄청난 크기이다. 마우나로아 산은 해저를 기준으로 했을 때 높이가 9킬로미터이고, 지름은 200킬로미터에 불과하다.

앞에서 살펴봤듯이, 화성에는 두 개의 작은 위성이 있다. 두 위성은 모두 울퉁불퉁한 감자 모양을 하고 있다. 큰 위성인 포보스(Phobos)는 가로, 세로의 길이가 각각 28킬로미터, 20킬로미터이고, 화성에서 9380킬로미터 떨어진 곳에서 화성을 0.3일에 한 바퀴씩 돌고 있다. 또다른 위성인 데이모스(Deimos)는 가로, 세로의 길이가 각각 16킬로미터, 12킬로미터이고, 2만 3460킬로미터 떨어진 곳에서 1.3일에 한 바퀴씩 화성의 둘레를 돌고 있다. 두 위성은 모두 크레이터로 뒤덮여 있고(포보스는 가장 긴 폭이 28킬로미터에 불과한데, 가장 큰 크레이터의 지름은 10킬로미터나 된다), 이들 모두는 화성 근처의 소행성대에

8) 올림포스 '언덕'이라는 뜻-옮긴이.

300

있다가 화성의 중력에 의해 포획된 파편들이다. 이런 사실은 우리에게 태양계의 다음 식구—소행성대—에 대해 알아볼 필요를 잘 보여주고 있다.

소행성들은 작고 울퉁불퉁한 바위파편들—행성들보다 훨씬 크기가 작은—이고, 많은 소행성들은 화성과 목성 궤도 사이에서 띠를 이룬 채 태양 주위를 돌고 있다. 크기가 작아 햇빛의 반사량도 작았던 까닭에 19세기에 이르러서야 비로소 소행성들을 관측할 수 있게 되었다. 그러나 현재는 태양으로부터 2.2~3.3천문단위의 거리에서 태양 주위를 돌고 있는 2500개 이상의 소행성들이 확인되었을 뿐만 아니라 체계적으로 분류되어 있다. 여기에 간헐적으로 관찰되고 있는 수백 개 이상의 소행성들이 보고되어 있지만, 아직까지는 그들의 궤도가 정확히 밝혀져 있지는 않다. 소행성대에는 팔로마 산(Mount Palomar)에 있는 508센티미터 망원경으로 촬영을 할 수 있을 만큼 큰 소행성들이 약 50만 개가 있는 것으로 추정되고 있다. 그렇지만 이 가운데 지름이 300킬로미터보다 큰 것은 단지 다섯 개, 지름이 100킬로미터 이상인 것은 약 250개에 불과하다. 알려져 있는 대부분의 소행성은 그 지름이 약 1킬로미터이다. 소행성대에 있는 모든 물체들을 합쳤을 때 전체 질량은 달의 질량의 4분의 1을 조금 상회할 뿐이고, 그들 각자가 태양의 둘레를 한 바퀴 도는 데는 3~6년 정도 걸린다.

소행성대에 있는 모든 파편덩어리들이 모여서 단일한 거대 물체를 형성하는 데 실패한 이유는 목성의 인력이 이들을 계속해서 교란하고 있기 때문이다. 목성은 태초의 조각들을 끌어당김으로써 그들의 원래 궤도를 혼란 속으로 밀어넣었는데, 궤도가 뒤엉키면서 각 파편 조각들은 우호적으로 서로 함께 묶이기보다는 서로를 향해 맹렬히 돌격하여 충돌하기 쉬운 조건에 놓이게 되었다. 모형에 따르면, 현재 소행성대가 차지하고 있는 궤도에는 지구의 크기만 한 암석으로 이루어진 네 개의 행성(또는 지구 질량의 네 배인 하나의 행성)을 형성할 수 있을 정도로 많은 원시물질이 있었다. 소행성대에서 날아와서 지구에 떨어졌을 것으로 추정되는 운석들 중 일부에는 금속물질이 포함되어 있는데, 이것은 이 운석들이 한때는 더 거대한 물체의 핵 속에 들어 있었음을 보여주고 있다.

오늘날 인정받고 있는 모형(슬프게도 이 모형을 증명할 수 있는 길은 없다)에 따르면, 소행성대에 있었던 원시물질들은 화성 크기만 한 여덟 개의 물체를 형성하고 있었지만 목성의 교란으로 충돌을 일으켜서 약 1억 년이 흐른 뒤에는 그들 대부분이 부서졌다는 것이다. 이때 교란된 초소행성들 중의 하나가 내부 태양계로 떨어지면서 지구와 충돌했고, 앞에서 살펴봤듯이, '빅 스플래시' 과정을 통해 달을 탄생시킨 것이다. 그리고 또다른 초소행성은 그곳에 남게 되었는데, 화성이 바로 그것이다. 나머지는 충돌에 의해 부서지면서 사방으로 흩어졌는데, 이때 생긴 대부분의 파편덩어리들은 소행성대를 벗어나 일부는 태양에 빨려들어가 장렬한 최후를 맞이했고, 다른 일부는 태양계 밖으로 빠져나갔다.

우리는 이런 사실들로부터 매우 중요한 시사점 하나를 얻을 수 있다. 남아 있는 소행성들이 상대적으로 안정된 궤도에 머물러 있다는 것은 분명한 사실이지만(불안정한 궤도에 있는 모든 것들이 이미 오래 전에 제거되었기 때문에), 현재에도 목성은 계속해서 소행성들을 끌어당기면서 교란하고 있다는 점이다. 따라서 소행성들 사이의 충돌은 현재진행형이고, 가끔씩이기는 하지만 이런 충돌과정에서 궤도를 벗어난 파편들이 지구의 궤도를 가로질러 계속해서 내부 태양계로 진입하고 있다. 태양계가 젊었을 때 내행성들의 표면에 상처를 낸 빗발쳤던 우주파편들이 활동을 중단한 것은 아니다. 다만 그 횟수가 줄어들었을 뿐이다. 지름이 10킬로미터 정도 되는 파편덩어리가 지구에 가한 충격은 공룡시대의 종말을 가져오기에 충분했다. 그나마 다행스러운 일이라면 지금은 그런 사건들이 매우 드물게 일어난다는 것이다. 그러나 인류가 오랫동안 지구에서 인류의 문명이 계속되기를 바란다면, 우주충돌들로부터 지구를 지킬 방법을 찾아야 한다는 것은 비교적 분명한 것 같다.

목성

소행성을 넘어 태양계의 다음 식구에게로 가는 여로에서 우리는 태양계에서 가장 극적인 대조를 경험하게 된다. 그 길의 출발선에는 지름이 1킬로미터 정도에 불과한 행성 자갈들이 흩어져 있고, 그 끝에는 지름이 14만 3000킬로미터(태양의 10퍼센트), 질량이 지구의 318배(태양 질량의 0.1퍼센트)인, 태양계에서 가장 큰 행성인 목성이 자리잡고 있다. 목성이 태양계에서 태양을 제외한 나머지 식구들에게 커다란 중력을 발휘할 수 있는 것은 바로 이 거대한 질량(행성으로서는) 때문이다. 목성이 그런 질량을 지닐 수 있었던 것은 태양으로부터 충분히 멀리 떨어진 곳에 위치함으로써 막대한 양의 원시기체──목성의 90퍼센트는 수소, 10퍼센트는 헬륨이고, 메탄과 암모니아와 같은 기체들이 일부를 차지하고 있다──를 끌어들여 보유할 수 있었기 때문이다. 목성은 태양으로부터 평균 5.2천문단위 떨어진 거리에서 일정한 궤도를 따라 태양둘레를 11.86년 만에 한 바퀴씩 돌고 있다.

목성에 관한 모든 것들에는 '엄청나다'는 수식어를 붙일 만하다. 목성은 대기순환에 의해 생성되는 색깔 띠로 둘러쳐져 있는데, 이것은 지구의 높은 고도에서 불고 있는 제트 기류와 같은 종류의 것이다. 그러나 유일한 폭풍인 대적점(大赤點)은 최소한 300년 동안 목성 주변을 휘몰아치고 있고, 지구를 통채로 삼킬 만큼 엄청나게 크다.

목성과 관련하여 가장 인상적인 것은 목성이 위성 가족을 거느리고 있다는 사실이다. 이것은 태양계의 축소판이라 할 만하다. 큰 편에 속하는 네 개의 위성들——이오(Io), 에우로파(Europa), 가니메데(Ganymede), 칼리스토(Callisto)——은 17세기 초에 갈릴레이가 발견하였다. 위성들이 모행성 주변을 일정한 궤도를 따라 돌고 있다는 사실의 발견은 '지구가 우주의 중심'이라는, 몇 세기 동안 지속되어온 도그마를 파괴하면서 지구도 비슷한 방식으로 태양 주변을 일정한 궤도를 따라 돌고 있다는 생각을 확립하는 데 도움을 주었다. 목성은 네 개의 위성 외에도 최소한 열두 개의 작은 위성들(위성들의 수는 계속해서 늘어나고 있다)을 거느리고 있는데, 이들 중 많은 것들은 포획된 소행성들이다.

갈릴레이가 발견했던 네 개의 위성들은 그 자체로 주목할 만한 것들이다. 이오는 우주탐사선에 의해 붉은색과 오렌지색의 황화물질로 이루어져 있는 반짝이는 구체라는 사실이 밝혀졌다. 황화물질은 위성에 점점이 박혀 있는 활화산에서 뿜어져나온다. 화산활동의 원인은 목성의 인력으로 발생하는 조력인데, 이오의 내부는 이 조력에 의해 엄청난 압력을 받으면서 열을 생산하고 있는 것이다. 이오와는 대조적으로 에우로파는 완전히 얼음으로 뒤덮여 있다. 이 얼음에는 희미하게 갈라진 틈들이 얼키고설킨 채 서로 교차하고 있다. 에우로파에서도 이오와 같은 방식으로 열이 생산되며, 이 열로 인해 얼음 지각 밑의 바다가 녹아 있을 가능성이 충분하고, 따라서 그곳에 생명체가 서식하고 있을 가능성도 높다. 그러나 칼리스토는 조력에 의한 압력으로 열을 발생시키기에는 목성에서 너무 멀리 떨어져 있기 때문에 두꺼운 얼음으로 뒤덮여 있고, 그 얼음에는 태양계의 다른 곳에서 볼 수 있는 것보다 많은 크레이터가 아로새겨져 있다. 그리고 태양계에서 가장 큰 위성인 가니메데의 얼음 표면에도 칼리스토처럼 크레이터가 남아 있지만, 일부 지역에서는 편평한 지대가 넓게 펼쳐져 있다. 이것은 상대적으로 최근에 발생했던 몇 번의 격변에 의해 기존의 얼음 표면을 새로운 얼음 표면이 대체했음을 말해주는 것이다.

토성

목성 뒤에 남아 있는 태양계의 나머지 행성들은 정점을 지나 내리막 길에 놓여 있는 행성들이라 할 수 있다. 토성은 지름이 지구의 9.4배에 달하고, 질량은 지구보다 95배가 무겁지만, 목성에 비하면 작은 행성에 불과하다. 그리고 토성은 9~10천문단위의 거리를 두고 일정한 궤도를 따라 태양 주위를 29.46년에 한 바퀴씩 돌고 있다. 그러나 토성계는 다음과 같은 두 가지 점에서 다른 행성과는 매우 다른 특징을 지니고 있다. 첫째, 유명한 토성의 띠이다. 이 띠 덕분에 토성은 우주 사진에서 외행성 중 어떤 행성보다 돋보인다. 둘째, 토성계는 태양계에서 가장 흥미를 끌고 있는 위성 타이탄(Titan)을 포함하고 있다. 타이탄의 지름은 5150킬로미터로, 지름이 5262킬로미터인 가니메데보다 약간 작다. 타이탄이 특별한 이유는 타이탄이 질소와 풍부한 메탄으로 이루어진 두꺼운 대기를 지니고 있기 때문이다. 타이탄의 표면압력은 지구 대기압의 1.6배이고, 온도는 섭씨 영하 180도이다. 타이탄의 표면에는 메탄 비가 내려서 생긴 액체 메탄으로 이루어진 호수나 바다가 있을지도 모른다. 타이탄은 마치 언 상태에서 크기를 줄여놓은 원시지구와 비슷하다. 태양이 임종이 임박해 부풀어올라 적색거성이 되었을 때, 지구를 포함한 내행성들은 바삭바삭하게 튀겨지겠지만, 타이탄은 태양계에서 제2의 생명 탄생지라는 영광을 안기에 충분할 정도로 뜨거워지게 될 것이다(만약 에우로파에서 생명이 발견된다면 타이탄은 세 번째 영광을 안게 될 것이다). 그러나 이것은 먼 훗날의 일에 불과할 뿐이다. 이보다는 훨씬 가까운 장래인 21세기 초에 1997년 말에 발사된 우주탐사선 카시니(Cassini)호가 타이탄의 대기 속으로 탐사용 로

켓을 진입시킬 것이다. 이를 통해 우리가 희망하고 있는 것은 타이탄의 차가운 대기에 대한 연구가 원시지구의 대기뿐만 아니라 생명의 기원에 대한 통찰도 제공해줄 수 있으리라는 것이다.

천왕성과 해왕성

토성을 지나면, 가스로 이루어진 두 개의 거대 행성들이 나타난다. 천왕성은 18.31~20.07천문단위의 거리에서 일정한 궤도를 따라 태양 둘레를 84.01년에 한 바퀴씩 돌고 있다. 천왕성의 질량은 지구 질량의 14.5배에 달하지만, 지름은 지구의 네 배에 불과하다. 태양의 가족 중에서 가장 멀리 떨어져 있는 진짜 행성, 해왕성은 30.06천문단위 거리에서 일정한 궤도를 따라 태양의 둘레를 164.79년에 한 바퀴씩 돌고 있다. 해왕성의 질량은 지구 질량의 17.2배로 천왕성보다 조금 크지만, 지름은 천왕성보다 조금(약 1퍼센트) 작다. 최후의 거대 행성은 태양에서 우리의 거리보다 단지 30배 정도 멀리 떨어져 있을 뿐이다. 이 거리를 별들의 거리와 비교해보면, 태양계의 모든 행성 식구들은 태양의 불 중심에서 아주 가까운 곳에 옹기종기 모여 있는 셈이 된다. 빛이 우주공간을 여행하여 해왕성에 도달하는 데는 4.2시간이면 충분하지만, 태양에서 가장 가까운 이웃별까지는 무려 4.2광년이나 걸린다. 거의 9000배나 먼 거리이다. 해왕성과 가장 가까운 태양의 이웃별 사이에는 뭔가가 있는데, 그것들도 여전히—분명—태양 가족의 일원이다.

혜성

목성궤도 너머에서는 태양열이 너무 약해지기 때문에 태양계 형성의 유산인 파편들은 계속해서 암석으로 이루어진 소행성들과는 다른 성질을 지닌(물론 얼음덩어리 속에 암석들이 포함되어 있을 가능성은 여전히 남아 있다) 얼음덩어리 형태로 남아 있을 수 있다. 이 우주 빙산들은 언 물뿐만 아니라 고체 이산화탄소, 메탄 그리고 암모니아 등을 포함하고 있다. 이 빙산들은 간혹 교란을 당하면 태양을 향해 돌진하여, 태양을 축으로 회전한 다음 깊숙한 우주 속으로 사라지곤 한다. 그것들이 태양으로 접근하면서 열을 받아 뜨거워지면 얼음의 일부가 증발하여 긴 꼬리를 형성하는데, 이 꼬리는 햇빛에 반사되어 밝게 빛난다. 이 얼음덩어리가 바로 혜성이다. 그러나 혜성은 내부 태양계를 벗어나면 태양열이 약해져 꼬리가 사라지고, 혜성의 핵은 다시 불활성의 얼음덩어리가 된다.

혜성궤도의 연구를 통해, 혜성이 태양을 둘러싸고 있는 우주 저 깊은 곳에 위치하고 있는 구형의 빙산성운에서 비롯되었다는 것을 알게 되었다. 이 빙산성운들은 태양에서 약 10만 천문단위, 즉 2광년 떨어진 거리에 있는데, 이 위치는 태양과 가장 가까운 이웃별의 중간에 해당하는 것이다. 이 성운 속에 있는 대표적인 혜성핵들은 초속 약 100미터의 속도로 태양둘레를 일정한 궤도를 따라 돌고 있고, 태양계가 형성되고 난 후 수십억 년 동안 그곳에 계속해서 있었던 것으로 추정되고 있다. 그러나 종종 그곳을 지나가는 별에 의해 발생하는 궤도의 교란과 같이 어떤 외부압력이 주어지면 태양둘레를 돌고 있던 얼음덩어리들 중 일부가 궤도에서 벗어나 태양계의 내부로 떨어지게 된다. 이들은 태양을 향해 떨어지는 도중 내내 가속되지만, 태양을 스치듯 돈 다음 자신이 왔던 우주 속으로 다시 돌아갈 때까지는 무려 수백만 년이 걸리는 장거리 여행을 계속한다. 내부 태양계를 방문하는 이런 여행자들 중 일부는 돌아가는 길에 목성의 중력에 사로잡혀 더 짧은, 그러나 여전히 긴 궤도를 지닌 채, 핼리혜성처럼 수십 년 또는 수백 년 동안 반복해서 태양을 방문한다. 이 과정은 혜성이 완전히 증발하여 암석덩어리, 모랫가루 그리고 먼지가 되어 흩날리기 전까지 계속된다.

지구가 혜성의 꼬리를 뚫고 지날 때면 수많은 별똥별이 밤하늘을 밝히는데, 이것은 모래알보다 작은 우주먼지들이 대기에 진입할 때 불타면서 생기는 현상이다. 그러나 혜성의 꼬리가 아니라 혜성 자체가 지구에 충돌하면 사정은 달라진다. 그 충격은 암석으로 이루어진 소행성과 비슷할 것이다. 어쩌면 그 충격은 더욱 클 수도 있는데, 혜성이 소행성보다 먼 곳에서 떨어지기 때문에 빠른 속도로 움직이고 있을 가능성이 크고, 따라서 같은 질량을 가진 소행성보다 큰 운동에너지를 동반할 수 있기 때문이다. 사실, 공룡의 절멸을 초래한 우주충격은 소행성이 아닌 혜성에 의한 것이었을 가능성이 매우 크다.

혜성들이 현재 태양계의 가장자리에 있게 된 것은 목성 때문이었을 것이다. 행성들이 형성될 때 목성과 해왕성 사이에 엄청난 양의 우주빙산들이 있었음이 분명한데, 소행성대에 있던 원시파편들처럼 우주빙산들도 목성과 다른 거대 행성들의 중력 때문에 궤도를 교란당해 태양에서 자신들의 운명을 마쳤거나 성간공간의 가장자리로 밀려났을 것이기 때문이다. 해왕성의 궤도 너머에는 이런 얼음파편들이 아직도 띠를 이룬 채 남아 있다. 이런 물체들은 최근에야 비로소 성능이 우수한 망원경들로 관측할 수 있었는데, 지금까지의 증거로 볼 때, 이 카이퍼대(Kuiper Belt)에는 10억 개의 얼음덩어리들이 존재하고 있을 것으로 추정되고 있다. 카이퍼대는 태양계의 바깥을 향해 깔때기 모양(단면을 잘라보면 거대한 트럼펫처럼 보인다)으로 펼쳐진 채 저 먼 우주에 구형으로 존재하는 오르트 성운(Oort Cloud)과 연결되어 있기 때문에 전체적으로 약 10조 개의 혜성들이 있음에 틀림없을 것이다. 혜성들을 모두 합친 질량은 지구 질량의 몇 배에 불과하지만, 외부 태양계의 궤도 사이에 있는 것 중 현재까지 관측된 가장 큰 우주빙산으로는 지름이 200킬로미터(명왕성 크기의 약 10분의 1, 명왕성은 현재 이런 빙산의 가장 큰 예에 불과한 것처럼 보인다)나 되는 것들도 있다.

　태양계의 가장자리에 있는 모든 물체는 결국 목성의 중력에 의해 교란당한 채 내부 태양계로 들어오거나 저 깊은 우주 속으로 나갈 것이다(그리고 이런 물체는 수백만 년 이상 그 궤도에 머물 수는 없을 것이다. 추측건대 태양계 밖으로 나가는 물체도 마찬가지일 것이다). 만약 그 물체들이 내부 태양계로 들어오면, 태양열을 받아 부서지기 쉬운 조각으로 변하고, 끓게 된 기체들은 얼음을 깨고 나와 내부 태양계를 뚫고 지나가는 동안 한 무리의 혜성을 형성하게 될 것이다. 그것들 중 지구에 직접 부딪치는 것이 없다고 해도 혜성들이 내뿜는 미세한 먼지의 양은 내부 태양계 전체를 뒤덮은 채 태양에서 지구에 도달하는 빛의 양을 현저하게 줄어들게 할 정도로 엄청날 것이다. 일부 천문학자들은 이것이 지구에서의 빙하기, 즉 일종의 우주겨울을 촉발할 수 있다고 믿고 있다. 만약 그렇다면 진화의 과정과 문명은 별들로부터 직접적인 영향을 받았을지도 모른다. 물론 점성술사들이 이런 방식으로 진행되는 별들의 직접적인 영향을 생각하고 있는 것은 아니다. 유성이 초혜성을 교란시켜 초혜성이 오르트 성운에서 벗어나면, 그것이 태양계 내부를 가로질러 굴러 떨어지다가 태양 근처에서 부서질 수 있다. 이것이 100만 년 뒤에 지구에 찾아올 빙하기의 원인이 될 수도 있다.

　이 모든 제안들은 아직까지는 추론에 불과하고, 이런 시나리오의 진위는 결코 증명될 수 없을지도 모른다. 그러나 이런 제안들은 우리로 하여금 태양계의 우리 가족들이 홀로 존재하고 있지 않으며, 많은 별들로 이루어진 더 큰 우리은하의 일부라는 것을 새삼 깨닫게 해준다. 따라서 태양계를 잘 알기 위해서는 별들의 일생에 관심을 가질 필요가 있다. 다음 장에서 우리는 별들의 일생을 살펴볼 것인데, 이것은 곧 우리가 더 극심한 온도와 압력이라는 환경으로 옮겨가기 때문에 그 물리적 현상들이 훨씬 더 단순하게 다뤄진다는 것을 뜻한다. 그러나 여러분은 이 부분의 이야기와 관련된 시간척도와 거리들에 어느 정도 익숙해졌음을 알게 될 것이다.

별들의 일생

별에 관한 모형에 따르면, 많은 경우에 별들은 수십억 년을 산다. 일반적으로 인간의 수명은 100세를 넘기기 힘들고, 전체 문명의 역사는 인간 수명의 100배, 즉 1만 년이 채 안 된다. 과연 누가 수십억 년 전에 별이 어떻게 태어났으며 수십억 년 후에 별이 어떻게 죽을 것인지를 안다고 자신 있게 주장할 수 있단 말인가?

천체물리학의 성공

별의 내부에서 벌어지고 있는 일—별이 어떻게 태어나서 성장하고 죽는가—을 설명할 수 있는 훌륭한 모형들을 보유하고 있다는 주장은 전체 과학분야를 통틀어 가장 환상적인 것임에 틀림없다. 별들은 우리에게 하늘에 떠 있는 밝은 점들로 자신들의 모습을 드러내는데, 그 빛이 우리에게 도달하는 데는 빛의 속도로 수백 수천 광년을 달려왔어야 했을 것이다(우리가 별까지의 거리를 정확히 안다는 사실조차도 지금으로부터 200년 전의 천문학자들을 깜짝 놀라게 하기에 충분한 것이다). 육안으로 볼 수 없다는 점에서 원자와 아(亞)원자 물질들은 일상적 경험에서 멀리 떨어진 것이라 할 수 있지만, 최소한 여기 지구의 실험실에 존재하기 때문에 다양한 모형들을 실험을 통해 확인하는 방법으로 직접 연구할 수 있다. 반면에 멀리 떨어져 있는 별에서는 실험을 진행할 수 없기 때문에 별에 관한 모형들을 시험할 수 있는 길은 없다.

실험을 할 수 있다고 해도 살아서 그 실험결과를 볼 수는 없을 것이다. 실험이 위험하기 때문이 아니라 세월이 우리를 먼저 찾아올 것이기 때문이다. 별에 관한 모형에 따르면, 많은 경우에 별들은 수십억 년을 산다. 일반적으로 인간의 수명은 100세를 넘기기 힘들고, 전체 문명의 역사는 인간 수명의 100배, 즉 1만 년이 채 안 된다. 과연 누가 수십억 년 전에 별이 어떻게 태어났으며 수십억 년 후에 별이 어떻게 죽을 것인지를 안다고 자신 있게 주장할 수 있단 말인가?

사실, 별의 구조와 진화[1]를 설명해주는 모형들은 현대과학의 위대

---

1) 전통적으로, 천문학자들은 '진화'라는 용어를 별이나 은하와 같은 단일한 대상의 생명주기—어떤 대상이 시간이 지남에 따라 변화하는 방식—를 나타내는

한 승리들 중 하나이며, 이에 관한 실험에는 고도의 정확성이 요구되어왔다. 이 모형들에는 별 자체에 대한 관찰들(분광학 기술을 사용하여)의 결합, 별 내부의 진행상황에 대한 컴퓨터 시뮬레이션(알려진 물리학 법칙들을 토대로), 모형들의 여러 측면들(예를 들어 경쟁 중인 모형들이 별의 중심에 존재한다고 예측하는 환경에 해당하는 조건에서 어떤 핵반응들이 진행되는 속도)을 시험하기 위해 여기 지상에서 실행되는 실제적인 실험 등이 포함된다. 전체 꾸러미가 과학적으로 체계성을 갖추고 있는 것이다. 이 중에서 가장 중요한 구성요소로는 분광학을 들 수 있다. 만약 분광학이 없었다면 천문학은 일종의 우주 숫자놀음에 불과했을 것이다.

제2장에서 이미 살펴봤듯이, 천체물리학자들은 분광학을 이용하여 별에서 오는 빛을 분석함으로써 그 별의 표면에 있는 여러 가지 화학원소들을 찾아낼 수 있다. 심지어 로키어(N. Lockyer)는 햇빛의 스펙트럼을 분석하여 기존에 알려지지 않았던 원소인 헬륨을 찾아낼 수 있었다. 플랑크(M. Plank)가 양자역학을 도출하는 과정에서 매우 중요한 역할을 했던 흑체 에너지 곡선을 사용하면 별빛 속에 섞여 있는 서로 다른 에너지(다른 색깔)를 지닌 광자들의 분포상태를 분석하여 그 별의 표면온도를 알 수 있다.

만약 여러분이 별의 표면온도와 질량을 알고 있다면, 기본적인 물리법칙(예를 들어 기체의 온도와 압력의 관계)과 컴퓨터 모형으로부터 별 내부의 온도, 압력 그리고 밀도를 알 수 있다(우리는 별의 질량을 아는 방법에 대해 간단히 설명할 것이다). 그리고 별 중심부의 온도와 압력, 별의 구성원소를 알고 있다면 별의 내부에서 원자핵반응이 어떻

것으로 사용한다. 그렇지만 천문학자들이 다원주의적 진화——별이나 은하의 종이 다른 우주 종들로 대체되는 과정——를 말하고 있는 것은 아니다.

게 진행되고 있는지를 알 수 있다. 또한 지구의 실험실에서 실시된 실험들을 통해 여러분은 그 원자핵반응이 생산하는 에너지의 양을 알 수 있다. 이렇게 해서 얻어진 에너지의 양은 실제로 별이 우주로 방출하는 에너지의 총량과 비교될 수 있고, 이런 과정을 통해 이론값과 관찰치가 서로에게 더 근접할 수 있는 방향으로 모형들을 조율해나갈 수 있다. 이 모든 것은 훌륭하게 들어맞고, 이 과정에는 너무 표준적이어서 물리학자들이 실제 많이 생각하지 않는 것들(온도와 압력 관계와 같은)에서부터 가장 정교한 핵물리학 실험에 이르는 범위에 있는 엄청난 양의 물리학이 이용된다. 천체물리학의 성공은 여러 가지 점에서 현존하는 과학적 방법의 절정이며, 따로따로 떨어진 채 발견된 물리학의 모든 것들이 그들을 모두 합쳤을 때 우리의 모형들이 제시하는 방식대로 작동함을 확신케 해준다. 물론 이 모든 것들은 가장 가까운 별(즉 태양)에서 가장 손쉽게 확인될 수 있다.

천체물리학의 역사는 1920년 8월에 카디프(Cardiff)에서 열린 영국과학진흥협회(The British Association for the Advancement of Science)의 연례모임에서 선구적인 천체물리학자 에딩턴이 한 연설로 거슬러 올라간다. 20세기가 시작되기 전까지 천문학자들을 괴롭혔던 가장 큰 수수께끼는 태양이 어디서 에너지를 얻는가 하는 것이었다. 지질학적 증거와 자연선택을 골간으로 하고 있는 다윈의 진화론에 따르면 지구는 매우 긴 역사를 지녔음이 분명한데, 이것은 곧 태양도 그래야 한다는 것을 의미하는 것이었다. 그러나 그 당시까지 알려져 있던 화학에너지의 여러 가지 형태(예를 들어 석탄의 연소와 같은)로는 어떻게 해서 태양이 지질학과 진화가 자신들의 임무를 수행할 수 있도록 충분히 오랫동안 뜨거운 상태에 머물러 있을 수 있었는지를 설명할 수 없었다.

원자핵에서 방출되는 에너지를 포함하고 있는 방사능이 발견되면서 과학의 구도가 바뀌기 시작했으며, 아인슈타인은 물질이 에너지로 바뀔 수 있음을 말해주는 자신의 유명한 식을 통해 그 엄청난 변화를 양적으로 측정할 수 있도록 했다. 처음에는 많은 과학자들이 이와 같은 새로운 생각들이 보여주는 엄청난 변화의 가능성을 온전히 받아들이려고 하지 않았다. 아원자(즉 원자핵)반응에 대한 아이디어를 사용하여 라듐 조각을 만졌을 때 온기를 느낄 수 있는 이유를 설명하면서도, 똑같은 과정에 의해 태양이 매초마다 500만 톤의 물질 전부를 에너지로 바꿔(아인슈타인의 식에 따라), 엄청난 양의 에너지를 내뿜고 있다는 설명은 받아들이지 않았던 것이다. 새로운 아이디어를 받아들이기 위해서는 커다란 신념의 도약도 함께 요구되고 있었던 것이다.

그 당시, 과학자들은 태양과 같은 별이 지구의 역사를 온전히 설명하기에 충분한 시간 동안 뜨거움을 계속 유지할 수 있었던 것은 그 별이 자체의 무게 때문에 매우 천천히 수축되고 있기 때문이라고 생각하고 있었다. 이 과정에서 중력 위치에너지가 열로 바뀐다. 이런 생각은 19세기부터 계속되고 있었던 것이었다. 에딩턴은 이런 생각에 결정적인 타격을 가함으로써 천체물리학을 본궤도에 올려놓을 수 있었다. 그는 카디프에서 동료들에게 행한 연설에서 다음과 같이 말했다.

오직 전통이라는 관성만이 수축가설의 생명을 유지시키고 있다. 어쩌면 이 가설은 이미 죽었는데, 아직 시신을 땅에 묻지 않고 있는 것인지도 모른다. 만약 이 시체를 묻기로 결심한다면, 우리는 오늘날 우리가 처한 상황을 비교적 자유로운 위치에서 인식할 수 있을 것이다. 별은 아직 우리에게 알려지지 않은 방식으로 거대한 에너지 저장고에서 에너지를 끌어다 쓰고 있다. 이 저장고에는, 만약 알려진다면, 모든 물질에 풍부히 존재하고 있을 아원자에너지가 들어 있을 것이다. 그래서 우리는 가끔 인간이 언젠가는 이 에너지를 방출시킬 수 있는 방법을 배우고, 그것을 사용하게 되는 꿈을 꾸곤 한다. 만약 에너지를 끌어다 쓸 수 있다면, 그 저장고는 거의 고갈되지 않을 것이다. 태양에는 지난 150억 년 동안 계속해서 일정하게 열을 내뿜고 있을 정도로 충분한 에너지가 있다.

그로부터 몇 년 동안, 에딩턴은 가장 단순한 물리학 법칙들을 가지고도 별의 성질에 대한 심원한 진실들을 밝힐 수 있음을 보여주었다. 만약 별이 평형상태에 있고 수축도 팽창도 하지 않는다면, 중력에 의해 내부로 끌리는 힘은 별 내부에서 형성된 뜨거운 물질의 압력에 의해 밖으로 밀리는 힘과 균형을 이뤄야만 한다. 물리학의 법칙에 따르면, 일정량의 물질을 포함하고 있고 내부의 압력에 의해 유지되고 있는 기체로 이루어진 별은 일정한 크기, 일정한 중심온도를 지녀야만 하고, 에너지가 어디에서 왔든지 간에, 일정한 양의 에너지를 방출해야만 한다. 태양의 중력이 궤도를 돌고 있는 행성들에게 영향력을 행사하는 방식을 이용해 우리는 태양의 질량을 매우 정확하게 계산해낼 수 있다. 같은 방식으로 다른 별들의 질량도 계산할 수 있는데, 그것은 매우 많은 별들이 동료별과 함께 이원계(二元系)를 형성하고 있기 때문이다. 만약 쌍성(雙星)이 우리에게 충분히 접근하면, 우리는 두 별의 궤도적 속성들을 측정하여 그것들의 질량을 계산할 수 있는 것이다(여기서 다시 한 번 분광학이 등장한다. 별의 스펙트럼에서 도플러 이동을 측정하여 쌍성이 얼마나 빨리 궤도를 따라 움직이는가를 알 수 있다).

마찬가지로 별에서 뿜어져 나오는 에너지의 양도 계산할 수 있는데, 그것은 하늘에서의 별의 절대밝기를 측정하고 별이 얼마나 멀리 떨어져 있는가를 참작함으로써 이루어진다. 여기서 별의 거리를 측정해야 할 필요성이 대두된다.

별들의 거리

가장 가까운 곳에 위치한 별들에 대해 처음으로 정밀측정이 이루어진 것은 1830년대 후반에 이르러서였다. 이때 사용된 기술은 삼각측정법이었다. 이것은 지구상에서 관측자들이 직접 잴 수 없는 위치에 있는 물체의 거리를 잴 때 사용했던 것과 똑같은 방식을 따르고 있었다. 충분히 길고 주의 깊게 측정된 기준선 양 끝에서 멀리 떨어져 있는 (측정하고자 하는) 물체를 바라보면 기준선과 양 끝에서 물체를 바라보는 시선 사이에 일정한 각도가 형성되는데, 이 기준선과 양 끝 각도를 이용하면 이미 알고 있는 삼각형의 특징을 이용하여 멀리 떨어져 있는 물체까지의 거리를 구할 수 있다. 천문학 측정에 사용되었던 기준선은 태양의 둘레를 돌고 있는 지구궤도의 지름이다.[2]

관찰은 지구가 궤도의 반대편에 위치하게 되는 6개월을 단위로 하여 이루어지는데, 이때 몇 개의 이웃별들은 지구에 매우 가깝게 접근해 있다고 볼 수 있기 때문에 6개월 동안 더 멀리 떨어져 있는 별을 배경으로 아주 조금 움직인 것처럼 보인다. 이 효과를 시차라고 하는데, 이것은 마치 손가락 하나를 팔이 닿을 거리에 고정시키고 양쪽 눈을 번갈아 감고뜨기를 반복하면 팔이 멀리 떨어진 배경에 대해 움직이는 것처럼 보이는 것과 같은 원리이다. 이때 움직이는 거리는 각도의 단위인 초로 측정되기 때문에 시차에 의해 측정된 각도를 파섹(pc)이라고 한다. 1파섹은 3.25광년으로 지구에서 태양까지 거리의 20만 6000배보다 조금 더 크다.

1세기 반 전에 처음으로 거리가 측정된 별들로는 백조자리 61번(3.4파섹 또는 11광년), 직녀성(8.3파섹 또는 27광년), 그리고 켄타우루스

---

2) 지구궤도의 지름은 삼각측정법을 태양계의 지름에 적용함으로써 구할 수 있다.

자리 알파별 등이 있었다. 이 중에서 켄타우루스자리 알파별은 1.3파섹 (4.3광년)에 있는 태양에서 가장 가까운 별을 포함하여 많은 별을 포함하고 있는 별무리라는 것이 알려졌다. 태양에서 가장 가까운 별무리는 태양에서 명왕성까지의 거리보다 7000배나 멀리 떨어져 있는 것이다. 지난 10년 동안, 삼각측정법은 지구의 대기에 의한 왜곡현상을 피하기 위해 궤도에 올려져 있는 히파르코스(Hipparcos) 위성을 이용할 수 있게 됨으로써 비교적 가까운 곳에 있는 많은 별들의 거리를 아주 정확하게 측정하는 데 중요한 역할을 담당해왔다. 한편 같은 기간 동안 하늘을 가로질러 먼 거리를 이동하고 있는 별들을 측정하는 데 장점을 갖는 또다른 기하학적 기법들도 별과 성운까지의 거리를 밝혀내는 데 사용되었다. 이런 기술들은 현재 함께 사용되어, 가장 중요한 천문학적 징검다리, 즉 세페이드(Cepheid) 변광성을 포함하고 있는 성운들까지의 거리에 대한 정보를 훌륭하게 제공하고 있다.

세페이드 변광성이 우리의 주목을 끄는 가장 큰 이유는 그 별들의 밝기가 매우 규칙적인 방식으로 변하며, 어느 특정한 세페이드 변광성에서 변광의 주기(밝아졌다 어두워지고 다시 밝아지는 데 걸리는 시간)는 그 별의 평균적인 실제 밝기 또는 광도에 비례한다는 점 때문이다. 따라서 세페이드 변광성의 주기와 절대밝기를 측정한다면, 절대밝기를 주기-광도 관계로부터 정한 고유밝기와 비교함으로써 세페이드 변광성까지의 거리를 측정할 수 있다. 이것은 전구의 절대밝기를 측정함으로써 100와트 전구까지의 거리를 측정할 수 있는 것과 같은 원리이다. 희미하게 보이는 세페이드 변광성일수록 분명 더 멀리 떨어져 있어야만 하는 것이다.

이 기술은 **정확히 작동한다.** 히파르코스의 데이터가 사용되기 전에 소수의 세페이드 변광성의 거리가 정확히 알려져 있었으며, 바로 이 별들이 주기-광도 관계를 결정하는 데 사용되었던 것이다. 일단 이 관계값이 정해지면, 그것을 사용하여 은하수를 가로지르고 있는 성운이나 심지어 우리의 이웃 은하들(이것에 대해서는 다음 장에서 자세히 다룰 것이다)에 있는 세페이드 변광성까지의 거리를 구할 수 있다. 이런 방법을 통해, 우리은하가 중앙 부분이 약 4킬로파섹(1만 3000광년)의 두께를 지니고 있고, 지름이 약 30킬로파섹(9만 8000광년)인 편평한 원반으로, 지름이 150킬로파섹(49만 광년)이나 되는 구상성단(球狀星團)의 구형의 무리 속에 파묻혀 있음을 알 수 있다. 태양은 매우 평범한 별로서 반지름이 15킬로파섹인 우리은하의 주변부에 있다. 즉 태양은 우리은하의 중심으로부터 약 9킬로파섹 떨어진 곳에 있는 셈이다. 이것은 중심과 바깥경계를 일직선으로 이었을 때 중심에서 대략 3분의 2쯤 떨어진 거리에 해당한다.

기체별들에 대한 상상

우리는 이 원반(우리은하) 내에 있는 별들의 일생을 이해하고 있다. 최소한 몇몇 별들의 거리와 밝기를 측정할 수 있고, 별들의 질량을 결정할 수 있으며, 분광학을 이용하여 그 별들의 조성을 연구할 수 있다. 또한 우리는 별들의 일생을 이해하는 데 사용할 수 있는 매우 중요한 도구, 바로 통계학을 가지고 있다. 우주에는 연구대상인 수많은 별들이 있기 때문에 우리는 별들의 수명주기상의 각 단계에 있는 별들의 관측을 통해 발견된 특성을 우리의 컴퓨터 모형—천문학 분야에서 실험모형처럼 사용하는 것—의 예상치와 비교할 수 있다. 이것은 여러분이 몇 주일 동안 어떤 숲을 연구하여, 수명주기의 각 단계에 있는 나무들을 연구함으로써 나무의 수명주기를 밝힐 수 있는 것과 같은 원리이다. 즉 하나의 싹이 발아해서 나무로 성장하고, 그것이 다시 씨앗을 맺는 것을 볼 수 있을 만큼 오랜 시간을 숲 속에서 보내지 않고서도 나무의 수명주기를 밝힐 수 있는 것이다.

별의 내부에 존재하는 환경 아래서 벌어지는 일을 설명하는 데 적용되어야만 하는 물리법칙은 특히 간단하다(나무의 내부에서 벌어지는 일을 서술해주는 법칙보다 훨씬 간단하다). 그것은 앞에서 설명했듯이 고온·고압의 조건 아래에서 전자들이 원자에서 이탈함으로써 각각의 원자핵들이 마치 이상기체처럼 행동하기 때문이다. 일단 어떤 기체별이 이런 일이 벌어질 정도로 충분한 질량을 지니게 되면 고속 대전입자들은 플라스마를 형성하면서 자신들의 운동에너지 일부를 방사하는데, 이때 방출된 복사에너지는 차례대로 다른 대전입자와 반응하면서 자신의 질량에 대항하여 기체별을 떠받치는 압력을 형성한다. 불타고 있는 안정된 별은 기체압력과 복사압력의 결합으로 유지되고 있는 것이다. 그러나 기체별의 질량이 일정 한도를 넘으면, 별 중심부의 환경들이 너무 극심해져서 고속입자들은 엄청난 양의 전자기복사──별을 파괴하는 에너지──를 방출한다.

에딩턴은 무게를 이기지 못하고 붕괴되는 기체별에게는 오직 세 가지 운명이 있을 뿐이라는 것을 알고 있었다. 플라스마를 형성하기에 너무도 작아 전자들이 원자에서 벗어날 때 중심부에 플라스마를 형성할 수 없다면, 기체별은 기체압력으로 유지되는 토성과 같은 차가운 별이 될 것이다. 만약 그보다 크다면 기체별은 기체압력과 복사압력의 조합으로 유지되는 반짝이는 별이 될 수 있다. 그리고 일정한 크기 이상을 지니게 되면, 기체별은 복사압력에 의해 폭발을 맞이하기 전에 아주 짧은 순간 동안 엄청나게 뜨거운 기체별로 반짝이게 될 것이다. 이렇게 간단한 물리법칙을 사용하여 에딩턴은 안정된 별들이 존재할 수 있는 질량의 범위를 정확히 밝혀냈다. 이런 계산들에서 도출되는 수치들의 정확성은 모형별을 위해 가정된 실제 조성에 따라 좌우되는데, 이용할 수 있는 전자들의 수는 어떤 원자(원자핵)가 있느냐에 따라

좌우되기 때문이다(수소원자에는 한 개의 전자가, 산소원자에는 여덟 개의 전자가 존재하듯이). 이런 이유로 에딩턴의 수치들은 오늘날의 계산과 정확히 일치하지 않는다. 그러나 우리는 현재 별들의 조성에 대해 1920년대 에딩턴이 알고 있던 것보다 더 많은 것을 알고 있는데도 그의 대부분의 생각을 변함없이 받아들이고 있다.

에딩턴은 우리에게 다양한 크기의 기체별들에 대해 상상해보기를 권했다. 10그램에서 출발하여 100그램, 그리고 다음에는 1000그램, 등. 그러면 n번째 천체는 10^n그램을 지닌다. 물리학의 기본법칙에 따르면, 반짝이는 별이 안정된 상태를 유지할 수 있는 것은 그 별의 n값이 오직 32에서 35까지의 값을 지닐 때라는 것이 밝혀졌다. 따라서 만약 우리가 실제 우주를 관찰하여 기본적인 물리학으로부터 예측된 이 값을 시험한다면 어떤 일이 벌어질까? 31번째 천체는 목성 질량의 다섯 배 정도에 해당하는 10^{31}그램의 질량을 지닌다. 물론 목성은 빛을 내는 별이 아니라 기체압력으로 유지되는 기체별이다. 32번째 천체는 태양 질량의 10분의 1에 해당하는 10^{32}그램의 질량을 지닌다. 따라서 별은 목성보다 일곱 배 이상 커지고 태양 질량의 10분의 1 정도로 무거워지기 전까지는 빛을 낼 수 없다. 태양은 실제로 분할선의 기준으로서 적절한 위치를 차지하고 있다.[3] 그리고 반대편 경계에서, 최대의 질량을 지닌 것으로 알려진 별들의 실제 질량은 태양 질량의 약 100배에 해당하는 10^{35}그램의 몇 배를 초과할 수 없다. 35번째 천체는 실제로 안정된 별을 형성할 수 있는 가장 큰 천체인 셈이다.

에딩턴의 연구에서 나온 또 하나의 중요한 사실은 모든 별들이 질량

---

3) 별의 형성에 필요한 최소의 질량을 위한 수소원자의 수는 약 10^{57}이다. 이 수는 천문학자들에 의해 '하인즈 혼합액 변수'(Heinz soup parameter, soup는 물질을 발생시킨 것으로 생각되는 물질의 혼합액)로 기억되고 있지만, 슬프게도 하인즈가 만든 '57 다양성'과 같은 것은 실재하지 않는다고 알려져 있다.

과 밝기에 상관 없이 중심부에서 같은 온도를 지녀야만 한다는 것이다. 가정했던 전자의 수가 너무 많아서, 그는 별 중심부의 온도를 섭씨 약 4000만 도로 계산했는데, 현재에는 그 온도가 1500만 도에서 2000만 도 정도가 된다는 것이 밝혀졌다. 에딩턴은 자신의 위대한 책,『별들의 내부구성』(*The Internal Constitution of the Stars*, CUP, 1926)에서 이 모든 것들을 요약하고 있는데, 이 책이 출간된 때는 양자물리학이 확립되기 바로 직전이었다. 질량과 밝기가 알려진 특정한 별들을 예로 사용하여, 그는 기본적인 물리법칙들을 이용하여 다음과 같은 사실들을 알 수 있음을 지적하고 있다.

명목상 (……) 1그램당 680에르그의 [에너지]를 공급하거나(V 고물자리), 1그램당 0.08에르그를 공급하면(크루에거 60) 별은 4000만 도로 상승해야만 한다. 이 온도에서 별은 무제한으로 공급된 에너지를 사용한다.

모든 별들이 같은 내부온도를 유지하는 이유는 피드백 때문이다. 만약 별(어떤 별이라도)이 약간 수축되면, 더 많은 중력에너지가 방출됨에 따라 내부가 점점 뜨거워진다. 이 열이 별을 팽창시키면서 평형을 회복시킬 것이다. 이번에는 별이 팽창한다고 가정해보자. 별의 중심에서 에너지가 밖으로 빠져나가면 별은 식으면서 압력이 떨어지고 다시 수축이 일어난다. 별들은 내부에 아원자(원자핵)에너지가 방출되기에 아주 적절한 온도를 유지할 수 있도록 해주는 붙박이 자동 온도조절장치를 지니고 있는 셈이다.

우연의 일치로, 이 피드백은 여러 세대의 천문학 강사가 신입생들에게 던졌던 어떤 질문을 설명하는 데 도움을 준다. 즉 별의 중심부에서 핵반응은 온도에 어떤 영향을 미치는가? 핵반응이 별을 뜨거운 상태로 유지한다고 답하는 것은 얼핏 보면 당연한 것 같다. 그러나 그 답은 틀렸다. 에너지를 생산하는 핵반응과 그로 인해 형성되는 중력에 대항하여 밖을 향하는 압력이 없다면, 별은 계속 수축하여 점점 더 뜨거워질 것이다! 이런 이유로, 핵반응의 역할은 별의 중심부를 상대적으로 시원하게 유지시켜주고 있는 것이다.

1920년대 초반, 물리학자들은 에딩턴의 전체 시나리오를 우스꽝스러운 것으로 여기고 받아들이지 않았다. 그 이유는 그들이 두 개의 양성자가 전기적 반발력을 극복하고 강하게 충돌한 다음 융합하면서 헬륨을 형성하기 위해서는 얼마나 큰 운동에너지가 필요한지, 그리고 그것이 가능하기 위해서는 별 중심부의 온도가 에딩턴의 주장보다 훨씬 높아야만 한다는 것을 잘 알고 있었기 때문이다. 잘 알려진 바와 같이, 에딩턴은 자신의 주장을 고수하면서, "우리가 다루는 헬륨은 반드시 어떤 시간과 장소에서 결합되어야 한다"고 지적했다. 그리고 계속해서, 약간은 비꼬는 투로 이렇게 말했다.

"별들이 이런 과정을 위해 충분히 뜨겁지 않다고 주장하는 비판자와 논쟁할 생각은 없다. 가서 더 뜨거운 장소나 찾아보시지."

이것은 흔히 그의 비판자들에게 지옥에나 가버리라고 말하는 에딩턴의 방식으로 해석되고 있다. 그리고 이런 내용들을 담고 있는 책들이 인쇄되고 있을 때조차, 물리학은 양자혁명에 의해 변화되고 있었다.

그로부터 2년이 채 못 되어, 가모프(G. Gamow)는 원자핵융합을 설명하기 위해 양자의 불확실성을 적용했다. 이로써 양성자들이 어떻게 별의 중심부에 존재하는 온도의 조건 속에서 실제로 융합을 일으킬 수 있는지에 대한 의문이 명쾌하게 밝혀지게 되었다. 이것은 천체물리학의 승리였으며, 이 승리로 인해 천체물리학이 하나의 과학분과로 성립될 수 있었다. 또한 이것은 그후 40년 동안 이 분야가 과학의 많은 연구영역 중 가장 흥미로운 분야로 남아 있을 수 있었던 원동력으로 작용했다. 우리는 여기서 지난 40년 동안 이루어낸 연구성과들을 구체적으로 살펴볼 생각은 없다. 그러나 우리는 지금까지의 예를 통해 별처럼 단순한 사물의 내부에서 벌어지는 일을 설명하는 데 물리학은 강력함을 지니고 있으며, 이런 물리학을 바탕으로 하고 있는 천체물리학자들이 별의 일생을 설명할 때 실제로 그것을 잘 알고 있다는 점을 알아주었으면 한다. 이런 바람에 따라, 에딩턴의 시대로부터 수집된 최고 수준의 모든 정보와 최근의 컴퓨터 시뮬레이션에 대한 우리의 해석에 바탕을 두고 구체적으로 별들의 수명주기를 살펴보도록 하자.

별들의 탄생과 운명

오늘날 은하수와 같은 은하에서, 별은 가스와 먼지 성운에서 나온 물질의 재순환을 포함하는 연속과정에서 형성된다. 뜨거운 젊은 별들은 물질성운 속에 파묻힌 채 발견되고, 젊은 별들 주변을 돌고 있다. 또한 젊은 별이 뿜어낸 분출물을 지닌 먼지원반(여기서 행성이 형성될 것이다)에 의해 궤도가 형성되고, 젊은 별 내부에서 형성되는 복사압력에 의해 극지방에서 바깥쪽으로 날려간다. 별들의 모태인 성운들은 일산화탄소와 같은 안정된 분자들이 자신의 상태를 유지할 수 있을 만큼 차가운 상태이다. 그래서 이런 성운들을 분자성운이라 한다. 분자성운들은 은하수의 수평면에 놓여 있으며, 각각의 지름이 몇 광년이고 1세제곱센티미터당 1000~10만 분자 정도의 밀도를 지니고 있다. 이 성운들은 거의 대부분이 수소(75퍼센트)와 헬륨(25퍼센트)으로 이루어져 있으며, 약간의 무거운 원소들이 군데군데 섞여 있다. 그런 성운들이 외부의 힘을 받아 압축될 때 별이 형성되는데, 그렇게 되면 붕괴가 시작되고, 일단 시작된 붕괴는 자신의 무게에 의해 계속해서 진행되어 홑별, 쌍성, 그리고 더 복잡한 별무리를 형성하게 된다. 이런 붕괴, 그리고 오늘날에도 계속되고 있는 별 형성의 전과정은 우리은하가 나선형 구조를 띠고 있다는 사실과 밀접하게 관련되어 있는 것 같다(타원형 구조를 가진 다른 은하의 가족들도 있는데, 현재 그곳에서는 별들이 형성되는 것 같지 않다).

다른 수많은 원반형 은하와 같이 은하수의 원반에 포함되어 있는 별들은 나선형 형태를 띠고 있는데, 이것은 커피가 들어 있는 커피잔 속에 프림을 넣고 저을 때 생기는 것과 같은 형태를 하고 있다. 이 형태가 생기는 것은 우리은하의 주변을 돌고 있는 압축파 때문이다. 압축파는 음파와 비슷하다고 할 수 있다. 음파가 공기를 지날 때, 일시적으로 공기가 압축되지만 공기의 개별 원자들은 음파가 지난 다음에는 원래 있었던 자리에 남게 된다. 이와 같은 방식으로, 은하파는 일시적으로 은하수의 별과 성운들을 압축시키지만 은하파가 지나고 나면 별과 성운들은 여전히 같은 위치에 남게 된다. 압축과정에 의해 성간물질로 이루어진 성운들의 일부가 붕괴되기 시작하고, 그 결과 생기는 대부분의 별들은 매우 빠르게(수백만 년이 지나지 않은 시간에) 자신들의 수명을 다한 다음 폭발하면서 초신성으로 우리 눈앞에 모습을 드러낸다. 초신성 폭발을 하는 커다란 별들은 짧은 일생을 살기 때문에, 자신들이 태어난 곳에서 멀리 떨어진 곳으로 이동할 시간여유가 없어서 폭발은 은하파에 의해 그 별이 형성되었던 곳과 가까운 곳에서 일어난다. 이때 폭발하는 별에서 발생하는 폭풍은 그 근처에 있는 다른 성운들의 붕괴를 촉발한다. 따라서 우리는 은하수 주위를 돌고 있는 밀도파 그 자체를 볼 수는 없지만, 그 파가 통과한 결과로 태어나는 뜨겁고 밝은 젊은 별들을 통해 그 파의 가장자리를 확연하게 구별할 수 있다.

우리가 어두운 밤하늘에서 볼 수 있는 가장 대표적인 별들의 요람으로는 오리온자리를 들 수 있다. 이 별자리에는 오리온 성운——성운 속에 포함되어 있는 젊은 별들에서 나오는 빛에 의해 반짝이고 있는——

이라고 알려진 가스와 먼지 성운이 있다. 우리은하에서 태양계가 속해 있는 곳에서는 별들이 몇 파섹의 거리를 두고 떨어져 있고, 5세제곱파섹당 대략 한 개의 별들이 있을 뿐이다. 그러나 오리온 성운에서는 별들 사이의 거리가 겨우 10분의 1 파섹에 불과하고, 1세제곱파섹당 1만여 개의 별들이 있다. 이런 곳이야말로 대표적인 별들의 고향인 셈이다. 그렇지만 일단 태어난 별들은 은하수의 중심부를 중심으로 각각 고유한 궤도를 따라 도는 동안 흩어지게 된다. 다음에는 홑별이 태어난 후 겪는 일에 대해 살펴보기로 하자.

만약 물질성운의 붕괴로 별이 형성된다면, 그 성운에서 다뤄야 할 핵심적인 문제는 각운동량의 제거 문제일 것이다. 이것이 물질원반들이 젊은 별 주위에 형성되고, 행성들이 이 원반들로부터 형성되는 이유이다. 각운동량은 물질이 우주 속으로 날려감으로써 제거된다. 붕괴되고 있는 성운의 중심에서는 종종 두 개의 별, 즉 각각의 둘레를 일정한 거리에서 일정한 궤도를 따라 도는 두 개의 원시별로 분리될 수 있는데, 이런 경우에도 각 별들의 붕괴를 지속시키는 방식으로 각운동량은 보존된다. 그리고 이런 두 개의 핵이 차례대로 분리되면서 쌍성계를 형성하는 것은 결코 예외적인 일이 아니다.

태양과 같은 별은 중심핵의 온도가 섭씨 약 1500만 도로 상승하면 핵융합 원자로처럼 작동하기 시작한다. 그렇게 되면, 핵에서 헬륨으로 전환될 수 있는 수소원료가 있는 한, 핵융합반응은 그 이상으로 별이 붕괴되면서 내부가 더욱 뜨거워지는 것을 막는다. 이와 같이 안정적이고 수소가 불타는 상태에 있는 별('주계열'이라고 알려진)의 수명은 별의 질량에 비례한다. 그렇지만 별이 클수록 주계열성(主系列星)으로 머물 수 있는 시간은 짧아지는데, 그것은 자신의 무게에 대항하여 자신을 유지하려면 더욱 격렬하게 자신의 연료를 태워야 하기 때문이다. 그렇다고 해서 내부의 온도가 더욱 뜨거워지는 것은 아니다.

다만 엇비슷한 온도를 유지하면서 더 빠른 속도로 연료를 태우고 있을 뿐이다. 태양보다 25배 정도 무거운 별이 주계열성으로 머물 수 있는 것은 300만 년 정도에 불과하지만, 태양은 약 100억 년 동안이나 이 상태로 있게 될 것이다. 그리고 태양의 절반 크기를 가진 별은 무려 2000억 년 동안 소리 없이 수소를 헬륨으로 바꾸게 될 것이다. 태양은 현재 주계열성으로 머물 수 있는 자신의 일생 중 정확히 절반을 살았다.

태양의 중심부에 있는 수소들이 모두 헬륨으로 바뀌더라도, 핵은 여전히 태양의 초기질량의 반 정도에 해당하는 수소의 '가스체'로 둘러싸여 있게 될 것이다. 에너지 공급이 중단됨과 동시에, 태양의 핵은 자신의 무게를 견디지 못하고 수축을 시작할 것이다. 이때 방출되는 중력에너지는 열로 바뀐다. 이 열이 태양의 외부층을 확장시켜, 태양은 적색거성으로 바뀐다. 또한 이 열이 수소 가스체의 하부에서 수소핵연소를 촉발함에 따라 태양은 더욱 확장될 것이다. 태양의 일생에서 이 단계에 이르면 많은 양의 물질들이 우주공간 속으로 사라지게 된다. 그러나 많은 물질의 손실에도 불구하고, 태양은 수성의 궤도를 집어삼킬 정도로 부풀어올라, 현재 금성의 궤도에 이를 정도로 확대된다. 이 과정에서 질량손실이 발생하여 태양의 인력이 약해지기 때문에 행성들은 태양의 손아귀에서 벗어나 더 바깥쪽 궤도를 따라 돌게 되는데, 이런 이유로 금성은 태양에 의해 삼켜지지 않고 다만 바싹바싹 타게 될 것이다.

오래지 않아, 이 모든 것이 진행되는 동안 붕괴 중인 태양의 헬륨핵 속의 온도는 섭씨 약 1억 도로 상승하게 될 것이고, 그렇게 되면 원자핵 연소의 새로운 단계가 시작될 것이다. 이 과정에서 헬륨이 탄소로 바뀌면서 에너지가 방출된다. 이렇게 해서 태양은 다시 한 번 적색거성으로 안정화된다. 별의 일생에서 이 단계는 매우 짧은 기간에 불과하다. 태양의 경우, 이 과정은 10억 년 정도 지속될 것이다.

이런 휴식 공간의 말기에 이르러 헬륨이 완전히 소모되면 탄소핵이 붕괴되기 시작하면서 중심에서 더 바깥쪽으로, 연속적으로 수소 연소가 물결치도록 하기에 충분한 열이 방출된다. 그렇게 되면 태양은 현재 지구의 궤도까지 커진다. 별의 일생에서 이 단계에 있는 별은 스스로를 내뿜으면서 물질을 우주 속으로 날려보낸 다음 다시 수축되기를 반복하는 가스체를 지닌 매우 불안정한 상태에 놓이게 된다. 이 과정에서 우주 속으로 날려간 탄소와 질소 같은 원소들이 성간성운 속으로 퍼지게 될 것이다. 이제 태양에 남아 있는 것이라고는 거의 대부분 탄소로 이루어진 냉각된 중심핵뿐이다. 중심핵은 서로를 향해 돌진하고 있는 원자핵과 전자들의 물리적 압력에 의해 유지되면서 붕괴를 멈춘다.

마침내 이제 더 입자들이 압축될 수 없는 상태가 도래하고, 붕괴는 중단된다. 그때가 되면 양자 힘들에 의해 전자들은 더는 수축해서 밀집될 수 없는 상태에 놓이게 된다(같은 양자상태에 서로 다른 두 개의 전자들이 올 수 없다는 것을 기억하기 바란다. 이른바 '지는 별'을 그 자신의 무게에 대항하여 유지할 수 있도록 해주는 것은 원자들의 붕괴를 막는 양자 배제이다). 이 과정은 현재 태양 질량의 3분의 2에 해당하는 별의 잔해가 지구의 크기 정도로 수축될 때에만 발생하는데, 이렇게 해서 백색왜성이 태어나게 되는 것이다.[4] 백색왜성의 1세제곱센티미터의 질량은 약 1톤이 될 것이다. 이것은 물의 밀도의 100만 배에 해당한다.

태양보다 무거운 상태에서 생을 시작하는 별들은 더 높은 온도의 상

---

4) 변화의 정도를 추측해보기 위해 현재 태양의 부피가 지구 부피의 약 100만 배라는 사실을 기억한다면 도움이 될 것이다.

태를 유지하면서 더 많은 원자핵 연소의 단계들을 거치게 될 것이다. 이 과정에서 산소와 네온과 같은 물질들이 탄소로부터 나와 성간성운 속으로 퍼지게 될 것이다. 수소와 헬륨을 제외하면, 지구와 우리 몸 속에 있는 모든 원소들을 포함하여 우주에 있는 모든 원소들은 이런 과정을 거쳐 별의 내부에서 제조된 것들이다. 그러나 태양보다 열한 배나 무거운 상태에서 생을 시작한 별은 자신의 질량을 모두 잃은 후에도 타고 남은 별의 찌꺼기 속에 태양의 질량 이상을 보유하게 될 것이다. 이런 점에서 이런 별들은 많은 흥미를 끌고 있다.

만약 원자핵 연소에 의해 더는 유지될 수 없는 '죽은 별'이 태양 질량의 약 1.4배 이상을 지니게 된다면, 양자과정조차 계속되는 압축의 단계를 멈출 수 없게 된다. 백색왜성 내부에 있는 원자핵들의 주위를 떠돌고 있는 전자들이 원자핵 속의 양성자와 억지로 결합하여 중성자를 형성하기 때문이다. 이것이 역(逆)베타붕괴로서, 현재 지구에서 일어나고 있는 것——즉 고립된 중성자가 자발적으로 전자와 양성자(더하기 반중성미자)로 전환되는——과 정반대의 과정이다. 역베타붕괴에 의해 별의 잔해는 중성자별로 수축된다. 중성자별은 기본적으로 태양 정도의 질량을 지닌 단일한 원자핵으로 형성된 물질이 꾸릴 수 있는 가장 효율적인 형태를 갖춘 별이다. 태양과 비슷한 질량을 가진 백색왜성의 크기가 지구 정도인 반면, 태양의 1.5배 정도의 무게를 지닌 중성자별의 크기는 지름이 겨우 10킬로미터 정도에 불과한데, 이것은 지구에 있는 큰 산과 비슷한 수준이다. 백색왜성 상태(또는 이보다 조금 덜 밀집된 상태)에 있는 별의 중심핵이 중성자별로 붕괴할 때 엄청난 양의 중력에너지가 방출될 수 있으며, 그중 많은 양을 중성미자가 운반한다. 그것은 양성자와 전자가 결합하여 중성자를 형성할 때마다 하나의 중성미자가 방출되기 때문이다. 중성자별에서 1세제곱센티미터의 물질은 약 10억 톤이 될 것이다.

별의 붕괴에 관한 이야기가 모두 끝난 것은 아니다. 내부를 향하는 중력에 저항하여 중성자별을 유지시켜주는 것은 양자과정인데, 이 양자과정은 제한적인 데 반해 중력은 무제한적이다. 우리 태양의 약 세 배 이상의 질량을 지닌 빽빽한 물질의 구체는 원자핵 연소로 방출되는 에너지에 의해 더는 지탱될 수 없기 때문에 결코 그 자신을 유지할 수 없게 된다. 이 질량 이상을 가진 중성자별은 존재할 수 없다(이론에 따르면 그렇다는 것이다. 그리고 이론가들에게는 다행스럽게도, 실제 별을 관측한 결과 아직까지 이 질량 이상인 중성자별은 없었다. 따라서 아직까지 태양 질량의 1.4배보다 큰 백색왜성의 존재는 발견되지 않은 셈이다). 이런 물체에서는, 중력이 심지어 양자 힘들까지 완전히 지배하고, 별의 재들은 무한정 수축되어 무한밀도, 즉 특이점을 향해 떨어진다. 이 과정에서 그 물체는 엄청나게 밀집되고, 그 결과 그것의 중력장은 너무 강해서 아무것도, 심지어 빛조차도 그 물체를 벗어날 수 없게 된다. 이렇게 해서 블랙홀이 탄생하는 것이다. 오늘날 우리은하에 있는 중성자별과 블랙홀은 태양 질량보다 열한 배나 큰 별이 자신의 운명을 다하게 되었을 때 생겨난 것이다.

별을 떠받칠 에너지를 제공하기 위해 핵융합을 이용할 때 생기는 문제는 그렇게 하는 데는 한계가 있다는 것이다. 특히 일단 핵융합으로 철이나 니켈과 같은 철족 원소의 원자핵이 만들어졌다면, 더 무거운 원자핵을 만드는 데는 더 많은 에너지가 필요하기 때문에 핵융합반응을 통해 더는 에너지를 얻을 수 없다. 더욱이 백금, 수은, 금, 우라늄 등과 같은 중(重)원소를 만들기 위해서는 에너지를 투입해야만 한다. 이것은 철 56 원자핵이 원자핵 형태의 양성자와 중성자들이 지닐 수 있는 가장 안정된 에너지 배치를 나타내기 때문이다.

이것은 마치 철족 원소의 원자핵이 한쪽 언덕에는 더 가벼운 원소들이 쌓여 있고 반대편 언덕에는 더 무거운 원소들이 쌓여 있는 계곡의 바닥에 놓여 있는 것과 같다. 가벼운 원소들은 모두 계곡의 바닥, 즉 낮은 에너지 상태에 있고 '싶어할' 것이다. 원리적으로, 가벼운 원소들은 융합(만약 원자핵이 서로의 전자반발을 극복할 수 있을 정도로 충분한 열에너지를 지니고 있을 때)에 의해 낮은 에너지 상태에 도달할 수 있고, 무거운 원소들은 분열(비록 많은 무거운 원소들이 마치 계곡 경사면의 깊게 팬 곳에 거주하고 있는 것처럼, 일단 형성되고 난 후에는 상대적으로 안정된 상태에 놓여 있지만)에 의해 이런 상태에 도달할 수 있을 것이다. 그렇지만 무거운 원소들이 태양과 같은 별의 내부에서 진행되고 있는 것보다 훨씬 격렬한 과정을 통해 원시우주 시절에 별의 내부에서 형성되었다는 것은 여전히 옳다.

우리는 앞에서, 별의 내부에서 진행되는 원자핵 연소가 네 개의 양성자(약간은 복잡한 과정을 통해)가 하나의 알파입자, 즉 두 개의 양성자와 두 개의 중성자(이후에는 처음에 형성된 두 개의 양성자도 역베타붕괴에 의해 중성자로 전환된다)로 이루어진 헬륨핵으로 변환됨으로써 시작된다는 사실을 살펴보았다. 헬륨핵은 그 자체가 매우 안정된 입자로서, 원자핵융합의 후반부는 기본적으로 이런 알파입자들의 결합에 의한 것이라고 해도 과언이 아니다.

두 개의 알파입자가 결합하여 베릴륨 8(양성자와 중성자가 각각 네 개)이 형성될 것 같지만, 이런 과정은 결코 일어나지 않는다. 베릴륨 8은 매우 불안정하여 형성되는 즉시 두 개의 알파입자로 쪼개지고 만다. 따라서 헬륨의 연소로 생긴 '재'를 이루고 있는 것은 세 개의 알파입자가 모여 형성된 탄소핵이다. 탄소 12 핵은 세 개의 헬륨핵이 동시에 포함되는 비교적 드문 반응에 의해 형성된다. 그렇지만 그때부터는 만약 붕괴의 각 단계에서 별의 내부가 충분히 무겁고 뜨겁다면 형성된 원소에 알파입자가 결합되는 방식으로 새로운 원소들을 형성해나가게 된다. 이렇게 해서 탄소(여섯 개의 양성자와 여섯 개의 중성자, 모두 열두 개의 핵자를 이루는)와 산소(열여섯 개의 핵자들)와 같은 일반 원소들이 현재와 같은 원자구조를 지니게 되었다. 가끔 이 과정에서 양성자 하나(또는 두 개)를 흡수하고, 양전자(positron)를 방출할 수 있는데, 이런 양성자들 중의 하나가 중성자로 바뀜에 따라 질소(양성자 일곱 개, 중성자 일곱 개)와 같은 원자핵이 형성된다.

만약 별이 충분히 무겁다면, 생의 마지막을 향하면서 별의 내부 핵에는 철족 원소들이 놓이게 되고, 그 주위를 규소와 같은 원소가 풍부한 층, 탄소, 산소, 네온, 마그네슘이 풍부한 또다른 층, 헬륨층, 그리고 수소와 헬륨의 가스층이 차례대로 에워싸게 될 것이다. 별의 마지막 활동단계에 이르면, 원자핵 연소는 이 모든 층에서(그러나 내부 핵은 제외하고) 동시에 진행될 수 있다. 그러나 아주 오랫동안은 아니다.

1987년 초신성 이야기

천문학자들은 1987년에 발생했던 별의 단말마를 연구할 수 있었기 때문에 최후의 장렬한 섬광으로 폭발되기 전에 무거운 별의 내부에서 진행되고 있는 것에 대한 자신들의 모형에 매우 큰 신뢰를 보내고 있다. 그 해, 은하수와 연결되어 있는 작은 위성 은하인 마젤란 대성운 근처에 있는 별이 폭발하여 초신성이 되는 것이 목격되었다.[5] 그리고 그 폭발에서 발견된 구체적인 많은 사실들은 컴퓨터 모형에 의해 예측되었던 초신성의 행위와 아주 유사하다는 것이 밝혀졌다. 더욱 고무적인 사실은 별이 폭발되기 전 모습이 여러 천문학 연구에서 촬영되었기 때문에 그 별이 한때 어떤 모습이었는지를 볼 수 있게 되었다는 점이다.

---

5) 그 별은 우리로부터 약 16만 광년이 떨어져 있었기 때문에 우리가 그 별의 빛을 봤을 때 그 빛은 이미 16만 년 전에 그 별에서 출발한 것이다. 따라서 초신성 폭발은 실제로 1987년이 아니라 그로부터 16만 년 전에 발생했던 것이다.

이론과 관찰의 결합을 통해, 우리는 1987년에 폭발한 별이 태양 질량의 약 열여덟 배(따라서 주로 수소와 헬륨)에 달하며, 약 1100만 년 전에 자신의 생을 시작했다는 사실을 알게 되었다. 자신의 무게로부터 자신을 지탱하기 위해 그 별은 태양보다 4만 배나 밝게 빛날 정도로 많은 에너지를 생산해야만 했기 때문에 1000만 년 동안에 모든 수소 원료를 다 소비해버렸던 것이다. 따라서 헬륨 연소는 그 별이 심각한 상태에 빠져들기 전까지 약 100만 년 동안 그 별을 지탱했던 셈이다. 그 별의 핵이 다시 수축을 시작하자, 그 별은 탄소를 네온, 마그네슘, 산소의 혼합물로 전환시킴으로써 일시적으로 붕괴를 중지시켰다. 그러나 그 기간은 약 1만 2000년에 불과했다. 네온 핵융합을 포함한 핵융합과정은 약 12년 동안 별의 생명을 연장시켰고, 산소의 연소가 5년 동안 연장시켜주었으며, 핵융합과정의 최후의 돌진과정에서 실리콘의 연소가 약 1주일 동안 붕괴를 연기시킬 수 있는 열을 제공했다. 그러나 그것이 마지막이었다.

내부에서 더 공급되는 열이 없으면, 별의 중심핵은 광속의 3분의 1에 이르는 속도로 급작스럽게 붕괴하면서 지름이 수십 킬로미터에 불과한 구체로 수축된다. 중력에너지가 방출되면서 온도는 100억 도 이상으로 치솟고, 양성자와 전자들은 강제로 결합되어 중성자를 만든다. 반면에 태양 질량의 몇 배에 달하는 물질로 이루어진 별의 외부층은 힘의 균형을 상실하게 됨에 따라 핵을 향해 빠르게 무너져내리기 시작한다. 붕괴 중인 중심핵은 스스로 내부에서 충격파를 만들어 한 번 더 외부를 향해 '뛰쳐나가려고' 하는데, 이것은 마치 꽉 누른 다음 놓은 골프공 같은 상태라고 할 수 있다. 그러나 이 충격파는 외부에서 내부로 무너져내리는 물질 속으로 파고들어가 별의 외부층에 있는 모든 것들을 밖으로 밀어내려고 한다. 이때 생기는 충격파가 대부분의 별의 질량을 우주 속으로 날려보낼 수 있는 단 하나의 이유로는 중심핵 속에서 역베타붕괴로 생산된 엄청난 수의 중성미자가 존재한다는 사실을 들 수 있다.

이런 사실은 여러분으로 하여금 초신성의 충격파 내부에 있는 물질의 밀도에 대해 생각해볼 수 있는 실마리를 제공해준다. 중성미자는 일상생활에서 흔히 볼 수 있는 어떠한 물질들과도 여간해서는 반응하지 않기 때문에 태양의 내부에서 원자핵반응으로 생산되는 약 700억 개의 중성미자들이 아무런 영향도 받지 않고 지구(그리고 우리)를 1초당 1제곱센티미터씩 뚫고 지나가고 있다. 중성미자에게 납은 유리가 양성자에게 투명한 것처럼 투명하다. 그러나 초신성 내부에서 형성되는 충격파의 밀도는 너무 커서(상상하기 어려울 정도인데, 물 밀도의 10조 배에 달한다) 탁구공이 벽돌벽을 통과할 수 없는 것처럼 중성미자는 초신성을 그냥 통과할 수 없다.

그 결과, 별의 외부층이 초당 약 1만 킬로미터의 속도로 밖으로 떠밀리게 된다. 이 과정에서 엄청난 양의 무거운 원소들도 함께 날아가는데, 이 원소들은 별의 생애 동안 발생했던 핵융합반응뿐만 아니라 이러한 극한 조건에 의해 철의 계곡에서 '언덕을 오르도록' 하는 반응들에 의해 생성된 것들이다. 여러분의 몸 속에 있는 탄소나 산소와 같은 원소들이 태양보다 별로 크지 않은 보통 별들의 내부에서 만들어졌다는 것도 충분히 놀랄 만한 것이지만, 많은 사람들의 손가락에 끼워진 금이나 은과 같은 금속들이 보통 별이 아니라 초신성의 가마솥—이곳에서는 별 하나가 우리은하와 같은 은하 전체에 해당될 만큼 밝기로 짧은 순간 동안 빛날 수 있다—에서 만들어졌다는 것은 한층 더 놀라운 것임에 틀림없다.

별의 외부층이 우주 속으로 날려가면서 엷어지게 되면, 중성미자들은 파편 속을 뚫고 광속에 가까운 속도로 자신의 길을 재촉할 수 있게된다. 1987년 초신성 이야기에서 가장 극적인 것 중의 하나는 폭발할 때 나온 열아홉 개의 중성미자들이 마젤란 대성운으로부터 16만 년 동안 여행을 하여 지구에 설치되어 있던 관측장비에 자신의 존재를 알렸다는 사실이다. 이런 사실에 기초하여, 천체물리학자들은 그 폭발에서 약 10^{58}개의 중성미자들이 생산되었음을 계산해냈다. 중성미자들이 사방으로 균일하게 퍼져나간다고 가정하면, 16만 광년이 떨어진 곳에서는 '단지' 약 300조 개의 중성미자들이 초신성을 출발하여 탐지기 중 하나를 통과했을 것이다. 열한 개의 중성미자들이 이 탐지기, 즉 일본의 지하갱도에 2000톤의 물을 채워서 만든 탱크 속에 있는 물의 전자들과 반응함으로써 자신의 자취를 남겼던 것이다. 초신성에서 나온 또 다른 여덟 개의 중성미자들은 미국에 설치되어 있었던 다른 탐지기에 의해 '관측되었다'.[6] 인간의 관점으로 일상적인 물질들을 중성미자와 억지로 반응시키기 위해 노력하고 있는 동안에도 초신성에서 나온 약 100억 개의 중성미자들이 1987년 2월에 우리의 몸을 통과했던 것이다. 그러나 우리는 그것을 느낄 수 없었다!

죽은 별들이 남긴 원소

관측된 중성미자들이 매우 적기는 하지만, 그것은 초신성 중성미자에 대한 탐지기의 예상 감도와 완전히 일치하는 것이었다. 이론과 관찰결과가 일치했던 것이다. 이것은 천체물리학의 이론과 모형이 얻은 가장 위대한 승리 중 하나이다. 물론 이 승리가 단지 '천체'물리학만의 것은 아니었다. 초신성의 활동에 대한 전체 모형에는 고전물리학(별

---

6) 이 탐지기들이 특히 '찾고' 있었던 것은 지구나 태양에서 생산되는 중성미자들이었다. 탐지기들이 초신성에서 나온 중성미자들을 탐지하기에 적절한 때에 가동되고 있었던 것은 대단한 행운이었다. 이 중성미자들은 그들이 도달했던 시간과 매우 높은 에너지에 의해 쉽게 다른 중성미자들과 구분되었다.

내부의 온도와 압력 변수를 설명해주는 방정식의 형태로), 핵과 양자 물리학(초신성 폭발의 원인이 되는 에너지를 생산하는 상호작용을 설명하기 위해) 등이 모두 포함되어 있기 때문이다. 초신성의 모형에는 거의 모든 물리학이 포함되어 있다고 말할 수 있고, 따라서 이런 모형의 성공은 전체 물리학의 성공과 다름없다.

열아홉 개의 중성미자들이 지구에서 관측되기 16만 년 전, 마젤란 대성운의 도처에는 그들과 그들의 수십억 개의 동료들이 밖으로 날려가고 있는 별의 외부층에 포함되어 있는 동안, 원자핵반응이 별의 내부핵의 바로 바깥에 있었던 압축된 물질 속에서 급격하게 진행되고 있었다. 그곳에서 붕괴가 이루어지는 동안 방출된 중력에너지에 의해 온도는 무려 섭씨 2000억 도로 치솟고 있었다. 알파입자들이 결합되어 붕괴의 초기단계에서 형성되었던 모든 원자핵들——따라서 같은 수의 양성자와 중성자를 지니고 있었던——은 녹으면서 거대한 양(대략 태양의 질량에 해당하는)의 니켈 56(양성자 28개, 중성자 28개)을 형성했다.

그러나 니켈 56은 불안정하기 때문에 곧바로 붕괴되는데, 양성자가 중성자로 변환됨에 따라 양전자를 방출한 각 원자핵은 그 자신이 코발트 56의 원자핵이 된다. 코발트 56은 비슷한 방식으로 26개의 양성자와 30개의 중성자를 지닌 철 56으로 붕괴하여 안정화된다. 니켈 56을 형성했던 최초의 폭발이 있고 난 후 수주일 동안 초신성을 밝게 빛나게 했던 것은 바로 방사성원소인 니켈 56이 철로 붕괴되면서 방출한 에너지였다. 불안정한 니켈 56은 붕괴가 진행되는 동안 투입된 중력에너지에 의해 형성되었던 것이다. 별이 폭발한 뒤에도 밝게 빛나고 있었던 것은 쌓여 있던 중력에너지의 일부가 빠져나갔기 때문이다. 이 과정에서 생성된 철의 약 10분의 1은 성간우주로 빠져나가며, 그 중 일부가 새로운 별이나 행성을 이루는 물질이 된다(그리고 최소한 한 행성에서 칼이나 차체를 만드는 데 사용되는 강철이 된다).

한편 별의 내부핵은 붕괴하면서 중성자별이 된다. 그리고 만약 내부핵의 질량이 태양 질량의 세 배 이상이라면(1987년에 우리가 본 초신성과 같은 작은 별에서의 폭발은 여기에 해당하지 않는다) 그것은 계속 붕괴하여 마침내 블랙홀이 될 것이다.

초신성이 되는 또다른 길이 있다. 이것은 약간은 덜 장엄하지만 우리은하에 무거운 원소들을 퍼뜨리는 데는 매우 중요한 역할을 한다. 많은 별들이 쌍성계를 이루고 있는데, 때때로 이런 쌍성 중 하나가 자신의 수명주기를 다해 다른 별이 아직 적색거성 단계에 머물러 있는 동안 백색왜성이 될 수 있다. 이런 환경이라면 높은 밀도의 백색왜성은 동료별의 확장된 대기층을 끌어당기면서 서서히 질량을 얻어나갈 것이다. 그러나 안정된 백색왜성은 태양 질량의 1.4배 이상의 질량을 보유할 수 없음을 기억하라. 만약 백색왜성이 이 한계점의 턱밑까지 다다르면, 백색왜성은 경계를 무너뜨릴 정도로 충분한 질량을 끌어들이고, 중성자별로의 붕괴를 촉진하여, 앞에서 살펴본 초신성 폭발에서의 것과 거의 같은 크기의 중력에너지를 방출할 수 있게 된다.

이런 쌍성계에 있는 백색왜성은 사실 그 크기가 너무 작아 이런 일을 일으킬 수 없는데도 동료별의 확장된 대기에서 수소를 붙잡아 핵융합의 섬광을 촉발하기에 충분한 양에 도달할 때까지 자신의 표면에 축적한 다음, 핵융합을 일으켜 잠깐 동안 밝게 빛나면서 우주 속으로 일군의 무거운 원소들을 내뱉을 수 있는 것이다. 초신성 폭발과는 다르게, 이런 약한 종류의 신성 폭발은 쌍성계를 붕괴시키지 않기 때문에, 이 과정은 몇 번이고 되풀이될 수 있다.

이런 모든 물질순환은 성간매질을 풍부하게 하고, 태양과 같은 별들, 지구와 같은 행성들, 우리와 같은 사람들을 구성하는 원료를 제공한다. 만약 앞선 세대의 별들이 탄생할 때 이와 같은 격렬한 활동을 동반하지 않았다면 우리는 존재할 수 없었을 것이다. 최초에 형성되었던 (최소한 100억 년 전) 별들에서 나온 원시물질에는 75퍼센트의 수소, 25퍼센트의 헬륨, 그리고 우주의 탄생 순간인 빅뱅(제11장을 볼 것)에서 생산된 세번째로 가벼운 기체 원소인 리튬의 흔적들이 새겨져 있다. 겨우 50억 년 전에 이르러서야 약 1000개의 원소 중 하나가 리튬보다 무거운 원소일 정도로 풍부한 물질을 포함하고 있던 물질성운에서 태양이 탄생했다.

우리은하에서 가장 오래 된 별들은, 예를 들면 태양에 있는 철의 1000분의 1 정도의 양만을 지니고 있을 뿐이다. 그러나 별들의 일생에 대한 우리의 이해의 폭을 개선할 여지는 여전히 남아 있다. 그것은 리튬보다 무거운 원소를 포함하지 않은 별들이 아직까지 발견되지 않았다는 사실에 기인하는 것이다. 무거운 원소들이 최초로 생산하기 시작했던 원시별들이 오래 전에 우리의 시야에서 사라져버렸기 때문에 아직까지 우리는 우주의 처음이 어떤 상태였는지를 알지 못하고 있다. 현재까지 제시된 것 중에 가장 설득력 있는 가설에 따르면, 우주가 아직 젊을 때 태어난 초거성은 매우 빠른 속도로 자신의 생을 마치고, 우리은하의 모태가 되었던 무거운 원소들을 가진 물질성운들을 생성했다. 물론 이때 물질성운 속에 있었던 무거운 원소들은 지금까지 이 장에서 살펴봤던 전과정의 출발점으로 삼기에 충분한 것들이다.

이런 사실은 우리의 관심을 은하수 너머에 있는 우주 속으로 향하도록 하고, 우주탄생의 순간으로 시간여행을 떠나볼 것을 권한다.

우리 이야기는 이제 거의 끝이 났다. 그러나 끝이 곧 시작이며, 큰 것(거시)과 작은 것(미시)이 자신의 꼬리를 물고 있는 뱀, 오로버로스 (Ouroberos)처럼 서로 뗄 수 없는 관계에 놓여 있음을 확인할 수 있을 뿐이다.

큰 것과 작은 것

'웜프' 이야기가 우리를 그토록 흥분시키는 이유는 입자모형들에 의해 예측된 웜프
들의 성질들은 천문학자들이 암흑물질을 이루기 위해서 필요하다고 예측한 바로 그
입자들의 성질이기 때문이다. 이것은 처음부터 서로 반대방향으로 가는 것처럼 보였
던 과학분과들 중 하나는 매우 작은 세계로 파고들어가고, 다른 하나는 매우 큰 세
계를 향해 나가는 사이에 가장 극적인 일치이다.

11

허블의 위대한 발견

우주탐사가 시작된 것은 1920년대에 이르러서였다. 이전에는 우리 은하 너머에 더 큰 우주가 있다는 것을 몰랐다. 기존의 우주론은 우리 은하를 일반우주로 그리고 있었다. 그리고 개개의 별들이 태어나고 죽을 수는 있지만 은하의 전체 형태는 영구적으로 변하지 않는다고 생각했다. 이런 생각에 반대하는 사람들이 없었던 것은 아니었다. 1755년 으로 거슬러 올라가면, 칸트(I. Kant)가 있다. 칸트는 망원경으로 볼 수 있는 흐릿한 빛의 얼룩들(현재는 성운으로 알려진)이 우리은하와 같은 다른 '섬우주들'(island universes)일지 모른다는 의견을 제시했다. 그러나 20세기가 되기 전까지 이 생각에 관심을 기울인 사람은 거의 없었다.

우리은하와 일반우주의 관계를 이해하기 위한 첫걸음이 시작된 것은 1920년대 말에 이르러서였다. 그때 처음으로 우리은하에 대한 자세한 지도가 작성되었던 것이다. 지도를 그린 사람은 캘리포니아에 있는 윌슨 산 관측소(Mount Wilson Observatory)에 있었던 젊은 연구자, 셰플리(H. Shapley)였다. 그는 그곳에서 그 당시 세계 최고의 천체망원경인 152센티미터 반사망원경을 사용하여 은하수를 가로지르고 있던 세페이드 변광성에서 오는 빛을 측정할 수 있었다. 이를 토대로 셰플리가 구한 세페이드 변광성의 거리는 실제보다 많이 컸는데, 그것은 그가 우주공간에 있는 먼지가 멀리 떨어진 별에서 오는 빛을 흐리게 한다는 사실을 미처 고려하지 않았기 때문이다. 그러나 1918년과 1919년에 출판된 논문에서, 태양계가 우리은하의 중심으로부터 멀리 떨어져 있으며, 우리은하에서 매우 작은 점을 차지하고 있을 뿐이라는 사실을 보인 것도 다름 아닌 셰플리였다.

은하수의 크기를 과대평가했기 때문에 셰플리는 마젤란 성운을 우리은하 안에 포함되어 있는 하나의 작은 계라고 생각했다. 이런 생각에 스스로 고무된 나머지 그는 밝게 빛나는 모든 성운[1]들이 우리은하 주위를 돌면서 빛을 발하고 있는 위성집단이라고 생각했다.

그러나 다른 천문학자들은 셰플리의 주장에 동의하지 않았다. 60인치 반사망원경과 같은 새로운 망원경을 사용하여 점점 많은 성운들이 발견되고 연구됨에 따라, 그리고 많은 성운들이 나선형 구조를 갖는 평평한 원반 모양이라는 것이 알려지면서, 성운들이 은하수와 같은 또 다른 은하계가 틀림없다는 주장이 힘을 얻어갔다. 이런 주장이 제기됨에 따라 1920년, 미국 과학 아카데미가 조직한 공식 토론회가 워싱턴에서 열렸다. 이 토론회에서 성운이 은하수의 위성에 불과하다는 주장을 제시했던 셰플리와 나선성운들 각각이 우리은하와 비슷한 거대한 은하계라고 주장했던 릭 관측소(Lick Observatory)의 커티스(H. Curtis) 사이에 논쟁이 불붙었다. 논쟁은 종결되지 않았다. 그러나 이 논쟁은 우주론에서 중요한 전환점으로 자리잡게 되었고, 이를 계기로 우리은하 너머에 있는 은하들에 대한 생각이 힘을 얻게 되었다. 그로부터 채 10년이 지나지 않아 그 당시 최고 망원경이었던 윌슨 산 관측소의 254센티미터 거대 반사망원경의 도움으로 커티스가 주장한 사례가 입증되었다.

커티스의 사례를 증명한 사람은 허블(E. Hubble)이었다. 그는 새로운 망원경이 비교적 가까운 몇 개의 성운들, 현재는 은하라고 부르는 세페이드 변광성을 찾을 수 있을 정도로 충분히 강력하다는 사실을 발견했던 것이다. 세페이드의 변광(變光: 밝아짐과 어두워짐)을 측정하기 위해서는 당연히 변광주기 이상 동안 연속적으로 찍은 사진들이 필요

---

1) 별들로 이루어진 성운뿐만 아니라 우리은하의 내부에 단순히 가스구름을 이루고 있는 흐릿한 얼룩들도 성운이라 불린다. 용어들은 혼동하면 안 되므로 이 장에서는 은하수 밖에 있는 별무리인 외부 성운만을 '성운'이라 하겠다.

할 것이다. 허블은 원하는 질의 사진 한 장을 얻기 위해서 감광판이 노출되는 동안 목표물을 망원경 속에 계속 잡아두려고 몇 시간씩을 보내야만 했다. 허블은 한 무리의 흐릿한 빛의 얼룩들(지금은 불규칙 은하라는 것이 알려진)을 찍은 괜찮은 사진 50장을 얻는 데 무려 2년(1923년과 1924년)이라는 시간을 투자해야만 했다. 이런 허블의 노력은 충분히 가치 있는 것이었다. 세페이드 연구를 통해 흐릿한 빛의 얼룩들이 마젤란 성운보다 무려 일곱 배나 멀리 떨어져 있다는 사실이 밝혀졌고, 따라서 빛의 얼룩들이 우리은하의 위성일 가능성은 없다는 결론에 도달하게 되었기 때문이다. 그리고 그와 거의 동시에 허블은 약 100만 광년(세페이드에 대한 우리의 이해가 높아지면서 지금은 200만 광년 이상 떨어진 것으로 밝혀졌다) 떨어져 있는 안드로메다 별자리의 커다란 성운에 있는 세페이드의 사진을 찍었다. 안드로메다의 '성운'들은 우리은하와 매우 유사한 나선형 은하라는 것이 입증되었다.

처음에는 이런 발견들이 의미하는 바가 완전히 드러나지 않았다. 우리은하가 많은 은하들 중 하나에 불과하다는 것은 명백해졌지만 세페이드까지의 거리가 잘못 측정됨에 따라 다른 모든 은하들이 오늘날 우리가 알게 된 거리보다 훨씬 가깝게 있는 것으로 여겨지게 되었다. 이런 까닭으로 은하들이 실제 크기보다 훨씬 작다고 생각되었고, 1950년대까지 우리은하는 꼬맹이 은하들 중에서 단연 돋보이는 거인과 같은 존재라고 여겨졌다. 그러나 거리측정이 점점 정확해지면서 다른 은하들이 우리가 생각했던 것보다 훨씬 멀리 떨어져 있으며, 따라서 크기도 훨씬 크다는 사실이 밝혀졌다. 이제 인간이 우주에서 차지하는 공간은 더욱 작아졌고, 따라서 더욱 왜소한 존재로 전락하게 되었다.

1997년, 나는 허블 우주망원경이 보내온 가까운 거리에 있는 많은 은하들 속에 있는 세페이드의 관찰자료를 사용한 연구에 참가한 적이 있다. 그 연구에 따르면, 세페이드 기술을 사용하여 거리를 측정할 수 있을 만큼 충분히 가까운 거리에 있는 모든 나선형 은하들과 비교했을 때 우리은하는 평균 크기의 나선형 은하에 불과했다. 좀더 정확히 말하면, 우리은하는 나선형 형태를 띠고 있는 은하들의 평균보다 약간 작은 편이었던 것이다. 비록 구체적으로 연구된 은하는 수천 개에 불과하지만 원리적으로 허블 우주망원경이 볼 수 있는 것은 최소한 100억 개라고 추정되고 있다. 상상해보라, 지구는 우리은하에 있는 수백억 개의 별 가운데 하나에 불과한 보통 크기의 별 주위를 돌고 있고, 우리은하는 우주에 있는 100억 개 이상의 은하들 가운데 평균 크기에 불과하다는 사실을! 그러나 허블이 발견한 가장 극적인 사실은 우주가 유한하고 변하고 있다는 것이다. 우주는 시간의 역사 속에서 변화를 겪으면서 진화하고 있는 것이다.

천문학자에게는 수백억 개의 별들로 이루어진 우리은하도 우주의 변화를 설명하기 위해 사용될 수 있는 하나의 '시험 입자'(test particle)에 불과하다. 이런 생각은 허블에 의해 은하가 다양한 모양을 띠고 있다는 사실이 최초로 관찰되면서 본격화되기 시작했다. 우리은하처럼 원반형 은하들(회전효과 때문에 평평해졌다)이 전체 은하의 약 30퍼센트를 차지하고 있고, 타원형 은하들이 약 60퍼센트를 차지하고 있다. 이 중에는 우리은하보다 작은 것들도 있지만, 훨씬 큰 것들도 있다. 지금까지 알려진 가장 큰 은하들은 수조 개의 별들을 포함하고 있는 거대 타원형 은하들이다. 원반형 은하와 타원형 은하를 뺀 나머지 10퍼센트는 불규칙 은하들인데, 이들은 특정한 형태가 없는 별무리를 이루고 있다. 천문학자들에게는 이와 같은 모든 것들이 단순한 세부적 사실들에 불과하다. 천문학자들이 가장 중요하게 여기는 것은 은하들의 움직임인데, 은하의 운동방식은 잘 알려져 있는 적색이동에 의해 밝혀지게 되었다.

허블이 등장하기 이전에도 초창기 천문학자들은 많은 성운으로부터 오는 빛이 적색이동을 보인다는 사실 자체는 알고 있었다. 이런 현상은 도플러효과(Doppler effect)로 설명되었는데, 이는 많은 성운들이 우리에게서 멀어져 우주 속으로 달아나고 있음을 의미하는 것이었다. 그러나 1920년대 중반에 이르러 이런 해석은 커다란 곤란을 야기했다. 몇몇 성운들이 그 당시에는 비정상적인 것처럼 보이는 속도(약 초속 600킬로미터)로 움직이고 있었기 때문이다.

분광기로 분석할 수 있을 정도로 은하가 밝기만 하다면 적색이동을 측정하는 것은 어려운 일이 아니다. 허블이 이룩했던 위대한 전진은 적색이동을 측정한 것이 아니라 거리를 측정한 것이다. 그런 다음, 적색이동과 거리를 서로 연결시켰다. 허블이 초기에 세페이드 기술을 사용하여 측정할 수 있던 은하들은 254센티미터 망원경으로도 우리은하 가까운 곳에 있는 몇몇에 국한되어 있을 뿐이었다. 더 멀리 떨어져 있던 은하들의 거리 측정을 위해서는 그 은하에 있는 신성의 밝기 측정과 같은 다양한 지표들을 사용할 수 있어야만 했다. 모든 신성과 초신성이 아주 비슷한 밝기에서 최고조에 달한다고 보는 것은 타당한 가정이기 때문에, 이런 사실로부터 대강의 거리를 측정할 수 있다. 그러나 이런 기술로는 단지 근사치만을 구할 수 있을 뿐이다. 이런 이유 때문에 오랫동안(허블 우주망원경이 등장하게 되는 1980년 말까지) 우리은하의 이웃 은하들 너머에 있는 은하들까지의 거리가 불분명한 상태였다. 그러나 1920년대 후반, 허블과 그의 동료 휴메이슨(M. Humason)은 천문학, 어쩌면 과학에서 가장 위대한 발견의 초석이 된 증거를 발견했다. 은하의 적색이동은 우리로부터 은하까지의 거리에 비례한다. 이것은 은하의 '후퇴속도'가 은하까지의 거리에 비례함을 뜻한다. 우주 전체가 팽창하고 있기 때문에 과거 어느 시점에서는 우주가 매우 조밀한 상태에 있어야만 하는 것이다. 즉 우주는 과거 어떤 시점에서 시작되었음에 틀림없다.

일반상대성이론과 우주 팽창

허블의 발견은 너무도 놀라운 것이어서 그의 동료들이 이 사실을 받아들이는 데는 많은 시간을 필요했을 수도 있다. 무엇보다도 '왜' 우주가 팽창해야만 한단 말인가? 그러나 이 질문에 대한 답은 이미 존재하고 있었다. 팽창하는 우주의 모습을 기술하는 완벽한 이론이 이미 존재하고 있었던 것이다. 일반상대성이론이 바로 그것이다. 아인슈타인은 이 이론을 1916년에 완성했고, 1917년에는 (아인슈타인 스스로) 이 이론을 우주론에 적용했다.

일반상대성이론은 시공간 이론으로서, 시간을 시공간 연속체의 네 번째 차원으로 다루고, 일련의 방정식에서 시공간과 물질의 상호관계를 기술하고 있다. 수학을 사용하지 않고, 일반상대성이론이 기술하고 있는 우주를 느낄 수 있는 방법은 4차원 중 두 차원을 누르고, 시공간을 펼쳐진 2차원 고무판으로 시각화하는 것을 상상해보는 것이다. 우주에 존재하는 무거운 물체의 영향은 펼쳐진 고무판 위에 놓여 있는—따라서 그곳은 움푹 패일 것이다—볼링공을 상상함으로써 형상화될 수 있다. 무거운 물체를 지나쳐서 움직이고 있는 작은 물체들(고무판을 가로지르는 구슬들)은 무거운 물체에 의해 형성된 움푹 패인 굴곡을 따라 움직일 것이다. 이런 휨 현상은 중력에 의해 형성되는 것이다. 아주 극단적인 경우, 매우 무겁고 조밀한 물체는 펼쳐진 고무판에 구멍을 뚫을 것이다. 이것이 바로 블랙홀이다. 블랙홀에서 중력장은 너무도 강력해서 아무것도, 심지어 빛조차 블랙홀을 탈출할 수 없다.

아인슈타인의 이론은 과학의 가장 위대한 승리 중 하나이며, 그 동안 많은 방식으로 검증되어왔다. 이 이론은 멀리 떨어진 별에서 오는 빛이 태양의 가장자리를 통과할 때 휘어지는 이유(이것은 일식 때 볼 수 있는 효과인데, 일식은 달이 태양을 가로막아 밝게 빛나던 태양빛이 흐려지는 현상이다)뿐만 아니라 태양의 질량보다 수백만 배 많은 질량을 지닌 블랙홀이 물질을 삼키면서 중력에너지를 방출하고, 이것을 전자기복사로 변환시켜 은하의 중심(퀘이사)에서 뿜어져 나오는 이유도 설명해준다. 원리적으로 일반상대성이론은 모든 시공간, 즉 전체 우주를 기술한다. 당연히 아인슈타인은 이 이론을 사용하여 우주를 수학적으로 기술하고자 했다. 그러나 1917년, 그런 노력을 경주하고 있던 그는 자신의 식들이 정지상태의 변하지 않는 우주의 가능성을 용인하지 않는다는 사실을 발견했다. 그의 놀라운 새로운 이론에 따르면, 시공간은 팽창하거나 수축할 수는 있지만 같은 상태에 머물러 있을 수는 없었던 것이다.

다음과 같은 사실을 기억할 필요가 있다. 그때 당시 사람들은 아직도 은하수가 전체 우주이고, 숲이 변하지 않는 것과 마찬가지로 우주도 변하지 않는다고 생각하고 있었다. 따라서 "만약 이론이 실험결과와 일치하지 않으면, 그 이론은 틀린 것이다"라는 것을 잘 알고 있던 아인슈타인은 자신의 방정식에 추가항을 집어넣었다. 단순히 자신의 모델을 정지해 있는 우주로 잡아두기 위해서였다. 아인슈타인은 후에 이 추가항, 즉 우주상수를 집어넣은 것이야말로 자신의 경력에서 가장 큰 실수라고 썼다. 그러나 이것은 약간은 심한 평가인 것 같다. 왜냐하면 그의 모든 노력은 오직 자신의 모델을 그 당시 이용할 수 있었던 최고의 실험적(즉 관찰) 증거에 맞추려면 했던 것과 다름 없었기 때문이다. 10여 년이 조금 더 지난 뒤에 우주가 팽창하고 있다는 것이 발견됨과 동시에 우주상수는 폐기될 수 있게 되었다. 아인슈타인은 그것이 사실일 수 있다고 믿지 않았지만, 원래 우주 방정식은 이미 적색이동과 거리 관련성의 발견을 예측하고 있었다. 사실, 이론은 관찰과 정확히 일치하고 있었던 것이다.

더욱이 이론은 적색이동과 거리의 관련성에서 가장 명백하게 혼란스런 측면을 제거하는 데 도움을 주었다. 우주의 모든 것들은 왜 우리로부터 똑같은 속도로 후퇴해야만 하는가? 확실히 우리는 우주의 중심에 살고 있지 않은 것인가?

실제로 그렇다. 일반상대성이론과 허블의 발견이 예측한, 거리에 비례하는 적색이동에 대한 법칙은 우리가 위치한 어떤 은하에서도 똑같이 보이는 단 하나의 법칙(정지상태의 우주와는 멀리 떨어진)이다. 이 법칙을 형상화할 수 있는 가장 좋은 방법은 다시 시공간을 시각화했던 펼쳐진 고무판으로 돌아가거나, 또는 더 일반적인 비유로 서서히 공기가 주입됨에 따라 확대되고 있는 풍선의 표면을 떠올리는 것이다.

점들이 여기저기 찍혀 있는 풍선의 표면을 상상해보자(여기서 점은 은하를 나타낸다). 풍선이 커짐에 따라 모든 점들은 서로 멀어져간다. 이것은 점이 풍선 표면을 가로질러 움직이기 때문이 아니라 풍선의 표면(시공간)이 확장되면서 점들을 옮기기 때문이다. 만약 풍선이 확장되어서 두 개의 이웃하는 점들 사이의 거리가 두 배로 늘어났다면, 모든 점들은 서로로부터 두 배만큼 멀어지게 된다. 임의로 하나의 점을 선택하여 다른 점과의 거리를 측정한다고 했을 때, 처음에 1센티미터 떨어져 있던 점은 지금은 2센티미터 떨어져 있을 것이고(1센티미터를 움직인 것처럼 보인다), 처음에 2센티미터 떨어져 있던 점은 지금은 4센티미터 떨어져 있을 것이다(두 배만큼 빨리 움직인 것처럼 보인다). 이런 관계는 표면 위에 있는 모든 점들에 적용할 수 있다. 어떤 점을 선택하더라도, 멀리 떨어져 있는 점은 더 빨리 움직이는(적색이동이 더 커지는) 것처럼 보이게 될 것이다.

그렇지만 적색이동은 도플러효과와는 다르다. 적색이동은 은하들이 우주공간을 움직이기 때문이 아니라 우주공간 자체가 확장됨으로써 발생하는 것이다. 우주공간의 확장으로 인해 멀리 떨어진 은하들을 떠난 빛은 공간여행을 하는 동안 더 긴 파장을 지니게 된다. 그리고 부풀어오르는 풍선의 표면에 중심이 없는 것처럼, 팽창하고 있는 우주에도 중심이 없다. 풍선 표면 위의 점들이 그렇듯 우주공간에 있는 모든 것들은 같은 자리에 머물러 있다(별, 은하 등의 존재로 인한 시공간의 국소적 교란은 제외하고).

일반상대성이론은 또한 우리에게 만약 우리가 이 팽창을 거꾸로 돌려 시간을 거슬러 올라간다면 현재 보이는 우주 전체가 과거의 특정한 시점에 하나의 수학적인 점, 즉 특이점으로부터 출현했어야만 함을 말해준다. 어떤 물리학자도 일반상대성이론이 그 정도까지 밀고 올라갈 수 있다고 믿지 않는데, 그것은 양자효과들이 특이점에 가까워지면서 중요해지는 것이 확실하기 때문이다. 그러나 우리가 알고 있는 우주가 과거의 특정한 시점에 상상을 초월할 정도로 밀집된 상태, 즉 특이점과 매우 유사한 어떤 것으로부터 출현한 것은 분명하다. 핵심적인 질문은 그것이 언제, 그리고 어떻게 발생했느냐는 것이다.

'언제'에 대한 질문은 우주가 얼마나 빨리 팽창하느냐에 대한 최근의 연구와 적색이동과 거리의 관계에 대한 최근의 캘리브레이션에 의해 답해져왔다. 허블의 시대에도 그랬지만, 현재에도 이 문제의 핵심은 은하들까지의 거리를 측정하는 것이다. 적색이동을 측정하는 것은 쉽다. 일단 적색이동과 거리 모두를 알고 있다면, 적색이동—거리 법칙을 캘리브레이션할 수 있고, 이것을 아인슈타인의 방정식과 결합하여 우주의 팽창이 언제 시작되었는지를 계산할 수 있다. 우주가 빠른 속도로 팽창했다면 은하들은 빅뱅 이후 빠른 시간 내에 현재의 상태에 도달했을 것이다. 팽창률은 허블 상수(Hubble's Constant, H)에 의해 측정된다. 이 상수는 현재 은하의 거리와 적색이동의 측정치로 결정되는데, 허블 상수의 값이 적을수록 우주의 나이는 많아진다.

현재 우주의 지름을 측정할 수 있는 많은 기술들이 있는데, 다행스럽게도 그들 모두는 동일한 값으로 수렴하는 경향이 있다. 가장 단순한 (캘리브레이션) 기술들 중 하나로 내 자신이 굿윈(S. Goodwin)과 헨드리(M. Hendry)와 함께 사용했던 것을 들 수 있는데, 이것은 우리가 우리은하의 상대크기를 측정하기 위해 사용했던 기술에서 나온 것이다. 이 기술을 통해 우리은하와 같은 나선형 은하의 평균크기를 알 수 있기 때문에, 적색이동이 알려져 있는(그러나 거리가 너무 멀어 세페이드 기술로 그들의 거리를 직접 측정할 수는 없는) 2000개의 나선형 은하들을 대상으로 이 은하들의 평균크기와 우리 이웃에 있는 나선형 은하들의 평균크기를 일치시켜줄 수 있는 적절한 적색이동-거리 관계값을 도출하는 것은 비교적 쉽다.

이때 나올 수 있는 많은 적색이동-거리 관계값에서, 멀리 떨어져 있는 은하들이 그보다 더욱 멀리 떨어져 있는 것처럼 보이게 될 것이고, 따라서 그 은하들이 우리에게 보이는 정도의 크기를 지니기 위해서는 실제로 매우 커야 할 것이다. 그리고 다른 관계값의 범위에서, 은하들은 우리와 매우 근접해 있는 것처럼 보이게 될 것이고, 따라서 매우 작아야 할 것이다. 그러나 하나의 관계값에서, 은하들은 그들의 평균 크기가 우리은하와 우리은하의 이웃들의 크기와 정확히 일치하는 거리에 있는 것처럼 보이게 될 것이다. '허블의 법칙'에 대한 이런 캘리브레이션을 통해 우리는 우주의 나이가 약 130억 년이라는 것을 알고 있다. 계산의 편이를 위해 많은 우주학자들은 근사치를 사용하여 우주의 나이를 약 150억 년이라고 상정하는데, 이 점에 대해 특별히 문제를 제기하는 과학자들은 없다. 중요한 것은 우주가 10억 년 전이나 1000억 년 전이 아니라 대략 150억 년 전 시작되었음을 입증해줄 수 있는 확실한 증거이다.

이것이 좋은 과학임을 강조하는 것은 중요하다. 우리는 아인슈타인의 일반상대성이론에 기초하여 모형들을 만들었고, 관찰결과들을 얻었다. 그 내용에는 은하에서 오는 빛이 적색이동을 이루는 방식뿐만 아니라 우주를 가득 채우고 있고, 우주의 탄생을 알렸던 대폭발의 잔존 전자기복사로 해석되는 전파소음이 나지막하게 쉭쉭거리는 소리도 포함되어 있다. 이론과 관찰은 완전히 일치한다. 그렇다면 어디에서 '좋은 과학'이 끝나는가? 우리는 이미 어떤 과학자도 우주가 실제로 무한밀도의 특이점에서 시작되었다는 것을 믿지 않는다고 말한 바 있다. 방정식에서의 무한은 방정식이 너무 멀리 나갔음을 보여주는 분명한 신호이다. 따라서 우리는 지구의 실험실에서 실행할 수 있는 과학의 도움을 받아 얼마나 특이점에 가깝게 접근할 수 있을까? 이 질문에 대한 대답은 여러분을 놀라게 할 것이다.

빅뱅과 우주배경복사

이곳 지구에서 물리학자들이 완전히 이해했다고 주장할 수 있는 가장 극단적인 밀도의 조건은 원자핵 속에 존재한다. 양성자, 중성자 그리고 원자핵을 완전히 이해하는 것이 가능하고, 그런 밀도에서의 물질의 행동은 입자가속기를 포함한 실험들에서 여러 차례 증명된 바 있다. 대부분의 물리학자들은 여기서 더 나아가려 할 것이다 그들은 양성자와 중성자의 내부구조, 즉 쿼크의 수준에서 더 잘 이해하게 되었다고 주장할지도 모른다. 그러나 신중을 기해서, 원자 규모에서 작동하고 있는 모든 힘이 우리가 완전히 이해하고 있는 전부임을 인정해야 한다. 시간을 얼마만큼 거꾸로 되돌릴 수 있는가 하는 것은 오늘날 우리가 볼 수 있는 우주가 원자핵 밀도의 상태에 있을 때, 즉 빅뱅에서 우주가 출현하여 그 밀도의 상태에 이르게 되었을 때로 국한된다.

가정된 특이점을 '시간 0' 우주가 탄생했던 순간으로 잡으면, 현재 우리가 볼 수 있는 모든 것들이 원자핵 상태에 도달하게 된 것은 그로부터 1만분의 1초 후였을 것이다. 그리고 그때부터 그후 130억 년 또는 150년 동안의 우주 역사에서 발생했던 모든 것은 원칙적으로 이곳 지구의 실험실에서 시도되고 시험되었던 것과 같은 물리학의 법칙으로 설명될 수 있다.

흔히 빅뱅이라고 하면 바로 우주 일생의 초기 상태—약 1만분의 1초 이후에 시작된—를 말하는 것이다. 그리고 우리가 세운 기준으로 볼 때 이것은 모형들이 관찰결과들과 일치하는 '좋은 과학'이다. 우주가 이 상태, 즉 1만분의 1초 '시대'에 어떻게 도달했는지는 분명하지 않지만, 다음에서 간단히 살펴보고 있듯이 이것은 여전히 바람직한 과학연구의 주제이다. 확실한 것은 1만분의 1초 이후의 모든 것들은 뉴턴 법칙 또는 맥스웰 방정식만큼 잘 확립되어 있다는 것이다. 또한 일반상대성이론만큼 잘 확립되어 있는 것도 확실한데, 그것은 일반상대성이론을 사용하여 그 상태를 설명할 수 있기 때문이다. 대략 살펴봤을 때, 빅뱅은 약 50만 년 동안 1만분의 1초부터 전자기복사와 물질이 사방으로 흩어질 때까지 지속되었다고 할 수 있다.

전자기복사는 우주의 탄생 초기에 가장 중요한 역할을 담당했는데, 그것은 그 당시 우주가 아주 뜨거웠기 때문이다. 공기를 자전거 펌프 속으로 밀어넣으면 공기는 점점 뜨거워지는 반면, 노즐을 통해 밖으로 뿜어져나오는 공기는 점점 차가워질 것이다. 같은 이유로, 고도의 압축상태에 있던 우주는 매우 뜨거웠다. 우리는 아인슈타인의 방정식을 사용하고, 현재 우주의 상태를 관찰함으로써 그 당시의 온도를 계산해 낼 수 있다. 우주가 원자핵 밀도의 시대로 접어들었을 때, 우주의 온도는 약 1조 도(섭씨온도나 절대온도 모두 가능한데, 이 정도에서는 두 온도단위의 차이가 중요하지 않기 때문이다)에 이르렀고, 우주의 밀도는 물의 밀도의 1000조 배에 달했다. 이런 불구덩이에서 광자들은 너무도 큰 에너지를 운반했기 때문에 입자–반입자 쌍(양성자–반양성자

쌍과 같은)이 계속해서 순수한 에너지(광자)로부터 생겨났고, 계속해서 서로를 소멸시키면서 다시 한 번 전자기 에너지(광자)를 방출하고 있었다. 처음에는 대체적으로 같은 수의 양성자와 중성자 (그리고 또한 매우 많은 전자-양전자 쌍)들이 있었다. 그러나 우주가 팽창하면서 냉각되기 시작하자 여러 가지 일들이 발생했다.

첫째, 광자가 양성자-반양성자 쌍이나 중성자-반중성자 쌍을 더 이상 만들 수 없을 만큼 온도가 충분히 냉각됨에 따라 다수의 이런 입자들이 얼게 되었다. 오늘날 지구에서 구현할 수 있는 온도에서는 거의 볼 수 없는 물리학 법칙들에서의 미세한 불균형으로 인해 원시 불구덩이에서 입자와 반입자들이 완전하게 쌍을 이루지 못했다. 불균형의 정도는 아주 미세했으며, 대략적 10억 개의 반양성자와 반중성자에 대해 양성자와 중성자가 1개 더 많은, 즉 10억 1개의 양성자와 중성자들이 있었다. 10억 개의 쌍에 해당하는 입자-반입자 쌍은 서로를 소멸시키면서 고에너지 광자를 방출했고, 그 결과 10억 개당 1개의 양성자와 중성자가 남게 되었다. 오늘날 우리가 우주에서 보는 모든 것들은 미세한 불균형에 의해 남은 물질로 만들어진 것이다. 그리고 우주에 있는 모든 원자핵의 배경복사에는 10억 개의 광자들이 있다.

이렇게 방출된 광자들이 그 단계에서 물질에 대한 자신의 영향력을 멈추게 된 것은 아니었다. 광자들은 이제 새로운 양성자와 중성자들을 만들 수 있을 정도의 에너지를 보유하고 있지 않았지만, 그들은 남아 있는 물질들과 격렬하게 반응하여 중성자의 붕괴를 촉진했다. 이때 한 개의 중성자는 한 개의 전자와 한 개의 반중성자를 방출하면서 양성자로 변환되었다.

시간이 흐르자, 원시수프에서 중성자들의 비율은 감소했다. 빅뱅이 있고 정확히 1초가 지났을 때, 우주의 온도는 100억 도로 떨어졌고, 우주의 밀도는 물의 밀도의 38만 배에 지나지 않게 되었다. 이때 76개의 양성자당 24개의 중성자만이 남아 있었다. 그리고 '시간 0'에서 14초가 흘렀을 때, 중성자의 비율은 더욱 줄어들어 83개의 양성자당 단지 17개의 중성자만 남아 있었다. 그러나 이때가 되면 우주가 냉각됨에 따라 양성자와 중성자 비율의 변화속도는 급격하게 떨어지게 된다. 우주의 나이가 약 3분이 되었을 때, 우주의 온도는 현재 태양의 중심온도의 70배에 해당하는 약 10억 도로 떨어지게 되었고, 우주에는 86개의 양성자당 아직도 14개의 중성자가 남아 있었던 것이다.

만약 남아 있는 중성자들이 계속해서 자유입자로 존재하게 되었더라면, 몇 분이 채 지나지 않아 모든 중성자들은 자연스럽게 양성자로 붕괴되었을 것이다(초에너지 광자들의 피폭이 없었다고 하더라도). 그러나 이제 우주는 양성자와 중성자들이 결합하여 안정된 헬륨 4 원자핵(알파입자)을 만들기에 충분할 정도로 냉각되어 있었다. 그때 우주의 나이는 4분이었는데, 남아 있던 모든 중성자들은 이런 방식으로 갇힘으로써 우주가 막 다음 생의 단계로 접어들게 되었을 때 74퍼센트의 수소핵(양성자)과 26퍼센트의 헬륨핵(알파입자)의 혼합물이 형성되도록 할 수 있었던 것이다.

지금까지의 모든 이야기는 지구에 있는 실험실의 실험에서 결정된 물리학의 법칙들, 우주가 팽창한다는 관찰된 사실들, 그리고 일반상대성이론의 우주 방정식들에 대한 우리의 이해에 기초하고 있는 것이다. 우주 모형들이 성공적이라는 것을 보여주는 가장 놀라운 사실로는 이 모형들이 이런 혼합(26퍼센트의 헬륨과 74퍼센트의 수소)을 예측한다는 것을 들 수 있는데, 이 혼합은 원시물질로 구성된 가장 오래 된 별에서 관찰되는 것과 동일한 혼합비를 지니고 있다.

헬륨이 형성된 뒤, 수십만 년 동안 우주는 평온한 상태에서 팽창했다. 우주는 전자들이 원자핵과 결합하여 원자를 형성하기에는 아직도 너무 뜨거운 상태였기 때문에 전자들은 플라스마를 형성한 채 자유롭게 원자핵 사이를 떠돌고 있었고, 모든 대전입자(전자와 원자핵이 모두 마찬가지로)들은 우주를 채우고 있던 전자기복사와 계속해서 상호작용하고 있었다. 광자들은 오늘날 태양의 내부에서와 마찬가지로 이 대전입자에서 저 대전입자로 미친 듯이 지그재그 춤을 추면서 옮겨다녔다. 그 다음의 급격한 변화(빅뱅의 종말)는 우주가 탄생한 지 약 30만 년에서 50만 년 사이에 발생했다. 이때 우주는 태양의 표면온도인 섭씨 6000도로 냉각되었다.[2] 이 정도의 온도에서 전자와 원자핵은 서로 결합하여 전기적으로 중성인 원자를 형성할 수 있고, 이렇게 형성된 원자들은 전자기복사와 거의 반응하지 않았다. 갑자기 우주가 투명해졌다. 원시 불구덩이에서 나온 엄청난 수의 광자들이 간섭받지 않은 채 우주로 자유롭게 퍼져나갔기 때문이다. 그 사이 원자들은 복사로부터 교란당하지 않은 채 응집되면서 가스구름을 형성할 수 있게 되었고, 자체 중력에 의해 붕괴되면서 최초의 별과 은하들을 형성하게 되었다.

모형들에 따르면, 헬륨이 형성될 때 약 10억 도, 빅뱅으로부터 50만 년이 지나 물질로부터 자신들이 분리되기 시작했을 때 6000도의 온도를 지니고 있었던 이 복사는 현재 사방으로 흩어진 채 절대온도 약 3도(즉 섭씨 영하 270도) 이하의 온도를 지니고 있어야만 한다. 빅뱅 모델의 두 번째 위대한 승리——이런 종류의 복사 우주전파 배경복사——는

---

2) 여기서 빅뱅을 좀더 살펴보기 위해 잠깐 생각할 시간을 갖는 것은 충분히 가치 있는 일이다. 인간의 관점에서 봤을 때, 우리는 빅뱅에 관한 지금까지 이야기에서 우리가 이해할 수 있는 온도를 처음으로 접하게 되었다. 어쨌든, 우리 모두는 1억 5000만 킬로미터 떨어져 있는 태양을 보아왔으며, 태양의 온도도 느껴왔던 것이다. 물질과 복사가 분리되기 시작했을 때, 우주는 현재 태양의 표면과 정확히 같은 상태에 있었다. 그리고 이렇게 상상할 수 없을 정도로 뜨거운 상태(인간의 기준으로 봤을 때)에 도달하기 위해서도 우주는 이미 50만 년 동안이나 냉각되어왔던 것이다.

우주의 모든 방향에서 오는 것을 정확히 탐지하게 되었다는 사실에 기인한다.

1960년대에 처음으로 탐지된 이 복사는 거의 완전히 균일했다. 그러나 1990년대에 이르러, 처음에는 적외선 탐지기를 장착한 우주배경복사 탐사선(Cosmic Background Explorer, COBE)이, 나중에는 다른 탐지기들이 하늘의 다른 영역들에서 오는 복사의 온도에 아주 미세한 차이가 있다는 것을 발견했다. 이런 파문(波紋)들은 우주의 나이가 50만 년이었을 때 물질과 마지막으로 반응했던 복사에 새겨진 표시인 화석과 같은 것이다. 따라서 이 파문들은 우리에게 물질들이 복사와 반응했던 최후의 시간, 즉 자신들이 붕괴하면서 별, 은하 그리고 은하군들을 형성하기 바로 직전에 우주를 가로질러 퍼지게 되었던 방식에 대해 말해준다. 이런 파문들은 불규칙하게 분포해 있는데, 그 불규칙성의 정도는 은하가 형성된 이후 현재 우리가 우주에서 보는 구조가 중력붕괴로 성장했을 때 그 모태가 되었을 바로 그 크기와 일치한다.

포도알 크기의 우주

이런 파문들은 최초에 어디에서 왔을까? 무엇이 빅뱅 그 자체에 구조의 씨앗을 뿌렸을까? 이제 우리는 약간은 다소 추론적 입장으로 이동하여, 입자물리학의 아이디어들을 우주론에 끌어들여야만 한다. 발전하고 있는 과학분야가 일반적으로 그렇듯이, 이 분야에서도 우주의 시초에 벌어졌던 일을 설명하기 위해 몇 개의 모형이 제시되어 있다. 문제를 단순화하기 위해, 나의 선호에 기초하여 과학이 모든 것의 시작을 생각하는 방식에 대한 길잡이로서 하나의 모형만을 살펴보고자 한다. 이 주제에 대한 많은 모형들이 비록 세부적으로는 차이가 있지만 전체적으로는 비슷한 그림들을 제시하고 있기 때문이다.

과학뿐만 아니라 철학과 종교에서도 가장 기본이 되는 중요한 물음은 도대체 우주가 왜 존재해야만 하느냐이다. 왜 우주는 '무'(無)가 아니라 '유'(有)인가? 이 질문에 대한 대답——양자역학과 일반상대성이론의 결합으로부터 도출된——은, 우주 그 자체는 어떤 점에서 보면 '무'일 수 있다는 것이다. 더 구체적으로 말해, 우주 전체의 에너지는 제로(0)라는 것이다.

이것은 놀라운 생각이다. 왜냐하면 우리는 우주에 각각이 수천억 개의 별들을 포함하고 있는 수천억 개의 은하들이 있다는 것을 알고 있을 뿐만 아니라 아인슈타인도 질량은 축적된 에너지의 매우 농축된 형태라고 설명한 바 있기 때문이다. 그러나 아인슈타인은 또한 우리들에게 중력(휘어진 시공간)도 에너지의 한 형태라는 것을 가르쳐주었다. 그리고 이상한 일은 중력장이 실제로 음(−)에너지를 축적한다는 사실이다. 우주에 있는 모든 질량에너지가 정확하게 모든 질량의 중력에너지에 의해 상쇄될 가능성이 매우 높다. 우주가 결국 양자요동 이상이 아닐 수도 있는 것이다.

음(−)중력에너지에 대한 이런 생각을 더 분명히 하기 위해 우주보다 훨씬 작은 어떤 것, 예를 들어 별을 생각해보자. 별의 구성요소들을 전부 조각내서 가능한 멀리, 즉 무한히 퍼뜨린다고 상상해보자. 이때 구성요소가 무엇이냐 하는 것은 별로 중요하지 않다. 즉 구성요소를 원자, 원자핵, 또는 쿼크 등 어느 것으로 생각하더라도 그 결과는 같기 때문에 상관 없는 것이다. 여기서 중력이 거리 제곱에 반비례한다는 사실을 기억하도록 하자. 무한히 떨어져 있는 두 물체 사이의 힘은 무한제곱분의 1이 되기 때문에 그 값은 확실하게 제로가 된다. 따라서 공간에서 서로 무한히 떨어져 있는 입자들 집합 사이에 작용하는 중력에너지의 합은 제로이다.

이제 이 입자들을 서로 접근시킨다고 생각해보자. 물론, 입자들이 무한히 떨어져 있다면 이런 일은 일어날 수 없겠지만, 여기서 우리는 입자들이 초기의 운동량을 가질 수 있을 정도로 입자를 아주 슬쩍 미는 것을 상상해볼 수 있다.[3] 중력이 지니고 있는 가장 중요한 특징 중 하나는 입자의 집합체가 중력에 의해 서로 접근할 때 에너지가 방출된다는 사실이다. 이로 말미암아 입자들은 뜨거워진다. 태양과 별들의 내부핵이 핵융합반응을 일으킬 수 있을 정도로 충분히 뜨거워질 수 있었던 것은 이런 이유 때문이다. 붕괴하는 물체에서 이런 중력에너지가 방출되지 않았더라면, 우리는 여기 존재할 수 없었을 것이다. 분자의 수준에서 보면, 중력장에서 방출된 에너지는 계속해서 운동에너지로 전환되기 때문에 입자들의 접근속도는 시간이 흐를수록 더욱 빨라진다. 입자들이 서로 충돌할 때 각 입자들의 운동에너지는 열에너지로 바뀐다. 그러나 이런 사실은 중력장의 입장에서 보면 이상한 일이 아닐 수 없다. 우리는 최초에 에너지 제로에서 출발하지 않았던가! 그런데 입자들이 서로 충돌하게 되었을 때 중력장은 모든 에너지를 입자들에게 양도하고 있지 않은가! 이제 중력장은 에너지 제로보다 적은 에너지를 지니고 있는 것이다. 실제 우주에 있는 모든 실제 사물들에 대해 중력장과 관련된 에너지는 음(−)의 값을 갖는다.

여기서 좀더 나아가보도록 하자. 만약 중력붕괴에 의해 모든 방향에서 하나의 점, 즉 특이점—이것은 일반상대성이론이 우주의 탄생과 관련되어 있다고 말하는 바로 그것과 동일하다—으로 계속해서 입자들이 떨어지고 있다면, 중력장에서 방출되는 에너지의 총량은 떨어지고 있는 모든 입자들의 질량−에너지와 정확히 일치한다. 만약 태양과

---

3) 이것은 천문학자들이 '속임수'(hand-waving) 논쟁이라고 부르는 한 가지 예이다. 그러나 이것은 우리가 말하고자 하는 바를 잘 보여준다. 만약 일반상대성이론을 사용하여 같은 계산들을 적절히 수행한다면, 그로부터 놀랍게도 같은 답을 얻을 수 있다.

같은 질량을 지닌 별이 하나의 점으로 압축되었다면, 그 별 중력장이 지닌 음(−)에너지와 그 모든 입자들의 양(+)질량−에너지는 정확히 일치할 것이다. 즉 이 둘을 합치면 에너지는 제로가 될 것이다. 이와 똑같은 주장을 우주 전체로 확대 적용할 수 있다. 만약 우주가 하나의 점에서 태어났다면 하나의 점으로 붕괴한 것이 아니라 우주에 있는 모든 물질들을 묶어주는 방대한 양의 질량−에너지는 우주 전체의 중력장의 방대한 음(−)에너지와 정확히 균형을 이루게 되어, 이 둘을 더하면 에너지 제로가 될 것이다.

물론, 양자효과들이 우주가 탄생할 때 특이점을 흐리게 했던 것처럼 그것들은 이런 종류의 붕괴와 관련되어 있는 특이점도 똑같이 흐리게 할 것이다. 그러나 흐릿함을 발생시키는 그런 종류의 양자효과는 불확실성을 포함한다. 양자역학에서는 진짜 특이점이 존재할 수 없는데, 그것은 시공간에서 정확히 결정된 하나의 점에서 확실히 결정된 에너지량과 같은 것은 존재할 수 없기 때문이다.

제3장에서 이미 살펴봤듯이, 양자 불확실성은 '빈 공간'이 무에서 모습을 드러냈다. 양자역학 규칙들에 의해 설정된 제한시간 내에 사라지는 에너지 다발들로 가득 차 있도록 한다. 적은 에너지를 포함하고 있을수록, '가상' 에너지 다발, 즉 양자요동은 우주가 알아채기 전까지 더 많은 시간 동안 존재할 수 있다. 그리고 이것은 사라져야만 한다. 따라서 전체가 정확히 에너지 제로를 지니는 양자요동은 양자세계와 관련된 한에서 영원히 존재할 수 있는 것이다.

1970년대에 몇몇 우주학자들은 전체 우주가 이런 종류의 양자요동의 결과물, 즉 아무 이유 없이 진공에서 튀어나온 어떤 것일 수 있다는 생각을 장난삼아 제시한 적이 있는데, 그것은 단순히 이런 가능성이 물리학의 법칙들에 의해 금지되어 있지 않았기 때문이다. 그런 양자 모형들에 따르면, 이런 일이 벌어졌다면 그것은 특이점에서 발생했던 것은 아니었을 것이다. 양자역학의 법칙들에 의하면, 플랑크 시간이라고 불리는 가능한 최소의 시간간격, 가능한 최대의 밀도값(플랑크 밀도), 그리고 가능한 최소의 거리간격(플랑크 거리)이 존재한다. 이 모든 한계값들을 함께 묶으면, 우주는 10^{-43}초(플랑크 시간)가 이미 지난 상태에서 태어나게 되었을 것이고, 그때 1세제곱센티미터당 10^{94}그램의 초기밀도를 지니고 있었을 것이다. 현재 볼 수 있는 전체 우주의 기원이 이와 같은 플랑크 입자——지름이 약 10^{-33}센티미터로 양성자 크기의 10^{20}분의 1에 해당하는——일 수 있는 것이다.

그러나 이런 생각을 가로막는 커다란 장애물이 있었다. 1970년대에만 해도, 양자역학 규칙들이 그 가능성을 시사하고 있었지만, 이런 플랑크 입자의 수명이 분명히 매우 짧을 수밖에 없어 보였기 때문이다. 결국 플랑크 입자는 엄청나게 강한 중력장을 지닐 것이고, 이와 같은 강력한 중력은 플랑크 입자가 태어나는 순간 그것을 끌어당겨 부숴버리고 말 것이다.

그러나 우주론은 입자물리학의 성과, 특히 고에너지 상태에서 자연의 힘들이 결합하는 방식에 대한 탐구에서 나온 성과를 도입함으로써 1980년대에 들어서서 변화하기 시작한다. 제3장에서 이미 살펴봤듯이, 입자와 장들이 상호작용하는 방식을 가장 잘 보여주는 모형들로부터 우리는 고에너지 상태에서 현재 우리가 알고 있는 자연의 네 가지 힘들이 하나의 초(超)힘으로 통일되어 있었을 것임을 알게 되었다. 그것은 우주가 태어날 때 플랑크 입자(또는 입자들) 내에 존재했을 상황이었다. 그러나 플랑크 길이의 규모에서 중력은 즉시 다른 힘들에서 분리된 채 자신의 길을 갔을 것이다. 그러자 나머지 힘들도 매우 빠른 속도로 중력의 뒤를 따랐을 것이다. 모형들에 따르면, 자연의 네 가지 힘들의 이와 같은 쪼개짐에 의해, 이용할 수 있는 에너지의 일부가 바깥으로 향하는 거대한 힘으로 전환되어 우주 씨앗을 찰나에 급격하게 확대시킴으로써 (아주 짧은 시간 동안) 양자 씨앗을 붕괴시키려는 중력장의 경향성을 완전히 제압하게 되었다.

이런 방식으로 방출된 에너지는 종종 수증기가 액화할 때 방출되는 에너지——숨은 열이라고 알려진——와 비유되곤 한다. 숨은 열은 물이 고에너지 상태에서 저에너지 상태로 변화할 때 발생한다. 예를 들면, 숨은 열은 허리케인의 추동력인데, 허리케인이 형성되고 있는 곳에서는 수증기가 액화하면서 많은 열이 방출되기 때문에 소용돌이치는 거대한 공기의 대류가 생성되는 것이다. 허리케인이 소용돌이치는 것은 지구의 회전 때문이지만, 우주는 회전하고 있지 않다. 우주의 탄생은 우주의 허리케인과 같은 과정을 밟았지만 우주 허리케인에서 불었던 모든 바람들은 오직 한 방향, 즉 밖으로만 향했다.

이런 아이디어는 '인플레이션'(inflation)으로 알려지게 되었으며, 인플레이션의 가장 핵심적인 특징은 그것(팽창)이 지수함수의 성격을 띠고 있다는 것이다. 현재 우주 팽창은 선형에 가깝다. 즉 만약 두 은하의 거리가 50억 년 동안 두 배였다면, 그 다음 50억 년 동안에도 두 은하의 거리는 네 배가 될 것이다(실제로는 50억 년 동안 '정확히' 두 배가 되었던 것은 아닌데, 현재 중력의 영향 때문에 팽창속도가 서서히 줄어들고 있기 때문이다).

그렇지만 지수함수적으로 팽창이 일어나는 동안의 변화 양상은 이와 다르다. 두 입자의 거리가 1초 동안 두 배가 되었다면, 그 거리는 2초 후에는 네 배, 3초 후에는 여덟 배, 이런 식으로 매우 급속하게 증가할 것이다. 아주 초기 우주에서, 두 배의 크기를 갖는 데 걸린 시간은 약 10^{-34}초였는데, 이것은 10^{-32}초의 공간에서 초기 우주의 크기는 약 100배로 팽창되었음을 의미한다. 이 시간은 양자의 10^{20}분의 1 크기인 우주 씨앗을 지니며, 우주의 나이가 10^{-31}초가 되기도 전에 그 우주 씨앗을 대략 포도알의 크기로 팽창시키기에 충분한 것이었다. 그때 자연의 힘들이 모두 분리됨으로써 팽창은 중단된다. 그렇다 하더라도 포도알 크기의 우주(현재 전체 우주의 모든 질량-에너지를 포함하고 있던)는 빅뱅에서 매우 급속히 확장되고 있던 상태로 남아 있었기 때문에 중력이 수천억 년 동안 지속될 팽창을 멈출 수 없었다.[4]

천문학자들은 인플레이션이라는 아이디어에 열광했는데, 그것이 빅뱅의 시작에 대한 설명 모형을 제공했기 때문이다. 입자물리학자들이 이 아이디어에 열광한 것은 그것이 지구에서 도달할 수 있는 어떤 것보다 훨씬 큰 에너지 상태에서 자신들의 이론을 시험할 수 있도록 해주었기 때문이다. 다른 모든 좋은 과학이론이 그렇듯 인플레이션도 전체 우주에 대한 관찰을 통해 시험할 수 있는 예측들을 제공했기 때문에 두 진영 모두 기뻐했다. 대체로 인플레이션은 이런 시험들을 통과했다. 아직도 우리가 우주 탄생에 대해 이해하지 못하는 것들이 여전히 많지만 말이다.

이 전체 아이디어 꾸러미가 현재까지 통과했던 가장 인상적인 시험

---

4) 이런 아이디어에 대한 흥미로운 차이가 있는데, 이 점에 대해서 언급하지 않을 수 없다. 우리는 전체 우주의 씨앗이었던 양자요동이 '무', 즉 특이점의 양자등가(quantum equivalent)에서 나타날 수 있었음을 제시한 바 있다. 그러나 이런 양자 특이점들이란 바로 블랙홀들의 중심에서 형성된다고 여겨지는 바로 그것인데, 그곳에서는 하나의 점을 향한 물질의 붕괴가 일어난다. 일부 과학자들은 진지하게 특이점을 향한 이런 붕괴가 인플레이션을 포함한 양자과정들에 의해 역전될 수 있음을 제시하고 있다. 이때 양자과정들은 되튀기면서(또는 어떤 점에서는 옆으로 빠져 있음으로써) 자신들의 고유한 시공간으로 팽창하는 새로운 우주들을 생산한다. 우리 우주에 있는 모든 블랙홀들은 다른 우주로 통하는 출입문일 수 있고, 우리 우주는 다른 우주에 있는 블랙홀의 붕괴에 의해 형성되었을 수 있는 것이다. 이 과정에서 광대한 시공간에서 거품우주들의 무한 바다가 형성되었을 수 있고, 따라서 모든 것에 대한 유일한 기원이라는 생각은 제거될 수 있다. 그리고 붕괴와 팽창 모두에 포함된 총에너지가 제로(0)이기 때문에 얼마나 많은(또는 적은) 양의 질량이 블랙홀 속으로 붕괴되는지는 중요하지 않다. 블랙홀은 여전히 다른 곳에서 완전한 크기를 가진 우주를 만들 수 있다.

은 우리가 이미 살펴봤던 배경복사에서의 파문들과 관련되어 있다. 현재 우리가 보는 파문들은 우주의 나이가 50만 년이 되었을 때 새겨지게 된 것으로서, 물질(뜨거운 기체 구름들의 형태로 있던)들이 팽창 중인 우주 내에서 붕괴하면서 별과 은하들을 형성했던 바로 그때 분포되었던 것이다. 인플레이션 이론에 따르면, 우주의 지름이 단지 10^{-25}(플랑크 길이보다 1억 배가 큰)에 불과했을 때, 우리가 이 책의 초반부에서 살펴봤던 것과 같은 '보통의' 양자요동들에 의해 그 당시 우주 구조에서 작은 파문들이 형성되었어야 한다. 인플레이션이 일어나는 동안 지수함수적 성장과정에 의해 우주의 모든 것들이 급속히 팽창되었을 뿐만 아니라, 그 과정에서 보통의 양자요동으로 생겨난 작은 파문들이 잡아당겨지면서 우주 전체에 그것들의 흔적을 찍어놓았을 것이 분명하며, 그것은 장소에 따라 물질의 밀도가 차이를 보이는 형태를 띠고 있었을 것이다.

COBE와 다른 탐지기들에서 관찰된 배경복사에 있는 파문들은 이런 방식으로 양자요동들을 불러일으킴에 따라 생성되었을 것이라고 예측되는 파동들과 완전히 일치한다. 만약 모형들이 옳다면, 원시 양자요동이 없었다면 우리 우주는 결코 존재하지 않았을 것이고, 이런 이차 양자요동들이 없었다면 우주의 기원을 둘러싼 수수께끼를 풀려는 사람들도 없었을 것이다. 모든 것들이 평탄하고 균일하여 어떤 별들도 형성될 수 없었을 것이기 때문이다. 현재까지 다른 어떤 모형도 우주가 전체적으로 매우 균일하면서도(인플레이션 때문에), 동시에 은하들과 은하군들을 만드는 데 필요한 것과 정확히 같은 종류의 파문들을 포함하는(또한 인플레이션 때문에) 이유를 설명하지 못하고 있다.

임프들의 바다

이것은 인플레이션이 이미 알려져 있는 어떤 것—우리가 존재한다는 사실—을 설명하는 방식에 대한 하나의 예이다. 인플레이션은 사실적이고 실험 가능한 예측을 할 수 있는가? 지구의 실험실에서 실제로 실험할 수 있는 것은 있는가? 대답은 '예'이다. 이 주제에 대한 모든 변수들을 고려함할 때 핵심 필요조건들 중의 하나로는 우주에 있는 물질의 양은 중력장의 음(−)에너지의 양과 균형을 이루어야만 한다는 것을 들 수 있다. 완전한 균형은 우주가 모든 방향으로 무한히 확대하여 재붕괴—무한히 퍼져 있던 입자구름이 하나의 점으로 붕괴하는 과정에 대한 시간이 역전된 거울상—되지 않고 그곳을 배회하는 데 필수적이다. 일반상대성이론에 의하면, 이런 사실은 시공간이 두드러진 굴곡 없이 전체적으로 평평해야만 함을 의미한다.[5]

좀더 일상적인 언어로 표현하면, 이런 사실은 현재 우리가 계속해서 목격하고 있는 팽창이 영원히 계속되지 않을 뿐만 아니라 중력에 의해 역전되어 우주가 재붕괴되는 일도 일어나지 않을 것임을 의미한다. 이런 무한한 배회는 우주에 임계질량을 지니고 있을 때에만 발생하는데, 이 질량은 우리가 별과 은하의 형태로 볼 수 있는 밝은 모든 물체보다 약 100배 많은 양에 해당한다. 달리 말하면, 우주의 질량의 대부분이 암흑물질(dark matter)의 형태로 있다는 것이 인플레이션의 예측인 것이다.

천문학자들은 이 점을 충분히 인정하고 있다. 이미 우주에는 우리가 볼 수 있는 것보다 많은 물체들이 있다는 것을 알고 있기 때문이다. 공

---

5) 우주가 평면에 매우 가깝지만 완전히 평면은 아니라는 주제에 대해서 약간 다른 입장들이 있다. 이런 사실이 이후의 논의에 영향을 미치지는 않는다.

간 속에서 은하들이 회전하고 이동하는 방식에 대한 연구를 통해볼 때, 그것들이 보이지 않는 물질에 의해 끌어당겨지고 있음은 분명하다. 천문학적 증거에 의하면, 우주에는 밝은 물체보다 최소한 10배, 최대로 100배가 많은 암흑물질들이 있다.

그러나 이 장의 초반에서 대략 살펴본, 빅뱅에서 물질의 진행 방식에 대한 계산은 이 물질들(밝은 물질 또는 암흑물질) 중 얼마가 양성자와 중성자(함께 우리를 구성하는 물질의 일종인 중입자(baryon) 물질의 핵을 형성하는)의 형태로 있을 수 있는지를 한계짓는다. 빅뱅에서 진행되었던 과정들—양성자, 중성자, 전자, 중성미자 등을 포함한 상호작용들—은 이런 상호작용들이 발생했던 최초의 몇 초 동안 이 물질의 밀도에 의해 결정적인 영향을 받았다. 26퍼센트의 헬륨과 74퍼센트의 수소의 정확한 혼합을 도출하기 위해서는, 오늘날 중입자의 형태로 존재하는 임계질량의 몇 퍼센트 이상은 지닐 수 없었다. 만약 이 물질들이 우주가 젊었을 때 헬륨을 만드는 핵융합반응들에 관여하지 않았다면 다른 종류의 물질들이 있을 수 있었겠지만, 중입자만을 사용하여 우주를 평평하게 만들 수는 없다.

입자물리학자들도 이 점을 충분히 인정하고 있다. 입자와 장에 관한 그들의 표준이론들, 최초로 인플레이션을 예측한 바로 그 모형들은 또한 우리가 아직까지 보지 못한 어떤 것, 즉 중입자가 아닌 물질(non-baryonic matter)로 이루어진 다른 종류의 입자들의 존재를 예측하기 때문이다. 이런 입자들은 아직까지 탐지되지 않았는데, 모형들에 따르면, 이 입자들은 강한 힘 또는 전자기력(그들은 심지어 약한 힘)을 느낄 수 없기 때문이다. 그들은 중력에 의해서 우주의 나머지와 상호작용을 할 수 있을 뿐이다. 결과적으로, 그것들은 다른 힘들로부터 중력이 분리되자마자 모든 것들과의 관계를 단절하게 되는데, 이런 단절의 시간은 우주의 탄생 시기로 거슬러 올라간다. 아직까지 이런 입자들이 탐지되지 않고 있지만, 모형들에 의해 그것들이 지녀야만 하는 질량과 성질들이 예측되고 있다. 그리고 이들에게는 '포티노스'(photinos)라는 이름이 붙었다.

일반적으로, 이런 부류의 물질을 '약하게 상호작용하는 무거운 입자'(Weakly Interacting Massive Particle) 또는 윔프(WIMP)라고 부른다. 그것들은 질량을 가지고 있지만 일상적인 물질과는 매우 강하게 상호작용하지 않기 때문에 이런 이름이 붙었다. 원리적으로 매우 다른 종류의 윔프가 존재할 수 있다. 이것들은 초기우주의 에너지가 충만한 환경에서 풍부하게 형성되었을 가능성이 있지만, 가장 가벼운 윔프들(아마 포티노스)만이 안정된 상태로 남게 되었고 다른 모든 윔프들은 우주 역사의 아주 초기상태에서 가장 가벼운 상태로 붕괴되었을 가능성이 크다.

물론, 천문학자와 입자물리학자들 모두가 원하는 것은 이런 입자들을 직접 탐지할 수 있는 방법인데, 이것은 앞으로 몇 년 안에 가능하게 될 것이다. 그들의 존재가 추측되고 있는 만큼 윔프의 탐지가 비교적 쉬워야만 하는데, 그것은 그들이 가지고 있을 것으로 예상되는 질량이 양성자의 질량에 해당하기 때문이다. 또한 모형들이 우리가 윔프들의 바닷속에서 헤엄치고 있음을 제시하고 있기 때문이다.

만약 윔프들이 양성자 또는 중성자의 질량과 비슷한 범위의 질량을 가지고 있다면, 그리고 우주의 암흑물질이 밝은 물질보다 100배가 많다면, 우주에는 중입자보다 100배 많은 윔프들이 있어야만 한다. 별과 은하들에 집중되어 있는 중입자들과는 달리, 윔프들은 우주 전체에 비교적 골고루 퍼져 있을 것이다(하늘에 있는 은하군에 의해 형성되는 패턴들의 모습에서 이에 대한 간접적인 증거를 찾을 수 있다. 그리고 컴퓨터 시뮬레이션에 따르면, 밝은 중입자 물질이 더 균일한 차가운 바다, 즉 암흑물질 속에 파묻혀 있을 때에만 관측된 은하들의 패턴이 형성될 수 있다).

간단한 계산을 통해 우리 주변의 공간에는 1세제곱센티미터당 약 1만 개의 윔프들이 있다는 것을 알 수 있다. '빈' 공간뿐만 아니라 우리가 숨쉬는 공기, 고체 지구, 태양의 중심 등 보통 물질로 채워진 공간에서도 그렇다(그러나 온도가 섭씨 0도일 때 해수면에서 1세제곱센티미터의 부피를 가진 공기 속에 45×10^{18}개의 분자들이 있음을 기억한다면 이 수는 그다지 인상적인 것 같지는 않다). 이런 윔프들은 1초당 200킬로미터의 속도로 우주 벌떼처럼 실험실을 뚫고 지나가고 있을 것이고, 그들 대부분은 인간 크기의 어떤 물체를 전혀 인식하지 못한 채 그냥 지나치고 있을 것이다.

이런 윔프들 중에서 단지 몇 개만이 원자핵과 부딪치면서 움찔거리는 일이 발생할 것이다(러더퍼드가 발견했듯이, 원자는 중심에 자그마한 핵을 가지고 있을 뿐 나머지 대부분이 빈 공간이라는 사실을 기억하기 바란다). 1킬로그램의 물질(아무 물질이나)에는 약 10^{27}개의 중입자가 있다. 매일 1킬로그램의 물질 내부에서 원자핵 충돌을 하는 윔프들(아직 밝혀지지 않은 그들의 고유한 성질에 기초하여)은 몇 개에서 몇백 개 사이에 이를 것인데, 현재 작동 중인 윔프 탐지기들은 이런 원리에 기초하고 있다.

만약 윔프가 실제로 원자핵과 충돌을 일으키고 있다면, 그 원자핵은 그 사실을 인식할 것이다. 그러나 일상적으로 원자핵들은 계속해서, 공간에서 날아온 우주선이나 열운동 등에 의해 피폭당하고 있다. 윔프들과의 충돌결과를 식별하기 위해서는 이런 배경 잡음들을 제거해야만 한다. 따라서 윔프 탐지기들은 탄광 갱도의 바닥이나 산맥 밑의 터널에 있는 실험실에서 매우 낮은 온도에서 외부로부터의 영향을 차단시켜주는 매우 순수한 물질로 둘러싸여 있다. 그곳에서 탐지기들은 절대온도 0도에 가까운 온도로 냉각된 채, 만약 탐지기들이 윔프의 충돌에 의해 교란될 때 그것을 인식할 수 있는 매우 민감한 탐지기들에 의해 감시되고 있다.

입자물리학의 대통일장이론이 예측하고 있는 성질들(암흑물질의 성격을 설명하기 위해 천문학자들이 필요로 했던 것과 같은 성질들)을 지닌 윔프의 충돌을 기록하기 위한 민감도를 갖춘 탐지기들은 이제 막 작동하기 시작했고, 벌써 두 연구팀이 윔프를 탐지했다는 주장도 있었지만, 아직은 그 주장이 충분치 않은 것으로 모두 기각되었다.

결정적인 실험들은 21세기 초반에 실행될 것이고, 그때 윔프가 존재한다면 그것들은 낱낱이 관찰될 수 있을 것이다. 최초로, 우리는 우주 질량의 99퍼센트를 대표하는 입자들과 직접적으로 실험을 통해 접촉하게 될 것이다. 그러나 이런 실험들에서 부정적인 결과가 나올 수도 있다. 그것은 결정적으로 윔프들이 존재하지 않는다는 것을 의미하게 될 것이다. 즉 모형들이 틀렸다는 것을 의미한다.

부정적 결과는 안타까운 일이 될 것이다. 전체 윔프 이야기가 우리를 그토록 흥분시키는 이유는 입자모형들에 의해 예측된 윔프들의 성질들은 천문학자들이 암흑물질을 이루기 위해서 필요하다고 예측한 바로 그 입자들의 성질이기 때문이다. 이것은 처음부터 서로 반대방향으로 가는 것처럼 보였던 과학분과들 중 하나는 매우 작은 세계(미시)로 파고들어가고, 다른 하나는 매우 큰 세계(거시)를 향해 나가는 사이에 가장 극적인 일치이다.

만약 윔프들이 몇 년 내에 관측되고, 그것들이 예측된 것과 같은 성질들을 지니고 있다면, 이런 큰 것(거시)과 작은 것(미시) 사이의 일치는 과학적 방법 전체에 대한 가장 훌륭한 옹호가 될 것이다. 그러나 그것들이 관측되지 않으면, 우리는 다시 생각해야만 할 것이다. 그것은 과학적 방법 자체에 대해서가 아니라 구체적으로 이 모형의 집합에 대해서만 그렇다는 것이다. 어느 것이 되든, 당신은 과학이 지금까지 이

룩해왔던 가장 중요하고 멀리 뻗어나간 생각들 중의 하나를 확인할 수 있는 곳에서 가장 가까운 자리를 잡고 앉아 있는 셈이다. 이 확인의 결과가 무엇이든, 과학이 우리에게 가르쳐왔던 가장 근본적이고 중요한 것들은 결코 바뀌지 않을 것이다. 전체 모형이 얼마나 아름다운가와 관계 없이, 현재 그것이 얼마나 자연스럽게 맞아떨어지느냐에 관계 없이, 만약 모형이 실험결과와 일치하지 않으면, 그 모형은 틀린 것이다.

참고문헌

Dawkins, Richard, *River out of Eden*(Weidenfeld & Nicolson, London, 1995).

Eddington, Arthur, *The Nature of the Physical World*(Folcroft Library Editions, Folcroft, Pennsylvania, 1935)

Emiliani, Cesare, *The Scientific Companion*(Wiley, New York, 2nd edn, 1995).

Feynman, Richard, *The Character of Physical Law*(Penguin, London, 1992).

Feynman, Richard, *Six Easy Pieces*(Addison-Wesley, Boston, 1995).

Feynman, Richard, *Six Not So Easy Piecs*(Penguin, London, 1998).

Fortey, Richard, *Life: An unauthorised biography*(HarperCollins, London, 1997).

Fritzsch, Harald, *Quarks*(Allen Lane, London, 1983).

Gribbin, John and Mary, *Richard Feynman: A life in science*(Viking, London, and Dutton, New York, 1997).

Gribbin, Mary and John, *Being Human*(Phoenix, London, 1995).

Mason, Stephen, *Chemical Evolution*(Oxford UP, 1992).

Murdin, Paul and Lesley, *Supernovae*(Cambirdge UP, 1985).

Scott, Andrew, *Molecular Machinery*(Blackwell, 1989).

Trefil, James, *From Atoms to Quarks*(Scribner's, New York, 1980).

Watosn, James, *The Double Helix*(Critical edition, ed. Gunther Stent, Weidenfeld & Nicolson, 1981).

Weiner, Jonathan, *The Beak of the Finch*(Jonathan Cape, London, 1994).

찾아보기

은밀한 몸

한스 페터 뒤르 지음 · 박계수 옮김
여성의 몸, 수치의 역사

'은밀한 그곳'에 대한 여성의 수치심과 그 본능의 역사. 시대와 지역, 민족을 초월하여 나타나는 여성들의 성기에 관한 수치심의 역사
· 46판 | 양장본 | 672쪽 | 값 22,000원

음란과 폭력

한스 페터 뒤르 지음 · 최상안 옮김
성을 통해 본 인간 본능과 충동의 역사

쾌락과 공격의 두 얼굴로 사용된 '성' 그 폭력의 역사. 시대와 지역, 민족을 초월하여 나타나는 인류 공동의 잔혹한 성 형태를 통해 본 음란과 폭력의 역사
· 46판 | 양장본 | 864쪽 | 값 24,000원

위대한 항해자 마젤란 1·2

베른하르트 카이 지음 · 박계수 옮김
나는 미지의 세계, 불가능의 세계를 항해한다

발견과 모험으로 가득한 마젤란의 극적인 일생과 근세 초 인간의 세계관과 항해자의 일상에 대한 통찰을 제공하는 흥미진진한 1123일의 항해 드라마
· 신국판 | 반양장 | 각권 값 12,000원

흑사병 *The Black Death*

필립 지글러 지음 · 한은경 옮김
14세기 전 유럽을 강타한 '죽음의 병'의 실체

흑사병의 이름에서 시작하여 그것이 미친 영향까지 한 시대를 휩쓴 병과 고통받은 사람들의 이야기를 누구나 읽기 쉽게 풀어쓴 흑사병 리포트
· 신국판 | 양장본 | 400쪽 | 값 18,000원

과학의 시대!

제라드 피엘 · 전대호 옮김
과학자들은 비밀과 원리를 어떻게 알아냈는가

이 책은 극미의 원자세계에서 광활한 우주까지, 인류 과학발전의 위대한 성과와 인간 지식의 찬란한 진보의 기록을 담은, 한마디로 '괴물 같은 책'이다.
· 신국판 | 반양장 | 508쪽 | 17,000원

지식의 최전선

김호기 · 임경순 · 최혜실 외 52인 공동집필
세상을 변화시키는 더 새롭고 창조적인 발상들

시사저널 2002 올해의 책/조선일보 2002 올해의 책
제43회 한국백상출판문화상/한국출판인회의 9월의 책
문화관광부 2002 우수학술도서
· 신국판 | 양장본 | 712쪽 | 값 30,000원

월경越境하는 지식의 모험자들

강봉균 · 박여성 · 이진우 외 53명 공동집필
혁명적 발상으로 세상을 바꾸는 프런티어들

"지식의 모험자들은 창조적 발상과 능동적인 실천력으로 미래의 시간을 앞당긴다. 그들이 보여주는 미래의 그림을 엿보면서 세계를 향해 지적 모험을 감행한다."
· 신국판 | 양장본 | 888쪽 | 값 35,000원

뜻으로 본 한국역사

함석헌 지음
살아 있는 역사정신 함석헌을 만난다

"역사를 아는 것은 지나간 날의 천만 가지 일을 뜻도 없이 그저 머릿 속에 기억하는 것이 아니다. 값어치가 있는 일을 뜻 있게 붙잡아내는 것이다."
· 신국판 | 반양장 | 504쪽 | 값 15,000원

대서양 문명사

김명섭 지음
거친 바다를 건너 세계를 지배한 열강의 실체

"광대한 대서양을 배경으로 벌어진 제국들 간의 치열한 경주. 팽창 · 침탈 · 헤게모니의 역사로 물든 문명의 빛과 어둠을 파헤친다."
· 신국판 | 양장본 | 760쪽 | 값 35,000원

간디 자서전

함석헌 옮김
영원한 고전, 간디의 진리실험 이야기

"당신도 나의 진리실험에 참여하기 바랍니다. 나에게 가능한 것이면 어린아이들에게도 가능하다는 확신이 날마다 당신의 마음속에 자라날 것입니다."
· 46판 | 양장본 | 648쪽 | 값 13,000원

서양의 관상학 그 긴 그림자

설혜심 지음
고대부터 20세기까지 서구 관상학의 역사를 추적한다

"나와 타자를 이분법적으로 나누었던 관상학의 긴 역사. 관상학이란 그 시대에 잘 풀릴 수 있는 사람과 아닌 사람을 구별짓는 코드였다."
· 신국판 | 양장본 | 372쪽 | 값 22,000원

세계와 미국

이삼성 지음
20세기를 반성하고 21세기를 전망한다

"미국과 세계에 관한 연구는 단순히 정치사나 외교사적 서술로 끝날 수 없다. 그것은 우리의 존재양식, 우리의 사유양식, 우리 자신의 연구일 수밖에 없다."
· 신국판 | 양장본 | 836쪽 | 값 30,000원

자기의식과 존재사유

김상봉 지음
칸트철학과 근대적 주체성의 존재론

"모든 나는 비어 있는 가난함 속에서 하나의 우리가 된다. 참된 존재사유는 모든 나를 없음의 어둠 속으로 불러모음으로써 하나의 우리로 만드는 실천이다."
· 신국판 | 양장본 | 392쪽 | 값 18,000원

그리스 비극에 대한 편지

김상봉 지음
슬픔의 미학을 통해 인간의 고귀함을 사유한다

"내가 타인의 고통으로 눈물 흘리고 우주적 비극성 앞에서 전율할 때 나의 사사로운 고통과 번민은 가벼워지고 나의 정신은 무한히 넓어집니다."
· 신국판 | 반양장 | 400쪽 | 값 15,000원

나르시스의 꿈

김상봉 지음
자기애에 빠진 서양정신을 넘어 우리 철학의 길로 걸어라

"자기도취에 뿌리박고 있는 서양정신은 영원한 처녀신 아테나처럼 품위와 단정함을 지킬 수는 있겠지만 아무것도 잉태할 수 없는 불임의 지혜다."
· 신국판 | 양장본 | 396쪽 | 값 20,000원

호모 에티쿠스

김상봉 지음
윤리적 인간의 탄생을 위하여

"참으로 선하게 살기 위해 우리는 희망 없이 인간을 사랑하는 법을, 보상에 대한 기대 없이 우리의 의무를 다하는 법을 배우지 않으면 안 됩니다."
· 신국판 | 반양장 | 356쪽 | 값 10,000원

중국인의 상술

강효백 지음
상상을 초월하는 중국상인들의 장사비법

"개방적인 자세로 상술을 펼쳐나가는 광둥사람, 신용 하나로 우직하게 밀고나가는 산둥사람. 이들이 바로 오늘의 중국을 움직이는 중국상인들이다."
· 신국판 | 반양장 | 360쪽 | 값 12,000원

그림자

이부영 지음
분석심리학의 탐구 제1부…우리 마음 속의 어두운 반려자

"인간의 내면, 그 어두운 측면을 성찰하는 시간을 갖는다는 것은 하나의 축복이다. 나는 융의 그림자 개념을 통해 우리의 마음과 사회현실을 비추어 본다."
· 신국판 | 반양장 | 336쪽 | 값 10,000원

아니마와 아니무스

이부영 지음
분석심리학의 탐구 제2부…남성 속의 여성, 여성 속의 남성

"당신은 첫눈에 반한 이성이 있는가. 가까워지고 싶은 조바심, 그리움과 안타까움. 이때 두 남녀는 상대방을 통해 자신의 아니마와 아니무스를 경험한다."
· 신국판 | 반양장 | 368쪽 | 값 12,000원

자기와 자기실현

이부영 지음
분석심리학의 탐구 제3부…하나의 경지, 하나가 되는 길

"자기실현은 삶의 본연의 목표이며 값진 열매와 같다. 우리는 인간의 본성을 좀더 이해할 필요가 있다. 모든 재앙의 근원은 바로 우리 자신이기 때문이다."
· 신국판 | 반양장 | 356쪽 | 값 15,000원

사랑의 풍경

시오노 나나미 · 백은실 옮김
목숨과 명예를 걸고 과감하게 사랑을 한 여인들의 이야기

"인간의 사랑과 드라마에는 역사가 없다. 르네상스 시대 사람들도 사랑에 속아 슬피 울기도 하고, 질투에 눈이 멀어 자신의 삶을 파멸로 몰아넣기도 한다."

· 46판 | 양장본 | 260쪽 | 값 12,000원

로마인 이야기 11

시오노 나나미 · 김석희 옮김
마침내 시오노 나나미판 로마제국 쇠망사가 시작된다

"강력한 권력을 부여받은 지도자의 존재이유는 언젠가 찾아올 비에 대비하여 사람들이 쓸 수 있는 우산을 미리 준비하는 데 있다."

· 신국판 | 반양장 | 440쪽 | 값 12,000원

나의 인생은 영화관에서 시작되었다

시오노 나나미 · 양억관 옮김
시오노가 들려주는 고품격 영화에세이

"정의 · 관능 · 사랑 · 전쟁 · 죽음 · 품격 · 아름다움, 그리고 영원히 해결되지 않는 문제에 대하여 나는 말한다. 내가 사랑하는 모든 영화로."

· 46판 | 양장본 | 350쪽 | 값 12,000원

바다의 도시 이야기 상 · 하

시오노 나나미 · 정도영 옮김
베네치아 공화국, 그 1천년의 메시지는 무엇인가

"천혜의 자원이라고는 아무것도 없었던 바다의 도시가, 어떻게 국체를 한 번도 바꾼 일 없이 그토록 오랫동안 나라를 이끌어갔는가."

· 신국판 | 반양장 | 584쪽 내외 | 각권 값 15,000원

비평의 해부

노스럽 프라이 · 임철규 옮김
호메로스부터 제임스 조이스까지 서구의 고전을 해부한다

"비평은 과학적 객관성을 바탕으로 하는 독립된 학문이 되어야 한다. 재능 없는 문학도가 감탄과 질투를 배설하는 기생적인 문학 장르에서 벗어나야 한다."

· 신국판 | 양장본 | 706쪽 | 값 25,000원

낭만적 거짓과 소설적 진실

르네 지라르 · 김치수 송의경 옮김
문학 지망생의 필독서이자 문학 이론의 고전

"이 책은 오늘날 우리의 욕망체계를 소설 주인공의 욕망체계에서 발견하여 우리가 살고 있는 사회적 특성을 제시한 탁월한 고전이다."

· 신국판 | 양장본 | 430쪽 | 값 20,000원

한비자 I · II

한비 · 이운구 옮김
동양의 마키아벨리 한비자의 국가경영의 법

"인간의 애정이나 의리 자체를 경솔하게 부정하려는 것이 결코 아니다. 현실적으로 사랑보다는 힘(권력)의 논리가, 의(義)보다는 이(利)가 앞선다는 것이다."

· 신국판 | 양장본 | 968쪽 | 각권 값 25,000원

증여론

마르셀 모스 · 이상률 옮김 류정아 해제
선물주기와 답례로 풀어낸 인간사회의 실체

"주기와 받기, 답례로 이루어진 선물의 삼각구조가 총체적인 사회적 사실이 되어 사회구조를 작동시킨다."

2003 문광부 우수학술도서 선정

· 신국판 | 양장본 | 308쪽 | 값 20,000원

춤추는 상고마

장용규 지음
『슬픈열대』를 잇는 한국인이 쓴 아프리카 민족지 1호

주술사인 '상고마'를 통해 아프리카 문화 읽기를 시도한 책. "아프리카는 화석으로 굳어버린 과거가 아니라 펄펄 살아 움직이는 역동적인 땅이었다."

· 국판 | 반양장 | 356쪽 | 값 12,000원

관용론

볼테르 · 송기형 임미경 옮김
18세기 전제정치에 맞서는 볼테르의 관용정신

"모든 사람들이 똑같은 방식으로 생각하기를 바라는 것은 터무니없는 욕심이다. 인간 세계의 사소한 차이들이 증오와 박해의 구실이 되지 않기를."

· 신국판 | 양장본 | 308쪽 | 값 22,000원

로마사 논고

니콜로 마키아벨리 · 강정인 안선재 옮김
마키아벨리 정치사상의 핵심 논저!

"잘 조직된 공화국은 시민에 대한 상벌제도가 분명하며, 공을 세웠다고 하여 잘못을 묵인하지 않는다. 군주는 은혜를 베푸는 일을 지체해서는 안 된다."
· 신국판 | 양장본 | 596쪽 | 값 30,000원

인류학의 거장들

제리 무어 · 김우영 옮김
인물로 읽는 인류학의 역사와 이론

"타일러와 모건의 시대로부터 포스트모더니즘에 이르기까지 인류학의 발달과정을, 21명의 '가장 인류학자'들을 통해 설명한다." 2003 문광부 우수학술도서 선정
· 46판 | 양장본 | 456쪽 | 값 15,000원

금기의 수수께끼

최창모 지음
인류학으로 풀어내는 성서 속의 금기와 인간의 지혜

"금지된 지식에 대해 알고자 하는 인간의 욕망과 그것에 대해 안다는 것 사이의 관계는 무엇인가. 알고자 하는 욕망이 죄인가, 아는 것이 문제인가."
· 46판 | 양장본 | 352쪽 | 값 15,000원

르네상스 미술기행

앤드루 그레이엄 딕슨 · 김석희 옮김
BBC 방송이 기획하고 출판한 최고 권위의 미술체험

"우리가 보는 것은 미술관 속의 과거가 아니라, 우리가 살고 있는 지금 여기입니다. 그만큼 르네상스 시대의 예술작품은 우리의 현재와 연결되어 있습니다."
· 신국판 올컬러 | 양장본 | 488쪽 | 값 25,000원

동과 서의 茶 이야기

이광주 지음
차 한잔의 여유가 놀이와 사교의 풍경을 이룬다

"나는 아직 차의 참맛을 모른다. 더욱이 다중선(茶中仙)의 경지란? 그러나 차와 찻잔이 놓인 자리에서 나는 매일 헌(閑)을 즐기는 호모 루덴스가 된다."
· 46판 올컬러 | 양장본 | 396쪽 | 값 20,000원

보르도 와인 기다림의 지혜

고형욱 지음
맛 전문가 고형욱의 매혹적인 보르도 와인여행

"진홍빛 파도가 입 안에 가득 밀려온다. 와인 한 잔의 맛과 낭만을 말해 무엇하랴. 잘 숙성되어 원숙해진 와인은 변함없는 친구처럼 사람들을 감동시킨다."
· 46판 올컬러 | 양장본 | 300쪽 | 값 18,000원

베네치아에서 비발디를 추억하며

정태남 지음
건축가가 체험한 눈부신 이탈리아 음악여행

"벨칸토의 본고장 나폴리에서, '토스카'의 배경 로마, 롯시니를 성장시킨 볼로냐, 베르디의 도시 밀라노를 거쳐 찬란한 빛과 선율의 도시 베네치아까지."
· 신국판 올컬러 | 양장본 | 336쪽 | 값 15,000원

지중해의 영감

장 그르니에 · 함유선 옮김
시적 명상 · 철학적 반성 · 찬란한 지중해의 찬가

"알제의 구릉 위에서 맞이한 열기 가득한 밤들, 욕망처럼 입술을 바짝 마르게 하는 시로코 바람, 이탈리아의 눈부신 풍경들과 사람들의 열정."
· 46판 | 양장본 | 236쪽 | 값 12,000원

침묵의 언어

에드워드 홀 · 최효선 옮김
시간과 공간이 말을 한다

"홀은 사람들이 언어를 사용하지 않고 서로 '이야기를 나누는' 다양한 방식을 분석하고 있다. 부지간에 행하는 인간의 모든 몸짓과 행동들."
· 신국판 | 반양장 | 288쪽 | 값 10,000원

문화를 넘어서

에드워드 홀 · 최효선 옮김
문화의 숨겨진 차원을 초월하라

"사람들은 지금까지 자신의 생활방식만을 당연시해왔다. 이제 인류는 잃어버린 자아와 통찰력을 되찾기 위하여 문화를 넘어서는 힘든 여행을 떠나야 한다."
· 신국판 | 반양장 | 372쪽 | 값 12,000원

생명의 춤

에드워드 홀 · 최효선 옮김

시간의 문화적 성격에 관한 인류학적 보고서

"시간은 하나의 문화가 발달하는 방식뿐만 아니라 그 문화에 속한 사람들이 세계를 체험하는 방식과도 밀접한 관련을 맺고 있다."

· 신국판 | 반양장 | 354쪽 | 값 12,000원

숨겨진 차원

에드워드 홀 · 최효선 옮김

공간의 인류학을 위하여

"홀은 인간이 공간을 사용하는 방식이 어떻게 사적이고 업무적인 관계, 문화간의 상호작용, 건축 등에 영향을 미칠 수 있는가를 날카롭게 관찰한다."

· 신국판 | 반양장 | 328쪽 | 값 12,000원

문화의 수수께끼

마빈 해리스 · 박종렬 옮김

문화의 기저에 흐르는 진실은 무엇인가

"힌두교는 왜 암소를 싫어하며, 남녀불평등은 무엇에서 비롯되었으며, 그 결과는 어떤 생활양식을 만드는가? 인류의 생활양식의 근거를 분석한 탁월한 명저."

· 신국판 | 반양장 | 232쪽 | 값 10,000원

음식문화의 수수께끼

마빈 해리스 · 서진영 옮김

기이한 음식문화에 관한 문화생태학적 보고서

"마빈 해리스의 해석을 따라 기이한 음식문화의 풍습을 하나씩 검토하다보면, 우리는 인간의 놀라운 적응력과 엄청난 다양성을 깨닫게 될 것이다."

· 신국판 | 반양장 | 328쪽 | 값 10,000원

식인과 제왕

마빈 해리스 · 정도영 옮김

문명인의 편견과 오만을 벗겨낸다

"문명인은 원시인을 야만인이라 부른다. 야만인들은 에덴동산에서 아이들을 살해했고, 인간을 먹기 위해 전쟁을 했다. 야만 속에 감추어진 그들의 합리성이란?"

· 신국판 | 반양장 | 312쪽 | 값 10,000원

미켈란젤로의 복수

필리프 반덴베르크 · 안인희 옮김

시스티나 천장화에 숨겨진 비밀은 무엇인가

"시스티나 성당 천장화를 보수하는 과정에서 나타난 '아불라피아'(A-B-U-L-A-F-I-A)라는 글자. 왜 천재 미켈란젤로는 이상한 단어를 그림 속에 숨겼을까?"

· 신국판 | 반양장 | 364쪽 | 값 8,000원

레오나르도 다 빈치의 진실

필리프 반덴베르크 · 안인희 옮김

성모의 목걸이에 숨겨진 암호를 찾아라

"황산 테러를 당한 뒤에야 세상에 드러낸 보석 목걸이. 다 빈치가 알고 있었던 비밀은? 요한복음보다 먼저 쓰여진 제5복음서의 비밀이 교회에 미칠 영향은?"

· 신국판 | 반양장 | 408쪽 | 값 9,000원

파라오의 음모

필리프 반덴베르크 · 박계수 옮김

신의 무덤을 찾아나선 추적자들의 암투

"인간으로 태어나 신으로 죽은 사나이 임호테프. 사막의 모래 속으로 영원히 사라진 그의 무덤에는 엄청난 황금과 세계를 지배하는 위대한 지혜가 있으니."

· 신국판 | 반양장 | 478쪽 | 값 9,000원

구텐베르크의 가면

필리프 반덴베르크 · 최상안 옮김

인쇄술을 둘러싼 암투가 지중해를 붉게 물들인다

"교황청이 면죄부를 남발한다. 르네상스가 인간을 자각시킨다. 세계역사를 뒤바꾼 구텐베르크의 금속활자의 탄생. 그러나 과연 그가 금속활자를 만들었을까."

· 신국판 | 반양장 | 528쪽 | 값 9,800원

한 우정의 역사

게르숍 숄렘 · 최성만 옮김

두 위대한 사상가 주고받은 25년 동안의 대기록

"이 편지글은 발터 벤야민과 그의 절친한 친구 숄렘이 주고받은 것이다. 우리는 두 위대한 정신의 지적 기록을 통해 역사와 세계의 의미를 묻고 생각하게 된다."

· 46판 | 양장본 | 432쪽 | 값 15,000원